高等学校研究生教材

飞行器气动弹性原理

杨 超 主编
吴志刚 万志强 陈桂彬 编著

北京航空航天大学出版社

内 容 简 介

本书介绍气动弹性的基本原理和基本方法，是对本科生教材《气动弹性设计基础》的进一步深化与拓宽。除了对气动弹性静力学及气动弹性动稳定性——颤振展开了进一步深入讨论外，还着重对气动弹性动力响应问题进行了系统的论述。此外，由于在气动弹性分析中，试验工作占有极其重要的地位，故本书也简要介绍了有关气动弹性的各项试验。

本书可作为高等院校相关专业研究生的教学用书或参考书，以及高年级本科生的参考书，也可供航空航天工业部门及其他工业部门结构强度、气动和飞行控制设计人员参考。

图书在版编目(CIP)数据

飞行器气动弹性原理 / 杨超主编. -- 北京 ：北京航空航天大学出版社，2011.7

ISBN 978-7-5124-0445-8

Ⅰ. ①飞… Ⅱ. ①杨… Ⅲ. ①飞行器—气动弹性—设计 Ⅳ. ①V411.4

中国版本图书馆 CIP 数据核字(2011)第 088016 号

飞行器气动弹性原理

杨　超　主编

吴志刚　万志强　陈桂彬　编著

责任编辑　宋淑娟

*

北京航空航天大学出版社出版发行

北京市海淀区学院路 37 号(邮编 100191)　http://www.buaapress.com.cn

发行部电话:(010)82317024　传真:(010)82328026

读者信箱: bhpress@263.net　邮购电话:(010)82316936

涿州市新华印刷有限公司印装　各地书店经销

*

开本:787×1 092　1/16　印张:12.25　字数:314 千字

2011 年 7 月第 1 版　2011 年 7 月第 1 次印刷　印数:2 500 册

ISBN 978-7-5124-0445-8　定价:36.00 元

前　　言

气动弹性力学是一门研究弹性结构在气流中的静力学和动力学行为的学科。气动弹性问题除了体现在航空工程领域外，也同样存在于其他工程领域，例如，土木工程中的悬索桥和高层建筑的风致振动，核技术工程中的核反应堆设备颤振，以及生物医学工程中柔性血管中的血液流动等。气动弹性问题会导致结构静变形和动变形以及不稳定，因此气动弹性问题的研究在各个技术领域都显示出其重要性。特别在现代飞行器设计中，要求具有较高的性能和较轻的结构质量，气动弹性问题的解决是达到高性能及最优结构的重要途径。

气动弹性力学是为适应航空航天事业的需要而发展起来的，不言而喻，自然会受到航空航天工业部门技术人员以及航空航天院校有关专业研究生及本科生的关心和重视。鉴于此，我们在本书编写中多取材于飞行器，而对航空航天技术领域以外的气动弹性问题将不予讨论。

气动弹性问题可以分为稳定性问题和响应问题两大类。这两部分内容都将成为本书讨论的重点，并尽可能讨论飞行器设计所涉及的基本气动弹性问题。

本书的目的是给读者提供一本有一定技术背景、能有助于理解飞行器气动弹性稳定性和响应的基本概念和应用的图书。本书可作为高等院校相关专业研究生的教材或参考书，也可作为高年级本科生和相关领域工程技术人员的参考书。

为了实现预期目标，本书涉及了多种学科，例如，结构动力学、非定常气动力、静气动弹性效应、颤振、阵风响应、气动伺服弹性以及气动弹性试验等。本书共 8 章。前三章中，除绪论作为全书的导读以外，其余两章主要介绍背景知识，这些基本理论是理解以后章节的基础。本书其余各章则讨论气动弹性本身的问题。首先，第 4 章讨论气动弹性静力学问题，主要涉及飞行器发散、飞行载荷、静气动弹性修正和操纵效率等。第 5 章讨论工程上十分重要的气动弹性动稳定性问题，特别是针对颤振问题进行了较为详尽的讨论。第 6 章讨论了弹性物体对随时间变化的外界气动激励力作用下引起的结构气动弹性动力响应问题，其中特别注意讨论阵风(突风)问题。为了扩大读者对气动弹性发展的认识，第 7 章概述了气动伺服弹性的基本知识，以便使读者了解该学科的由来与发展，以及它在现代飞行器设计中的重要地位。最后，第 8 章专门讨论了气动弹性的重要组成部分——气动弹性试验，概要介绍了气动弹性的地面试验、风洞试验及飞行试验，这些内容对读者全面了解气动弹性内容是有益的。

本书在每章的最后都附有思考题及练习题，以供教学使用。参考文献分别放在各章的最后，供读者查阅。可供本书参考的文献浩如烟海，书中所列的文献资料虽然仅是其中的一小部分，但作者认为这些都是有意义的。

本书由杨超教授主编，吴志刚、万志强及陈桂彬参加了本书的编写。

本书的编写工作得到了各方面的支持和鼓励，也吸收了国内外气动弹性相关论著的许多宝贵内容。

作者特别要感谢宋晨博士，他除了参加本书部分内容的编写以外，还做了大量绘图、录入及编辑工作，参加了全书内容的讨论，为完成本书起到重要作用。

作者也要感谢朱斯岩老师，她在本书编写过程中参加了对全书内容结构的讨论，并根据她讲授课程的实际经验提出了宝贵意见。作者也感谢谢长川博士，他为编写本书提供了资料。

本书承蒙郦正能教授审阅，并提出许多宝贵意见，对此表示衷心感谢。作者也衷心感谢将对本书提出批评和建议的读者。

作　者

2011 年 3 月

目　　录

第1章 绪 论

1.1 气动弹性力学概述

弹性结构在气流中都会发生气动弹性现象。可以认为,“气动弹性力学”是一门研究弹性体在气流中力学行为的学科。20世纪30年代,Cox和Pugsley提出了“气动弹性”一词用来描述这种现象。这也是本门学科名字的由来。

弹性体在气动载荷作用下会发生变形和振动,而变形和振动反过来又影响气动载荷的分布与大小,正是这种相互作用,在不同条件下将产生形形色色的气动弹性现象。在有些情况下,不仅要考虑气动力与弹性力之间的相互作用,而且还要考虑它们与惯性力之间的相互作用。所以按照是否考虑惯性力来分类,可以把气动弹性问题分成气动弹性静力学(也称静气动弹性力学)及气动弹性动力学(也称动气动弹性力学)两类。

气动弹性力学所研究的各类气动弹性现象,不外乎起因于空气动力、弹性力和惯性力三者之间的相互作用。依照起因,英国学者Collar绘制了气动弹性力三角形,对气动弹性进行了明确的分类。该三角形最形象地体现了气动弹性力学的多学科特点,表达了气动弹性问题中各种力之间的关系,从而区分了各学科之间的研究范畴。如图1.1所示,在三角形上,把其中任意两个角点联系起来,均构成一个重要的领域。由弹性力和惯性力的相互作用构成了人们熟知的“振动力学”;以气动力和惯性力的相互作用为研究对象,构成了“刚体飞行力学”;而把气动力和弹性力联系起来,就形成了“气动弹性静力学”。其实,从概念上讲,不论是连接力三角形上的哪两个角点,都可以认为它们是气动弹性力学中的一个特殊方面,只是由于历史的原因,而把气动弹性静力学的问题归纳在气动弹性这个学科之内。事实上,气动弹性力学与这些学科之间并无严格的界限,只是为了区分实际已经形成的力学分支,而在力三角形中把“振动力学”和“刚体飞行力学”用虚线表示。当所论及的问题涉及力三角形上的全部顶点时,三种力都参与作用,从而进一步构成了“气动弹性动力学”问题。由此可见,气动弹性力学这门学科跨越了三个完全独立的学科。由于气动弹性问题在现代航空航天科学与工程设计中具有重要地位,所以使气动弹性的基本原理对于飞行器设计人员来说十分有用。

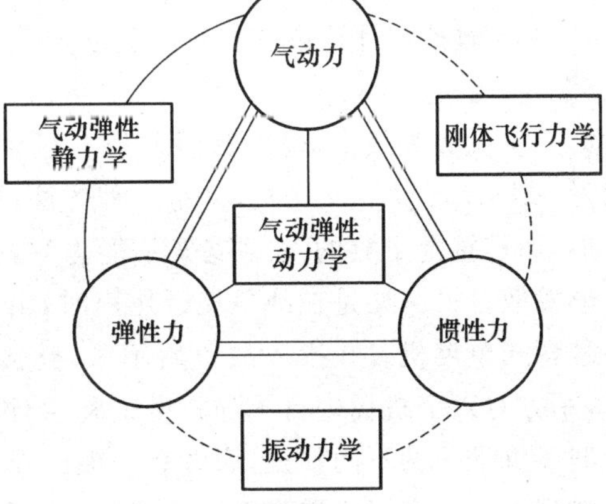

图1.1 气动弹性力三角形

气动弹性力学主要关心的问题之一是弹性结构在气流中的稳定性。对于一定的结构,其空气动力将会随着气流流速的变化而变化,所以可能存在一个临界的流动速度,在这个速度下，结构变为不稳定的。根据惯性力是否允许忽略，这种不稳定性可以分为静力不稳定性和动力不稳定性。前者主要是扭转变形发散，后者主要是颤振。发散和颤振都会导致结构的突然毁坏和灾难性事故，因此设计人员必须保证不会发生这种不稳定事故。

从气动弹性问题的整体来看，其所包含的问题不仅仅是稳定性问题，它还研究飞行器设计中的许多其他问题，诸如在气动弹性静力学问题中，由于弹性变形而引起载荷重新分布，由于弹性变形而引发操纵效率的降低，甚至出现操纵反效；在气动弹性动力学问题中，还有飞行器对外载荷的动力响应问题，例如由操纵面偏转或阵风等引起的响应。这些将在以后章节中逐一论述。

请注意，本书中所讨论的大多数问题都基于线性理论假设。有时候线性理论会影响结果的精确性。例如在颤振分析中，飞行器可能在低于线性颤振速度的情况下发生自激振动，导致系统发生极限环振动。为了得到系统的这种特性，必须采用非线性分析方法。

1.2 气动弹性力学发展的简要回顾

在回顾气动弹性力学的发展过程时，有必要简要了解一下在飞机发展的初期由于气动弹性问题所引发的事故。

1. 扭转发散

最早的一次由气动弹性问题所引发的事故发生在1903年12月8日，即在Wright兄弟有动力载人飞机首次成功飞行的前九天，Smithsonian学院的Langley教授在Potomac河畔进行他的“空中旅行者”号有动力飞机的试飞失败了。事后才知道，这是典型的机翼扭转发散问题。为此，Collar教授曾评论说：“若不是气动弹性问题，Langley可能就要取代Wright兄弟的历史地位。”

第一次世界大战中，德国有两种战斗机由于静气动弹性发散而发生了致命的结构破坏。一架是Albatros D—III飞机，这是一种仿法国Nieuport 17的双翼机。由于下翼翼梁布置得太靠后，而连接上下翼的V型支架不能为它提供扭转刚度，使得飞机在高速俯冲时发生了扭转变形发散。另一架是在战争接近尾声时，由Fokker公司推出的Fokker D—VIII飞机，这是一种悬臂式单翼机。在投入战争后不久，就接二连三地发生在高速俯冲时机翼毁坏的事故。此后，军方对六个机翼进行了静强度试验，结论是其强度足以承受6倍的设计载荷。原型机和生产型飞机唯一的不同就是，后者有一根加强后梁，本意是增大实战中飞机的强度特性，然而却未料到由此改变了机翼弹性轴的位置，从而导致了静气动弹性发散。这个弄巧成拙的教训使设计者逐渐认识到，结构设计仅考虑强度是远远不够的，还必须考虑它的刚度特性。到了1926年，H. Reissner对机翼扭转发散进行了详细的分析，阐明了气动中心与弹性轴相对位置的重要性，这对于中高展弦比的梁式机翼来说，是一个尤为重要的概念。由此知道，当弹性轴位于气动中心之前时，机翼在任何动压下都不会发生气动弹性扭转发散。

2. 副翼反效

副翼反效也是一个备受设计师关注的气动弹性静力学问题。1927年，英国一架双引擎大展弦比飞机，在飞行中当其飞行速度增加时，副翼效率随之降低而变为零，继而变为反方向作用而发生事故。这种控制能力丧失并且反向作用的现象，就是现在所说的副翼反效现象。20世纪30年代，英国皇家空军机构的Cox和Pugsley成功分析了这次事故，并提出了防止发生这类事故的设计准则。

3. 尾翼颤振

第一次有记载的飞机颤振事故发生在1916年，一架英国的Handley Page 0/400双引擎轰炸机发生剧烈的尾翼颤振而坠毁。研究发现，该机的升降舵是独立地由两套钢索与驾驶杆相连的，在机身平尾结构的前两阶固有振动模态中，分别是升降舵的差向运动和机身扭转。正是由这两阶模态的耦合导致了尾翼颤振事故。其改进措施是用一个传扭轴连接两片升降舵。

仅一年后，在DH—9飞机上又发生了类似的尾翼颤振事故，而处理事故的方法仍和Handley Page一样。至今，升降舵之间采用可承扭的刚性连接仍是飞机的一个重要设计特点。同时也由此促使了F. W. Lanchester和L. Bairstow以及A. Fage进行了第一批有目的的气动弹性颤振研究。他们研究了由机身扭转和升降舵偏转这两个自由度组合而成的二元颤振，这可能是最早的颤振理论分析。

4. 副翼颤振与质量平衡

第一次世界大战结束后，在荷兰，围绕一架单翼机(远距水上侦察机)的副翼颤振开展了系统的颤振研究。A. G. von Baumhauer和C. Koning研究了机翼弯曲与副翼偏转耦合的二元颤振问题，并于1923年发表了涉及颤振理论和实验分析两方面的研究报告。荷兰国家宇航实验室的H. Bergh教授曾评述这份报告，认为其已涵盖了现代颤振分析的一般特性。其最重要的研究成果是发现采用副翼质量平衡能有效消除这种颤振，如图1.2所示。

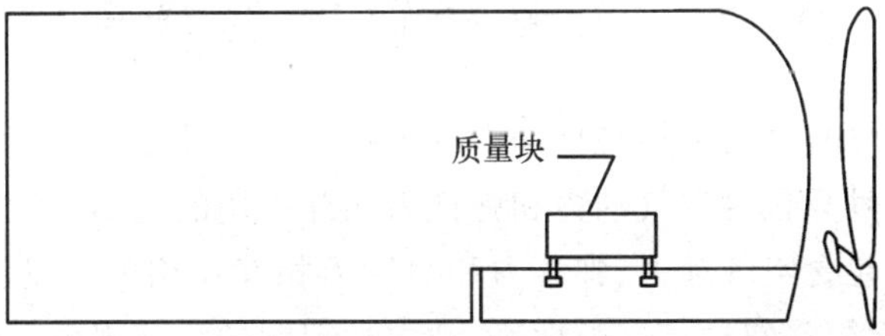

图1.2　解决副翼颤振问题的质量平衡法

20世纪20年代末，H. G. Kussner，W. J. Duncan和R. A. Frazer建立了机翼颤振的理论基础，发表了一篇被认为是“颤振经典”的专论。该文利用简化的风洞模型来辨识和研究实验现象，给出设计建议，并列出了测定气动力导数所需的详细步骤。1934年，T. Theodorson获得了翼面-操纵面组合的二维不可压流谐振荡空气动力的精确解，建立了解析求解翼面颤振问题的基础。

第二次世界大战爆发后，空军已成为重要军种，不同型号的机种应运而生，提高飞行速度是当时飞机发展的焦点。由此而引发的是一系列气动弹性事故的发生，较为突出的是操纵面和调整片的颤振。到第二次世界大战结束前夕，随着喷气发动机的问世，实现了跨声速飞行，出现了许多新的、富有挑战性的气动弹性问题，其中跨声速范围内的颤振问题是最受关注的。

1944 年,当 NACA 飞行员驾驶着新型 P—80 飞机做高速飞行试验时,发生了一种剧烈的副翼振动,该振动是由副翼偏转与机翼上激波的弦向运动耦合引起的一种单自由度颤振。这种现象称为"副翼嗡鸣",它不同于机翼-副翼颤振。

人类首次突破音障是在 1947 年,是由 Charles Yeager 在 X—1 验证机上创造的。从此,开始了超声速飞行,而超声速颤振问题也开始得到重视。这时出现了一种新形式的颤振——壁板颤振。壁板是飞行器的基本结构单元,因此,防止壁板颤振尤为重要。

飞行速度提高到跨声速范围,同时出现了第一批超声速飞机,由此又提出了新的气动弹性问题。从 20 世纪 50 年代开始,飞行进入了超声速范围,飞机及有翼导弹的小展弦比后掠翼和三角翼成为气动弹性研究的主要对象,这就要求必须研究全新的颤振分析原理和解法。到了 20 世纪 70 年代,随着计算机的进一步发展,跨声速非定常气动力的计算方法也得到了一定程度的发展。

纵观上述历史事实可以看到,自人类发明飞机以来,气动弹性理论就一直伴随着飞行器的发展而逐渐完善,并形成了独立的学科。为解决飞行器中出现的种种气动弹性问题,大批航空工程师和空气动力学专家做了大量研究工作。当时的研究沿着三个方向进行:一方面是工程分析,一方面是对非定常空气动力的理论研究,再有一方面就是对实验技术的研究。这三方面相辅相成,互相促进。研究的具体问题也适应飞行器设计的要求,从早期低速飞机的扭转发散,至主动气动弹性机翼技术的实现。今天,飞行器的结构更趋于柔性增大,气动弹性是飞行器能安全和高性能地飞行所不可缺少的考虑方面。可以认为,气动弹性力学的发展与世界航空航天工业的发展是分不开的。经历一个世纪以来的发展,气动弹性力学已涉及更加广泛的学科领域,并在航空航天工程中发挥着举足轻重的作用。

1.3 气动弹性现象描述

在飞行器飞行过程中,气动弹性现象是多种多样的。按照是否考虑惯性力,可以把气动弹性问题分成两类:一类是只包含空气动力和弹性力相互作用的气动弹性问题,称之为气动弹性静力学问题;另一类是包含空气动力、弹性力和惯性力相互作用的气动弹性问题,称之为气动弹性动力学问题。下面简略叙述气动弹性静、动力学问题的物理现象。

1.3.1 气动弹性静力学的基本现象

气动弹性静力学问题主要包括两种类型:第一类是扭转发散问题以及与之密切相关的载荷重新分布问题;第二类是操纵效率和操纵反效问题。

1. 扭转发散

所谓扭转发散是指飞行器在飞行中升力面的静不稳定性。在飞行时,由于某种原因使翼面的攻角改变,由此引起翼面上气动力的变化,气动力的改变又将引起机翼扭角(或攻角)发生变化,由此反复作用,可能使翼面的变形愈来愈小,最后趋于平衡;也可能愈来愈大,最后使翼面破坏。发生不稳定的飞行速度称为发散速度,其中升力面的弹性在不稳定中起了主要作用,意即:在一个确定的风速下,弹性升力面受到定常升力作用而发生扭转变形直至破坏。

由上所述，可以用框图来表示气动力与弹性系统之间的关系。图1.3的 α_0 称为输入攻角，升力 L 是输出，弹性扭角 θ 则是系统的反馈量。由此可见，气动弹性问题就是当系统具有弹性反馈时的气动力问题。

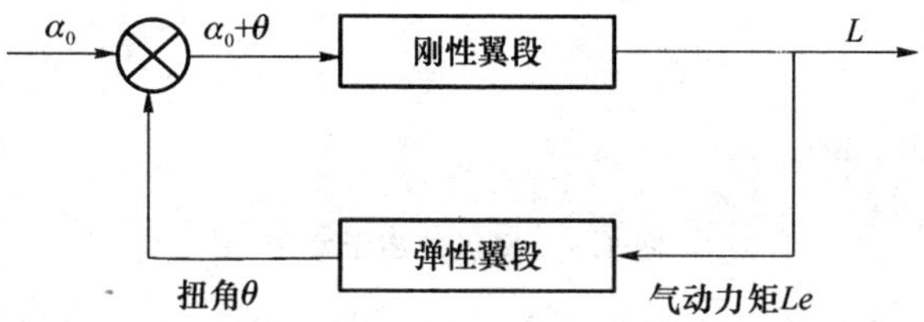

图1.3　弹性机翼的气动弹性反馈

2. 载荷重新分布

这是与上述扭转发散问题密切相关的又一个气动弹性静力学问题。它是指由于升力面的弹性变形，对飞行器的整个升力分布具有相应的影响，对于整机来说，称为飞行载荷。静气动弹性效应所反映出来的问题是机翼所承受的升力与原来设想的绝对刚硬机翼所承受的升力有所不同。因此，在该问题中，要确定由于升力面的弹性而引起的升力分布变化。图1.4表示了一个典型的例子，即后掠的弹性机翼与其相应的完全刚硬机翼，在法向加速度为 $2g$ 的机动飞行中所具有的升力分布。由图可见，由于弹性机翼的总升力线移向机翼的根部，所以从强度观点看，对大展弦比机翼来说，弹性变形对升力分布的影响是有利的。但对前掠翼来说，情况恰好相反。

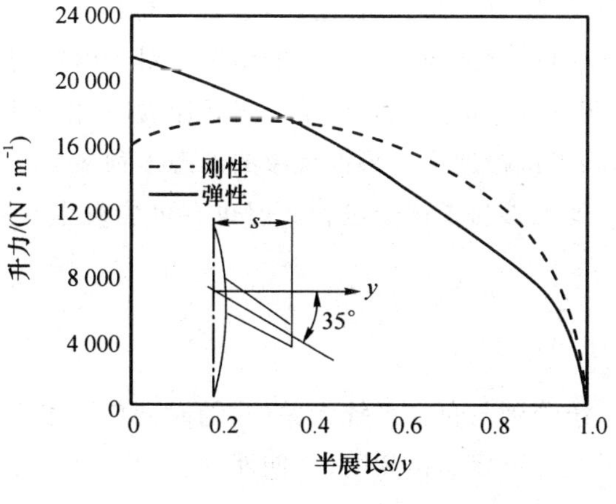

图1.4　在法向加速度为 $2g$ 的机动飞行中，完全刚体和弹性后掠机翼的载荷分布

3. 操纵效率及操纵反效

这是飞行器设计中另一类重要的气动弹性静力学问题。由于操纵面向下偏转，所以在气动中心处产生附加升力及气动力矩，它们对翼面刚心形成力矩，使翼面有负扭转角，这个负扭转角产生负的附加升力，从而降低了操纵面增加升力的作用，所以称为操纵面效率问题。图 1.5 画出了操纵效率示意图。

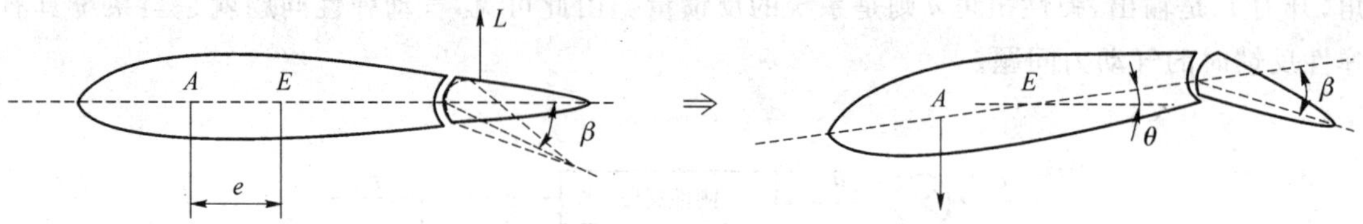

(a) 操纵面向下偏转 (b) 翼面产生负扭转角

图 1.5 操纵效率示意图

操纵反效是与上述操纵效率相关的一个问题。由于升力面结构弹性变形的影响，所以飞行速度的增加会导致操纵效率的降低。在一个确定的飞行速度下，操纵面效率变为零，该速度称为反效速度。超过该速度后，操纵面的作用就与原来预期的作用相反了。

1.3.2 气动弹性动力学的基本现象

气动弹性动力学问题是指如图 1.1 中惯性力、弹性力和气动力都参与作用的气动弹性问题。飞行器设计领域中的气动弹性动力学问题包含两个重要的实际问题，即气动弹性动稳定性问题和气动弹性动响应问题。前者的特点是外界的激励为零，即系统的所有作用力都是系统位移、速度和加速度的函数；而后者则是外力随时间任意变化的。对飞行器来说，气动弹性动力学问题主要表现为颤振、动力响应和抖振等问题。

1. 颤 振

颤振是指发生在飞行器飞行中的动不稳定性，它是飞行器设计人员最为关注的问题。颤振是一种自激振动，是几个自由度之间耦合作用的结果。对于给定的飞行器结构，当飞行速度由小变大时，振动由衰减转变成扩散。当处于某一飞行速度时，由扰动引起的振动的振幅正好维持不变，这一速度称为临界颤振速度。颤振现象的形态多种多样。在发生颤振时，大多数情况是整架飞行器在某种程度上参与了这个过程。但也有可能发生在飞行器的单个部件上，例如壁板颤振。

2. 动力响应

动力响应是指弹性系统受到与自身系统无关的、随时间任意变化的外界扰动力的作用而发生的强迫振动。这些干扰力可以是谐和的、周期性的、脉冲型的或时间随机性的。

3. 抖 振

抖振大体上可以分为两种类型：一类是升力型抖振，是指当翼面攻角太大时，由于分离流的紊流激励，使翼面本身或处于机翼尾流中的尾翼产生剧烈的振动响应，这种现象称为大攻角抖振。在跨声速飞行范围内，由翼面激波引起分离而产生的响应，常称为激波抖振。另一类是非升力型抖振，该类抖振多由飞机外形突变引起，使升力面落入不良气动外形物体的尾流中。

1.4 气动弹性力学的新发展

气动弹性力学发展至今，已经面临了众多新的气动弹性分支，由此也发展了众多的方法和理念。

1. 热气动弹性力学

飞行器进入超声速范围，特别是在近代高超声速飞行器上，由于进入大气层时的高温环境，使得结构热应力问题突出，因此迫切提出了在受热条件下的气动弹性现象，由此形成了"热气动弹性"问题。I. E. Garrick 曾绘制出热气动弹性力四面体，如图 1.6 所示，形象地表示了热气动弹性是由气动力、弹性力、惯性力和热力相互作用的结果。

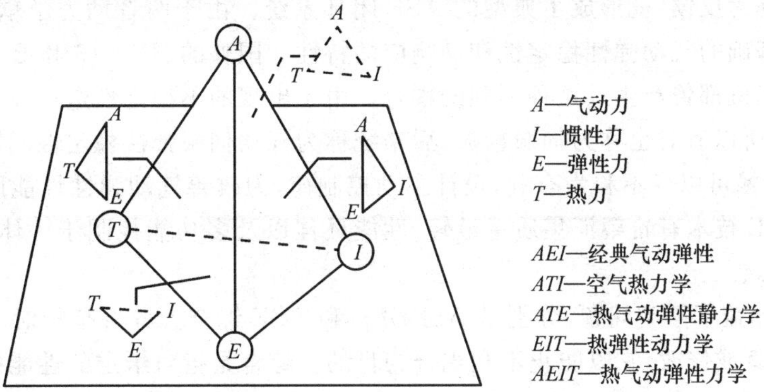

图 1.6 热气动弹性力四面体

2. 复合材料气动弹性剪裁

复合材料气动弹性剪裁是通过复合材料的刚度方向性及变形耦合来控制结构的气动弹性变形的，从而为提高或改善飞机性能提供了一条重要途径，为飞机结构设计提供了特殊的优越性，是常规金属材料飞机所不能及的。

复合材料气动弹性剪裁是一种新的设计理念，它是在满足最小质量、强度要求及工艺要求的必要前提下，根据飞机设计的具体情况，改善飞机性能。最具典型的实例是 X—29 前掠翼验证机，如图 1.7 所示，它成功地利用气动弹性剪裁技术解决了前掠翼静气动弹性扭转发散问题。

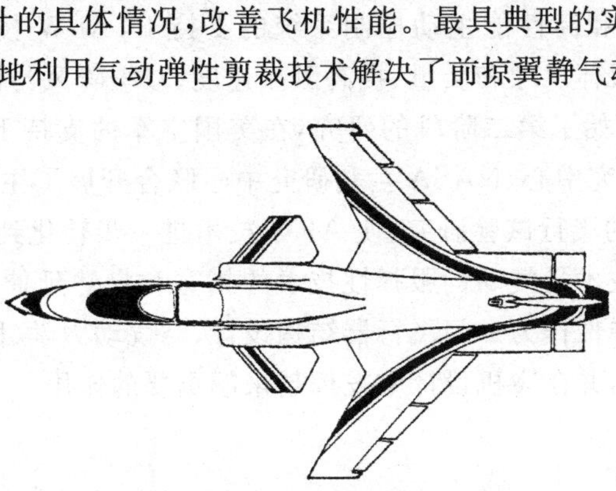

图 1.7 X—29 前掠翼验证机

气动弹性剪裁是一种以复合材料力学特性和数学规划技术为基础的优化方法。它将在现代飞行器结构分析与设计中起到日益显著的作用。

3. 气动伺服弹性

现代飞行器上普遍使用了伺服控制。飞行器控制系统随着其功能的不断发展，通频带变宽，权限增大。而飞行器结构设计的趋势则是柔性增大。由此，柔性飞行器结构、非定常气动力和控制系统三者之间相互作用，引发了气动弹性领域的新课题——气动伺服弹性，以下简称 ASE。

气动伺服弹性问题的形成可以描述为：一个具有较高通频带的伺服控制系统，例如主动控制系统，其传感器不仅接收飞行器刚体运动信号，而且接收结构弹性振动信号。这一信号通过伺服控制系统转化为操纵面偏转信号，构成控制力。反过来，控制力又影响弹性振动。控制与结构两大部分互为反馈，就形成了典型的 ASE 闭环系统。由于两者动力学耦合，因此改变了以无控情况为基础的气动弹性稳定性和动响应的特性。国外的 YF—16 和 F—18 飞机以及国内一些型号的飞机都曾产生过这种不利的耦合。由于出现的不稳定性造成飞机结构破坏的现象与颤振类似，所以有时也称为伺服颤振，后来统称为气动伺服弹性稳定性问题。但过去的研究表明，ASE 技术可以变不利为有利，设计主动控制律，为改善气动弹性性能服务。近期的研究更展示了 ASE 技术有希望汇集质量最轻、性能最佳以及多功能控制于一体，成为一个颇具生命力的设计思想。

ASE 技术涵盖了两类问题，分别是 ASE 分析和 ASE 综合。分析是指对于给定的闭环系统进行 ASE 计算或修改，它以防止不利耦合为目的。综合是指对给定的性能指标设计主动控制律，构成闭环反馈，从而达到预期的指标，它以提高系统性能为目的。不论分析与综合，都涉及气动弹性系统的颤振或动响应的性能，同时也涉及单输入/单输出(SISO)或多输入/多输出(MIMO)的控制系统。

随着主动控制技术(ACT)在航空技术领域的发展，人们逐渐认识到结构的柔性在主动控制技术的支持下可以发挥更大的潜力。为证明 ACT 与 ASE 技术结合于机翼设计中的关键作用，1985 年，由美国空军、NASA 兰利研究中心和 Rockwell 公司共同发起了主动柔性机翼(AFW)工程计划。1992 年结束了第一阶段的研究，达到了预期目的，确定、评价和验证了一系列能够用于新机设计的理论和方法，证明 AFW 技术是未来多用途战斗机设计的关键技术之一，即在先进气动布局和高性能主动控制系统的支持下，AFW 技术能够在提高空战机动性、减小巡航阻力、减小机体尺寸和质量、提高颤振速度、减缓阵风与机动载荷等方面同时收到满意的效果。1996 年，开始了第二阶段的研究，在美国空军的支持下，怀特试验室、爱德华空军基地、NASA 德莱顿研究中心、NASA 兰利研究中心联合开展了主动气动弹性机翼(AAW，AFW 的重新命名)技术的飞行试验研究，使 AFW 技术进一步转化到实际工程中。

主动气动弹性机翼技术是气动伺服弹性技术的拓宽和自然延伸，是未来高性能飞机设计的关键技术。气动伺服弹性作为一门飞行器结构设计、空气动力学、固体力学和控制理论等的交叉学科，正在蓬勃发展，并在飞机设计中发挥越来越重要的作用。

4. 变体飞行器技术

变体飞行器(morphing aircraft)是近年来欧美在航空领域提出的一项全新设计概念，日益受到科研机构和学者们的关注。目前，关于变体飞行器技术尚未见到统一的定义。通俗地理解，该项技术主要是通过改变飞行器整体或部件的形状或结构，来提高飞行器的综合性能。从研究范围来看，变体飞行器技术的研究主要包括：自适应结构设计、智能材料应用、多学科优化设计、变形方式概念设计、控制系统设计、气动弹性分析与设计等。变体飞行器技术可应用的领域主要包括：拓宽固定构型飞行器的飞行包线；减少或取代常规飞行控制面，提高综合操纵稳定性能；在广阔的飞行包线范围内减小空气阻力；实现振动响应减缓与颤振抑制等。

国外科研机构近年来开始投入大量资金，用于变体飞行器技术的研究。具有代表性的如美国国防预研局(DARPA，Defense Advanced Research Project Agency)开展的变体飞机结构(MAS，Morphing Aircraft Structures)计划，该计划致力于新颖的变体飞行器技术研究，目标是主动利用机翼变形扩大飞行包线，提高飞行器的操纵性。

图1.8及图1.9分别展示了洛克希德·马丁公司提出的变体飞行器构想以及新一代航空技术公司的变体无人机设计方案的示意图。可以认为，变体飞行器技术是主动气动弹性机翼技术的进一步延续、升级和拓展，对飞行器传统设计概念的突破更为激烈。

图1.8 洛克希德·马丁公司提出的变体飞行器构想

图1.9 新一代航空技术公司的变体无人机设计方案

1.5 气动弹性学科的特点

通常，根据所研究问题的特点，在研究方法上也会具有各自的特点。气动弹性力学作为一门独立的学科，自然也具备其自身特点，可以归纳为：

① 它有区别于弹性力学的研究方法。弹性力学的经典理论是研究弹性体在给定外力或位移作用下的应力与应变。一般情况下，物体上的外部作用力与变形无关。通常认为，在小变形下不影响外力的作用。而在气动弹性问题中，认为外力是随物体的变形情况(包含变形、变形速度以及加速度)而改变的，即载荷本身不是事先可以确定的，弹性变形对它起着重要作用，在解决问题之前，外力不是已知数。这是气动弹性问题的重要特点。

② 它是由多门学科相互交融而形成的新学科。气动弹性力学是研究弹性体在气流作用

下各种行为的一门学科。弹性体在气动载荷作用下会发生变形或振动,而变形或振动又反过来影响气动载荷的分布与大小,正是这种交互作用,将在不同条件下产生形形色色的气动弹性现象。因此,本学科是建立在弹性力学、空气动力学和振动理论等专门学科基础上的一门交叉学科,涉及的专门知识相当广泛和深邃。

③ 它是一门广泛应用的学科。气动弹性力学首先是为适应航空事业的发展而发展起来的,是在大量因气动弹性效应而导致飞机坠毁的背景下发展起来的。因而,气动弹性效应在很大程度上影响着航空航天飞行器的设计和发展。此外,它在民用建筑、机械工程和核工程等方面的应用正在日益增长。最引人注目的是,1940 年建成才 4 个月的美国 Tacoma 悬索大桥,在 18 m/s 的风速下发生颤振而倒塌,从而引发了解决桥梁气动弹性问题的现代试验和解析方法。

④ 它是具有广阔发展前景的学科。近代航空航天领域为解决气动弹性问题做出了巨大努力。飞行器设计的发展给气动弹性问题提出了新课题。例如,由于进入大气层时的高温环境而引发了结构在受热条件下的气动弹性现象,从而形成了“热气动弹性”问题。又如,飞行器控制系统的日益广泛应用,控制系统与弹性系统的相互作用,又形成了“气动伺服弹性”问题。近代“主动控制技术”的出现,及“主动气动弹性机翼”技术的发展,更展现出气动弹性这门学科发展的广阔前景。

思考题及练习题

1.1 试用 Collar 的气动弹性力学三角形说明气动弹性各相关学科的分类。

1.2 试简述气动弹性静力学的各种现象。

1.3 试简单描述颤振发生的现象和起因。

1.4 认识本学科的特点,比较与以往所学的力学学科之间的不同点。

1.5 按照自己的理解,考虑气动弹性在飞行器设计中的作用。

参考文献

[1] Fung Y C. 空气弹性力学引论. 冯钟越,管德,译. 北京:国防工业出版社,1963.

[2] 伏欣 H W. 气动弹性力学原理. 沈克扬,译. 上海:上海科学技术文献出版社,1982.

[3] 道尔 E H,小柯蒂斯 H C,斯坎伦 R H. 气动弹性力学现代教程. 陈文俊,尹传家,译. 北京:宇航出版社,1991.

[4] 诸德超,陈桂彬,邹丛青. 气动弹性力学. 北京:航空工业部教材编审室,1986.

[5] 杨超,陈桂彬,邹丛青. 未来战斗机关键技术——主动柔性机翼. 国际航空,1997(11).

[6] Bisplinghoff R L, Ashley H, Halfman R L. Aeroelasticity. New York: Addison-Wesley Publishing Company, Inc., 1956.

[7] Noll T E. Aeroservoelasticity. AIAA-90-1073, 1990.

[8] Taylor R, Pratt R W, Caldwell B C, et al. Improved Design Procedures in Aeroservoelasticity. AIAA-98-4458, 1998.

[9] Weisshaar T W. Aeroelasticity—Advances and Future Directions. AIAA-92-2446-CP, 1992.

[10] Rodriguez A R. Morphing Aircraft Technology Survey. AIAA-2007-1258, 2007.

第 2 章　结构动力学基础的简要回顾

结构动力学是气动弹性力学的重要组成部分，也是气动弹性力学的重要理论基础。本章将简要回顾与结构动力学相关的理论，以期对后续各章节的讨论有所帮助。

2.1　概　述

结构动力学的基本内容是讨论系统的激励（系统的输入）、响应（系统的输出）和系统的固有特性三者之间的关系，如图 2.1 所示。由此可知振动分析的主要工作有如下三个方面：

① 已知激励和系统的固有特性，求系统的响应。为结构强度及刚度设计提供依据，称之为响应分析。

② 已知系统的特性和响应来确定激励，称之为载荷识别，或称为振动环境预测。

图 2.1　振动分析的固有特性

③ 已知激励和响应来求系统特性，称之为系统识别。也可以换一种提法：在一定激励条件下，如何设计系统特性，使系统响应满足要求的条件。这就是振动设计。

实际问题往往是复杂的，可能同时包括分析、识别和设计等内容。

振动分析的重要内容是建立系统的数学模型。表达系统力学特性的数学方程称为系统的数学模型。

在研究一个系统的动力学问题时，首先要导出描写系统状态的运动方程，然后再进一步研究系统运动方程的解的特性。运动方程的推导可从不同的途径，导出不同的形式。当然其最终的结果总是一致的。

动力学的基本原理，可以分为变分的与不变分的原理，它们分别又分为积分的和微分的原理。从这些基本原理出发都可以导出系统的运动方程。

在不变分的力学原理中，达朗贝尔原理就是微分原理，而能量守恒原理则是积分原理。在变分的力学原理中，虚位移原理是微分的力学变分原理，而哈密尔顿原理则是积分原理。

达朗贝尔原理说：只要引入惯性力的概念，每个运动在瞬间都可以看做是平衡的。由此即可应用牛顿定律列出平衡方程。

能量守恒原理可表述为：在振动过程中，系统的动能与位能之和是常值，或者说系统总能量的变化率为零。用数学表示为

$$V+T=C \quad 或 \quad \mathrm{d}(V+T)=0$$

式中，T 表示系统的动能，V 表示系统的位能。

虚位移原理的变分含义是：力学系统的平衡位置和约束所相容的邻近位置不同，其区别在于，只有对平衡位置来说，作用在力学系统上的各主动力在力学系统作任意虚位移时，其所作的虚功之总和才等于零，即

$$\sum_{i=1}^{n} Q_i \delta q_i = 0$$

式中，Q_i 是主动力，δq_i 是虚位移。

应用达朗贝尔原理引入惯性力概念后，运动中的系统可看成是平衡系统，因而虚位移原理仍然适用。

哈密尔顿原理的含义是：在两个给定的位置状态之间的真实运动与同时间内在两个位置状态间所作的运动学上可能的运动不同，其不同点在于，对真实运动而言，哈密尔顿作用量具有极小值，其变分为零。

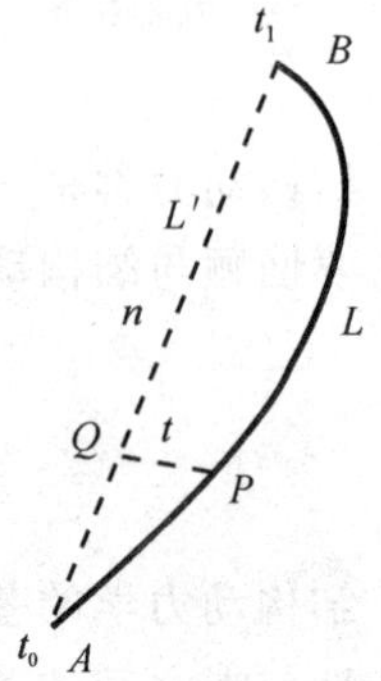

图 2.2 哈密尔顿原理说明示意图

如图 2.2 所示，设一个保守系统在空间的位置状态由 t_0 时的 A 变到 t_1 时的 B，由 A 到 B 的真实运动轨迹为曲线 AB，而另一为约束所许可的运动轨迹用虚曲线 AnB 表示，它同样由 t_0 的 A 点出发到 t_1 的 B 点，并设曲线 AnB 与真实曲线 AB 是相邻的。把真实运动的积分 $\int_{t_0}^{t_1} L\mathrm{d}t$ 与运动学上允许的运动的积分 $\int_{t_0}^{t_1} L'\mathrm{d}t$ 的值相比较，得到

$$\delta\int_{t_0}^{t_1} L\mathrm{d}t = \int_{AnB} L'\mathrm{d}t - \int_{AB} L\,\mathrm{d}t = \int_{t_0}^{t_1} \delta L\mathrm{d}t$$

式中，$\delta L = L' - L$ 表示在同一瞬时 t 在 AB 上一点 P 的 L 值与对应的 AnB 上 Q 点的 L' 值的差，可以证明

$$\delta\int_{t_0}^{t_1} L\mathrm{d}t = 0$$

上式即是哈密尔顿原理，而积分 $\int_{t_0}^{t_1} L\mathrm{d}t$ 则称为哈密尔顿作用量。

从以上讨论可知，推导系统运动方程的方法可以有多种。在工程实践中最广泛使用的是利用拉格朗日方程方法推导系统运动方程。本章将介绍根据虚位移原理推导出拉格朗日方程。

2.2 拉格朗日方程

目前所研究的系统都属于定态约束的完整系统。拉格朗日方程提供了一种针对离散系统的、除了牛顿法以外的另一种推导方法。利用广义坐标的概念，拉格朗日运动方程不是从平衡的观点出发，而是从系统的能量与功的角度出发来研究它的运动情况。

2.2.1 广义坐标与广义外力

在处理一些力学问题时，往往需要把坐标的概念抽象化，并加以推广，即形成广义坐标。事实上，所谓广义坐标就是任何一组足以描述一个系统位置状态的量或参数。

广义坐标在很多情况下是没有几何意义的，例如在研究一个悬臂机翼的扭转时，要想描述该弹性机翼的扭转，就需要无限多个坐标。这时可以把它的扭角曲线展成三角级数

$$\theta(y) = a_1 \sin\frac{\pi y}{2l} + a_2 \sin\frac{3\pi y}{2l} + \cdots + a_m \sin\frac{(2m-1)\pi y}{2l} + \cdots$$

显然，只要给出系数 a_1，a_2，…，扭角曲线就完全决定了，因此它们起到了坐标作用，可以取这

些系数作为广义坐标，而与这些坐标对应的函数称为位移函数。

广义力是与广义坐标相应的广义外力，广义外力可能有也可能没有物理意义。但如果把广义外力与其相应的广义坐标增量相乘，那么所得到的乘积必定是功。为了说明如何计算广义外力，以图 2.3 为例。如果给广义坐标 a_m 一个增量 δa_m，则全部外力所作的虚功为

$$\delta W_e=\left[M_1\sin\frac{(2m-1)\pi}{2l}y_1+M_2\sin\frac{(2m-1)\pi}{2l}y_2+M_3\sin\frac{(2m-1)\pi}{2l}y_3\right]\delta a_m$$

式中

$$Q_m=M_1\sin\frac{(2m-1)\pi}{2l}y_1+M_2\sin\frac{(2m-1)\pi}{2l}y_2+M_3\sin\frac{(2m-1)\pi}{2l}y_3$$

即是与广义坐标 a_m 相应的广义外力。如果作用在机翼上的外力是分布力矩 $t(y)$，则广义外力为

$$Q_m=\int_0^l t(y)\sin\frac{(2m-1)\pi}{2l}y\,\mathrm{d}y$$

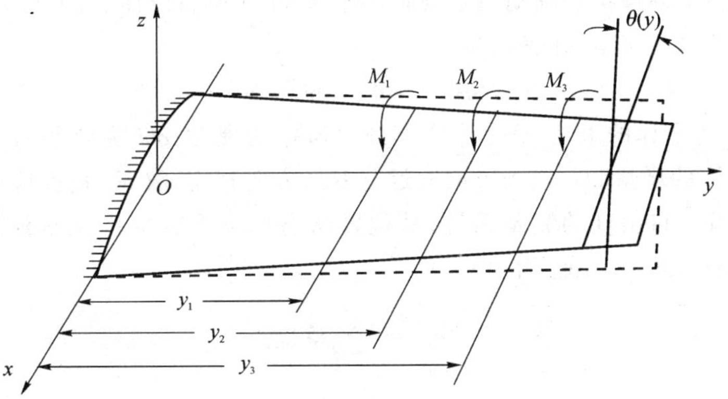

图 2.3　悬臂机翼的扭转

【例】有悬臂机翼受外力 $\boldsymbol{P}=[P_1\ P_2\ P_3]$作用，如图 2.4 所示，对应的位移是 $\boldsymbol{y}=[y_1\ y_2\ y_3]$，对应的振型为 $\boldsymbol{A}^{(1)},\boldsymbol{A}^{(2)},\boldsymbol{A}^{(3)}$，求对应于主坐标 $\boldsymbol{\xi}=[\xi_1\quad\xi_2\quad\xi_3]$的广义外力 $\boldsymbol{\Xi}=[\Xi_1\quad\Xi_2\quad\Xi_3]$。

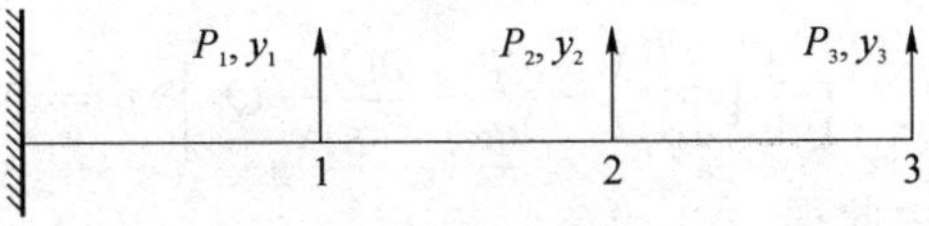

图 2.4　悬臂机翼示意图

解：对于主坐标，线性变换式

$$\boldsymbol{y}=\begin{bmatrix}y_1\\y_2\\y_3\end{bmatrix}=\boldsymbol{A\xi}=[\boldsymbol{A}^{(1)}\quad\boldsymbol{A}^{(2)}\quad\boldsymbol{A}^{(3)}]\boldsymbol{\xi}$$

成立，即

$$\delta\boldsymbol{y}^{\mathrm{T}}=\boldsymbol{\xi}^{\mathrm{T}}\boldsymbol{A}^{\mathrm{T}}$$

根据元功不变，有

$$\delta W=\delta\boldsymbol{y}^{\mathrm{T}}\boldsymbol{P}=\delta\boldsymbol{\xi}^{\mathrm{T}}\boldsymbol{\Xi}=\delta\boldsymbol{\xi}^{\mathrm{T}}\boldsymbol{A}^{\mathrm{T}}\boldsymbol{P}$$

所以，广义力为

$$\boldsymbol{\Xi}=\boldsymbol{A}^{\mathrm{T}}\boldsymbol{P}$$

即

$$\boldsymbol{\Xi}_i=\begin{bmatrix}A_1^{(i)} & A_2^{(i)} & A_3^{(i)}\end{bmatrix}\begin{bmatrix}\boldsymbol{P}_1\\ \boldsymbol{P}_2\\ \boldsymbol{P}_3\end{bmatrix}\quad(i=1,2,3)$$

可见对应于第 i 阶主坐标的第 i 个广义力，是第 i 阶主振型和它所对应的力的乘积和。

2.2.2 完整系统的拉格朗日方程

虚功原理可表述为：一个受到理想约束的系统，其平衡的充分必要条件是，当系统从平衡位置起有任意虚位移时，作用在系统上的全部主动力所作的虚功等于零。达朗贝尔原理引出惯性力的概念，若把惯性力加到主动力上，则任何力系都能得到平衡。利用达朗贝尔原理，虚功原理就可由静力学领域扩展到动力学领域。亦即，在任何虚位移上，主动力所作的虚功加上惯性力所作的虚功总等于零，并表示为

$$\delta W_{\mathrm{I}}+\delta W_{\mathrm{e}}-\delta U=0 \tag{2.1}$$

式中，δW_{I} 为惯性力所作的虚功；δW_{e} 为全部外力所作的虚功；δU 为全部内力所作的虚功，其大小等于应变能 U 的增量 δU，内力方向永远与变形方向相反，故 δU 前面应有负号。

对于一个具有 n 自由度的完整系统，其位置状态用 n 个独立广义坐标 q_1，q_2，…，q_n 描述，现分别计算 δW_{e}，δU 及 δW_{I} 为

$$\delta W_{\mathrm{e}}=\sum_{i=1}^{n}Q_i\delta q_i \tag{2.2}$$

$$\delta U=\sum_{i=1}^{n}\frac{\partial U}{\partial q_i}\delta q_i \tag{2.3}$$

$$\delta W_{\mathrm{I}}=-\sum_{i=1}^{n}\left[\frac{\mathrm{d}}{\mathrm{d}t}\left(\frac{\partial T}{\partial \dot{q}_i}\right)-\frac{\partial T}{\partial q_i}\right]\delta q_i \tag{2.4}$$

式中，T 是系统的动能。把式(2.2)、式(2.3)和式(2.4)代入式(2.1)，得到

$$\sum_{i=1}^{n}\left[\frac{\mathrm{d}}{\mathrm{d}t}\left(\frac{\partial T}{\partial \dot{q}_i}\right)-\frac{\partial T}{\partial q_i}+\frac{\partial U}{\partial q_i}-Q_i\right]\delta q_i=0 \tag{2.5}$$

因为 δq_i 是任意独立变量，由此得

$$\frac{\mathrm{d}}{\mathrm{d}t}\left(\frac{\partial T}{\partial \dot{q}_i}\right)-\frac{\partial T}{\partial q_i}+\frac{\partial U}{\partial q_i}=Q_i\quad(i=1,2,\cdots,n) \tag{2.6}$$

式(2.6)即完整系统的拉格朗日方程。

拉格朗日方程提供了解决完整系统运动的一个简单而统一的方法。无论采用怎样的坐标，拉格朗日方程的形式总是不变的。这是拉格朗日方程的最大优点。

2.3 多自由度系统的自由振动

在实际工程问题中，往往一个系统具有多个自由度，这种系统称为多自由度系统。为简单起见，本节多采用两自由度系统来说明它的主要概念。

2.3.1 主振动

以图 2.5 所示的两自由度系统为例，设有两个质量为 m 的重块，张线拉平。假设张线张力 S 始终不变，是常量，且无质量。现只研究垂直方向的运动，则每一重块只有一个坐标，分别为 $y_1 = Y_1(t)$ 和 $y_2 = Y_2(t)$，且都是时间 t 的函数。记 $k = S/l$，则自由振动的微分方程为

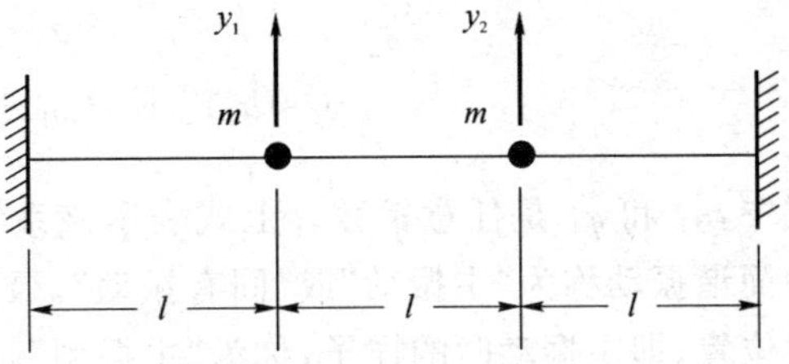

图 2.5　两自由度系统示例

$$\left.\begin{aligned} m\ddot{y}_1 + 2ky_1 - ky_2 = 0 \\ m\ddot{y}_2 - ky_1 + 2ky_2 = 0 \end{aligned}\right\} \tag{2.7}$$

这是一组常系数齐次方程，为求解方程，设

$$\left.\begin{aligned} y_1 = A_1\cos(\omega t - \varphi) \\ y_2 = A_2\cos(\omega t - \varphi) \end{aligned}\right\} \tag{2.8}$$

式中，ω，φ，A_1 和 A_2 都是未知常数，代入式(2.7)中消去 $\cos(\omega t - \varphi)$，得

$$\left.\begin{aligned} (2k - m\omega^2)A_1 - kA_2 = 0 \\ -kA_1 + (2k - m\omega^2)A_2 = 0 \end{aligned}\right\} \tag{2.9a}$$

这是未知数 A_1 和 A_2 的齐次代数方程，由这两个方程分别得到

$$\frac{A_2}{A_1} = \frac{2k - m\omega^2}{k} \quad 和 \quad \frac{A_2}{A_1} = \frac{k}{2k - m\omega^2} \tag{2.9b}$$

二者必须相等，即

$$\frac{2k - m\omega^2}{k} = \frac{k}{2k - m\omega^2}$$

移项后，得到

$$m^2\omega^4 - 4km\omega^2 + 3k^2 = 0 \tag{2.10}$$

该方程通常称为“频率方程”。在数学上常称为“特征方程”。通常的推导方法是，考虑方程(2.9a)是 A_1 和 A_2 的齐次代数方程，若 A_1 和 A_2 有非零解，则其系数行列式必须等于零，即

$$\begin{vmatrix} 2k - m\omega^2 & -k \\ -k & 2k - m\omega^2 \end{vmatrix} = 0$$

展开行列式即得到特征方程(2.10)。

方程(2.10)是 ω^2 的二次代数方程，很容易求得它的二个根。解得的“特征根”为

$$\omega_1^2 = \frac{k}{m}, \quad \omega_2^2 = \frac{3k}{m}$$

由此解得的简谐振动的频率

$$\omega_1 = \sqrt{k/m}, \quad \omega_2 = \sqrt{3k/m}$$

称为系统的固有频率。

现把求得的特征值 $\omega_1^2 = k/m$ 代入式(2.9b)中的任何一个式子，即能求出比值

$$\frac{A_2}{A_1} = \frac{k}{2k - k} = 1$$

但不是 A_1 和 A_2 的值。

令 $A_1 = Y_{11} = 1$，由上式求得 $A_2 = Y_{21} = 1$，代入式(2.8)中得到方程(2.7)的一个可能的解

$$y_1 = a_1 Y_{11}\cos(\omega_1 t - \varphi_1) = a_1 \cos\left(\sqrt{\frac{k}{m}}t - \varphi_1\right)$$

$$y_2 = a_1 Y_{21}\cos(\omega_1 t - \varphi_1) = a_1 \cos\left(\sqrt{\frac{k}{m}}t - \varphi_1\right)$$

式中，a_1 和 φ_1 是任意常数。上式表示该系统每个质点可能以相同频率 $\sqrt{k/m}$ 作简谐振动，这种简谐振动称为“主振动”或“固有振动”。$Y_{11} = 1$ 和 $Y_{21} = 1$ 说明两个重块在作主振动时的相对位置，即主振动时的样子，称为“主振型”，如图 2.6(a)所示。

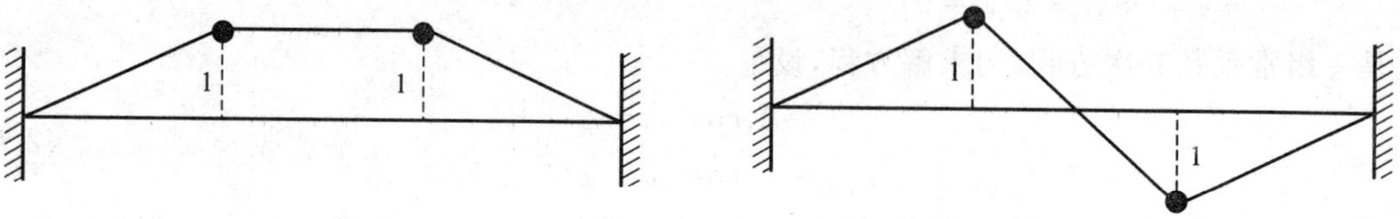

(a) $\omega_1 = \sqrt{k/m}$ 主振型图　　(b) $\omega_2 = \sqrt{3k/m}$ 主振型图

图 2.6　图 2.5 所示系统的主振型图

同样，把第 2 个固有频率 $\omega_2 = \sqrt{3k/m}$ 代入式(2.9b)中求得比值

$$\frac{A_2}{A_1} = \frac{2k - m\omega_2^2}{k} = \frac{2k - 3k}{k} = -1 = \frac{Y_{22}}{Y_{12}}$$

取 $Y_{12} = 1$，得 $Y_{22} = -1$，则微分方程(2.7)的另一个可能的解是

$$y_1 = a_2 Y_{12}\cos(\omega_2 t - \varphi_2) = a_2 \cos\left(\sqrt{\frac{3k}{m}}t - \varphi_2\right)$$

$$y_2 = a_2 Y_{22}\cos(\omega_2 t - \varphi_2) = -a_2 \cos\left(\sqrt{\frac{3k}{m}}t - \varphi_2\right)$$

式中，a_2 和 φ_2 是任意常数，此即为第 2 个主振动，其模态如图 2.6(b)所示。

把上述两个可能的特解相加，即得到微分方程(2.7)的通解为

$$\left.\begin{aligned} y_1(t) &= a_1 Y_{11}\cos(\omega_1 t - \varphi_1) + a_2 Y_{12}\cos(\omega_2 t - \varphi_2) \\ y_2(t) &= a_1 Y_{21}\cos(\omega_1 t - \varphi_1) + a_2 Y_{22}\cos(\omega_2 t - \varphi_2) \end{aligned}\right\} \tag{2.11}$$

式中，4 个任意常数 a_1，a_2，φ_1 和 φ_2 要根据问题的初始条件决定。

2.3.2　主坐标和坐标耦合

现通过一个示例来说明主坐标和坐标耦合的概念。如图 2.7 所示刚硬翼段，取坐标 $h(t)$ 和 $\alpha(t)$，列出其运动方程为

$$m\ddot{h} + m\delta\ddot{\alpha} + k_h h = 0$$

$$m\delta\ddot{h} + (I_0 + m\delta^2)\ddot{\alpha} + k_\alpha \alpha = 0$$

写成矩阵形式

$$\boldsymbol{M}\ddot{\boldsymbol{q}} + \boldsymbol{K}\boldsymbol{q} = \boldsymbol{0} \tag{2.12}$$

式中

$$\boldsymbol{q}=\begin{bmatrix} h \\ \alpha \end{bmatrix},\quad \boldsymbol{M}=\begin{bmatrix} m & m\delta \\ m\delta & I_0+m\delta^2 \end{bmatrix},\quad \boldsymbol{K}=\begin{bmatrix} k_h & \\ & k_\alpha \end{bmatrix}$$

矩阵 $\boldsymbol{M}$ 是由惯性参数组成的矩阵，称为质量矩阵；$\boldsymbol{K}$ 是由系统弹性参数组成的矩阵，称为刚度矩阵。质量矩阵 $\boldsymbol{M}$ 和刚度矩阵 $\boldsymbol{K}$ 都是对称矩阵，对角矩阵中的对角线元素称为主项，非对角线元素称为耦合项。在式(2.12)中，质量矩阵非对角线元素不等于零，说明系统有耦合存在，而刚度矩阵不存在耦合。注意到，系统是否存在耦合，即刚度耦合和惯性耦合是否存在，取决于广义坐标的选择，这种坐标的耦合并非系统的固有特征。

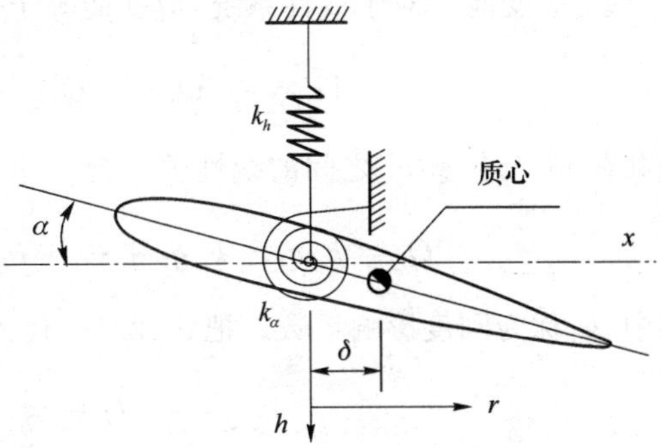

图 2.7　二元刚硬翼段示意图

既然选用不同坐标会出现不同的耦合，那么自然会想到一种新的广义坐标，使得两种耦合都不存在，也就是使运动方程中的质量矩阵和刚度矩阵都成为对角矩阵，从而大大简化运动方程，使其成为一系列单自由度系统的运动方程。这样的坐标称为主坐标。

现在把一般的广义坐标和另一组新的广义坐标之间采用线性变换

$$\boldsymbol{q}=\boldsymbol{A}\boldsymbol{\xi} \tag{2.13}$$

式中

$$\boldsymbol{A}=\begin{bmatrix} A_1^{(1)} & A_1^{(2)} \\ A_2^{(1)} & A_2^{(2)} \end{bmatrix},\quad \boldsymbol{\xi}=\begin{bmatrix} \xi_1 \\ \xi_2 \end{bmatrix}$$

$\boldsymbol{A}$ 是以每一阶主振型作为矩阵的一列而组成的变换矩阵；$\boldsymbol{\xi}$ 是一组新的广义坐标。把式(2.13)代入运动方程(2.12)中，可得出一组用新的广义坐标 $\boldsymbol{\xi}$ 表示的运动方程。经过这样的变换后，系统运动方程中不含有耦合项，每个方程只含有一个独立变量，这组变量称为系统的主坐标。自然，主坐标也是广义坐标的一种。

主坐标可以定义为：一个系统的主坐标是这样一种广义坐标，即按它建立的运动方程是相互独立的方程，主坐标的坐标基就是该系统的主振型。为了找到一个系统的主坐标，一般必须先求出该系统的主振型，即先求解系统的运动方程。虽然主坐标对自由振动没有实际意义，但它对求解强迫振动、动力响应和颤振等问题却十分有用。

2.3.3　多自由度振动的一般论述

实际的工程结构多是复杂而又连续的，需要把它离散化成多自由度系统。因此，多自由度系统的振动理论及其应用是解决工程振动问题的基础。

考虑一个 n 自由度系统，用 n 个广义坐标 $q_1, q_2, \cdots, q_n$ 来描述其位置状态。

1. 运动方程

为了建立多自由度系统的运动方程，首先要确定系统的自由度，即确定独立坐标数，以选择合适的变量作为广义坐标。在选择了广义坐标之后，可以采用不同方法来导出系统的运动方程。例如，根据达朗贝尔原理或牛顿运动定律来确定系统的运动方程。也可引入影响系数的概念，从研究系统在惯性力作用下的变形来求得系统的运动方程。还可应用拉格朗日方程建立系统运动方程。本章将采用拉格朗日方程的方法来推导运动方程。

采用拉格朗日方程推导运动方程，首先要列写系统应变能及动能。

① 应变能。对于线性系统，应变能等于全部外力所作的功，即

$$U = \frac{1}{2}(Q_1 q_1 + Q_2 q_2 + \cdots + Q_n q_n) = \frac{1}{2}\sum_{i=1}^{n} Q_i q_i \tag{2.14}$$

而载荷 Q_i 与位移 q_i 之间的线性关系为

$$Q_i = k_{i1} q_1 + k_{i2} q_2 + \cdots + k_{in} q_n = \sum_{j=1}^{n} k_{ij} q_j \quad (i = 1, 2, \cdots, n) \tag{2.15}$$

式中，k_{ij} 称为刚度影响系数。把式(2.15)代入式(2.14)中，得到应变能的一般表达式

$$U = \frac{1}{2}\sum_{i=1}^{n}\sum_{j=1}^{n} k_{ij} q_i q_j \tag{2.16a}$$

写成矩阵形式为

$$U = \frac{1}{2}\boldsymbol{qKq} \tag{2.16b}$$

② 动能。动能可以表示为广义速度的二次齐次函数，即

$$T = \frac{1}{2}\sum_{i=1}^{n}\sum_{j=1}^{n} m_{ij}\dot{q}_i\dot{q}_j \tag{2.17a}$$

写成矩阵形式为

$$T = \frac{1}{2}\dot{\boldsymbol{q}}\boldsymbol{M}\dot{\boldsymbol{q}} \tag{2.17b}$$

将系统的应变能及动能代入拉格朗日方程，可导出系统自由振动的运动方程

$$\left.\begin{aligned} m_{11}\ddot{q}_1 + m_{12}\ddot{q}_2 + \cdots + m_{1n}\ddot{q}_n + k_{11}q_1 + k_{12}q_2 + \cdots + k_{1n}q_n = 0 \\ m_{21}\ddot{q}_1 + m_{22}\ddot{q}_2 + \cdots + m_{2n}\ddot{q}_n + k_{21}q_1 + k_{22}q_2 + \cdots + k_{2n}q_n = 0 \\ \vdots \\ m_{n1}\ddot{q}_1 + m_{n2}\ddot{q}_2 + \cdots + m_{nn}\ddot{q}_n + k_{n1}q_1 + k_{n2}q_2 + \cdots + k_{nn}q_n = 0 \end{aligned}\right\} \tag{2.18a}$$

写成矩阵形式为

$$\boldsymbol{M}\ddot{\boldsymbol{q}} + \boldsymbol{Kq} = \boldsymbol{0} \tag{2.18b}$$

2. 特征方程、特征根与特征向量

微分方程(2.18a)是一组线性常系数微分方程，其通解具有形式

$$q_i = A_i e^{\lambda t} \quad (i = 1, 2, \cdots, n) \tag{2.19}$$

将式(2.19)代入式(2.18a)中，消去 $e^{\lambda t}$，得到

$$\left.\begin{aligned} (m_{11}\lambda^2 + k_{11})A_1 + (m_{12}\lambda^2 + k_{12})A_2 + \cdots + (m_{1n}\lambda^2 + k_{1n})A_n = 0 \\ (m_{21}\lambda^2 + k_{21})A_1 + (m_{22}\lambda^2 + k_{22})A_2 + \cdots + (m_{2n}\lambda^2 + k_{2n})A_n = 0 \\ \vdots \\ (m_{n1}\lambda^2 + k_{n1})A_1 + (m_{n2}\lambda^2 + k_{n2})A_2 + \cdots + (m_{nn}\lambda^2 + k_{nn})A_n = 0 \end{aligned}\right\} \tag{2.20}$$

式(2.20)规定了当系统振动时为了满足平衡条件，A_1，A_2，…，A_n 与 λ 相互之间必须满足的关系。A_1，A_2，…，A_n 不同时为零的条件是式(2.20)的系数行列式 $\Delta(\lambda^2)$ 为零，即

$$\Delta(\lambda^2)=\begin{vmatrix} m_{11}\lambda^2+k_{11} & m_{12}\lambda^2+k_{12} & \cdots & m_{1n}\lambda^2+k_{1n} \\ m_{21}\lambda^2+k_{21} & m_{22}\lambda^2+k_{22} & \cdots & m_{2n}\lambda^2+k_{2n} \\ \vdots & \vdots & & \vdots \\ m_{n1}\lambda^2+k_{n1} & m_{n2}\lambda^2+k_{n2} & \cdots & m_{nn}\lambda^2+k_{nn} \end{vmatrix}=0 \tag{2.21}$$

方程(2.21)称为方程(2.18)的特征方程。展开式(2.21)得到 λ^2 的 n 次方程,所以可以求得 λ^2 的 n 个根,即特征值,设用 λ_1^2, λ_2^2, $\cdots$,λ_n^2 来表示。对应每一个特征值 λ_i^2,系数 A_1, A_2, $\cdots$, A_n 之间应满足一定的比例关系,设以 $A_1^{(i)}$, $A_2^{(i)}$, $\cdots$, $A_n^{(i)}$ 来表示,这种比例关系可由式(2.20)求得,即

$$\frac{A_1^{(i)}}{\Delta_{1n}(\lambda_i^2)}=\frac{A_2^{(i)}}{\Delta_{2n}(\lambda_i^2)}=\cdots=\frac{A_n^{(i)}}{\Delta_{nn}(\lambda_i^2)}=A^{(i)} \quad (i=1,2,\cdots,n) \tag{2.22}$$

式中,Δ_{in} 为式(2.21)去掉 i 行 n 列的子行列式,其符号由 $(-1)^{i+n}$ 决定。$A^{(i)}$ 是任意常数,由初始条件确定。可以证明 λ^2 的根必定是负的实数,设

$$\lambda^2=-\omega^2 \tag{2.23}$$

ω^2 将有 n 个根,可由公式

$$\Delta(\omega^2)=\begin{vmatrix} k_{11}-m_{11}\omega^2 & k_{12}-m_{12}\omega^2 & \cdots & k_{1n}-m_{1n}\omega^2 \\ k_{21}-m_{21}\omega^2 & k_{22}-m_{22}\omega^2 & \cdots & k_{2n}-m_{2n}\omega^2 \\ \vdots & \vdots & & \vdots \\ k_{n1}-m_{n1}\omega^2 & k_{n2}-m_{n2}\omega^2 & \cdots & k_{nn}-m_{nn}\omega^2 \end{vmatrix}=0 \tag{2.24}$$

求得。通解(2.19)可以最终表示为

$$\begin{aligned} q_i= & B_i^{(1)}q_0^{(1)}\cos(\omega_1 t+\varphi_1)+B_i^{(2)}q_0^{(2)}\cos(\omega_2 t+\varphi_2)+\cdots+ \\ & B_i^{(n)}q_0^{(n)}\cos(\omega_n t+\varphi_n) \quad (i=1,2,\cdots,n) \end{aligned} \tag{2.25}$$

式(2.25)中的 $B_i^{(n)}$ 即是式(2.22)中的 $\Delta_{in}(\lambda_i^2)$,而 $q_0^{(i)}$ 与 φ_i 是两个待定常数。其中每一项都代表一个简谐运动,其频率为 ω_1,ω_2,$\cdots$,ω_n。对应每一个频率 ω_i,各广义坐标的大小在变化过程中始终保持一定的比例关系和相位关系。也就是说,系统各点将以同一频率及相位关系进行振动,而各点的振幅保持一定的比例关系。

ω_i 称为系统的固有频率,由系统的固有特性决定,通常按大小次序排列。此外,与固有频率相对应的固有振型也完全由系统特性决定。固有振型规定了各点振幅的相对大小。

式(2.25)表明系统的一般运动总是由 n 个固有振动叠加而成。虽然固有振型都是简谐运动,但是因初始条件的不同,它们的综合运动可能是很复杂的。

3. 正交条件、广义质量及广义刚度

在分析 n 自由度系统振动时,如果选择一般的广义坐标,那么在这组广义坐标之间总会存在弹性耦合或惯性耦合。但也可以选择一组特殊的广义坐标,使这些坐标之间不存在惯性耦合和弹性耦合,由此得到一组相互独立的微分方程。这种特殊的广义坐标称为主坐标。事实上,如果已经求出了系统的固有振型,那么也就可以写出主坐标来。设 q_1, q_2, $\cdots$, q_n 为任意选择的广义坐标,对这些广义坐标已经求出了系统的各个固有形态 $B_1^{(i)}:B_2^{(i)}:\cdots:B_n^{(i)}$ $(i=1,2,\cdots,n)$。设主坐标为 ξ_1,ξ_2,$\cdots$,ξ_n,它们与 q_1, q_2, $\cdots$, q_n 之间的转换关系为

$$q_i=B_i^{(1)}\xi_1+B_i^{(2)}\xi_2+\cdots+B_i^{(n)}\xi_n \quad (i=1,2,\cdots,n) \tag{2.26a}$$

矩阵形式为

$$\boldsymbol{q}=\boldsymbol{B}\boldsymbol{\xi} \tag{2.26b}$$

式中

$$\boldsymbol{B}=\begin{bmatrix} B_1^{(1)} & B_1^{(2)} & \cdots & B_1^{(n)} \\ B_2^{(1)} & B_2^{(2)} & \cdots & B_2^{(n)} \\ \vdots & \vdots & & \vdots \\ B_n^{(1)} & B_n^{(2)} & \cdots & B_n^{(n)} \end{bmatrix}$$

以下证明经过这种选择的坐标 $\xi_i(i=1,2,\cdots,n)$ 之间将不存在惯性耦合和弹性耦合。现任取两个坐标 ξ_r 与 ξ_s，它们所描述的系统位置状态分别对应于第 r 次及第 s 次固有形态。当系统进行主振动时，必然满足平衡条件，则有

$$\boldsymbol{M}\ddot{\boldsymbol{q}}^{(r)}+\boldsymbol{K}\boldsymbol{q}^{(r)}=\boldsymbol{0}$$

由于

$$\boldsymbol{q}^{(r)}=\boldsymbol{B}^{(r)}\xi_r$$

$$\ddot{\boldsymbol{q}}^{(r)}=-\omega_r^2\boldsymbol{B}^{(r)}\xi_r$$

则

$$\boldsymbol{K}\boldsymbol{B}^{(r)}-\omega_r^2\boldsymbol{M}\boldsymbol{B}^{(r)}=\boldsymbol{0} \tag{2.27}$$

同理可得

$$\boldsymbol{K}\boldsymbol{B}^{(s)}-\omega_s^2\boldsymbol{M}\boldsymbol{B}^{(s)}=\boldsymbol{0} \tag{2.28}$$

式(2.27)左乘以行矩阵 $\boldsymbol{B}^{(s)}$，式(2.28)左乘以行矩阵 $\boldsymbol{B}^{(r)}$，得到

$$\boldsymbol{B}^{(s)}\boldsymbol{K}\boldsymbol{B}^{(r)}-\omega_r^2\boldsymbol{B}^{(s)}\boldsymbol{M}\boldsymbol{B}^{(r)}=\boldsymbol{0} \tag{2.29}$$

$$\boldsymbol{B}^{(r)}\boldsymbol{K}\boldsymbol{B}^{(s)}-\omega_s^2\boldsymbol{B}^{(r)}\boldsymbol{M}\boldsymbol{B}^{(s)}=\boldsymbol{0} \tag{2.30}$$

注意到 $\boldsymbol{K}$ 和 $\boldsymbol{M}$ 都是对称矩阵，所以

$$\boldsymbol{B}^{(s)}\boldsymbol{K}\boldsymbol{B}^{(r)}=\boldsymbol{B}^{(r)}\boldsymbol{K}\boldsymbol{B}^{(s)} \tag{2.31}$$

$$\boldsymbol{B}^{(s)}\boldsymbol{M}\boldsymbol{B}^{(r)}=\boldsymbol{B}^{(r)}\boldsymbol{M}\boldsymbol{B}^{(s)} \tag{2.32}$$

把式(2.31)及式(2.32)代入式(2.29)，然后与式(2.30)相减，得到

$$(\omega_s^2-\omega_r^2)\boldsymbol{B}^{(r)}\boldsymbol{M}\boldsymbol{B}^{(s)}=\boldsymbol{0} \tag{2.33}$$

由于 $\omega_s\neq\omega_r$，所以

$$\boldsymbol{B}^{(r)}\boldsymbol{M}\boldsymbol{B}^{(s)}=\boldsymbol{0} \tag{2.34a}$$

再将式(2.34a)代入式(2.30)，又得到

$$\boldsymbol{B}^{(r)}\boldsymbol{K}\boldsymbol{B}^{(s)}=\boldsymbol{0} \tag{2.34b}$$

式(2.34)所示的关系式即是固有形态的正交性。它的物理意义可阐述如下：实际上 $\boldsymbol{M}\boldsymbol{B}^{(s)}$ 与 $\boldsymbol{K}\boldsymbol{B}^{(s)}$ 分别代表了系统作 s 阶主振动时产生的惯性力及弹性力的分布规律，而 $\boldsymbol{B}^{(r)}\boldsymbol{M}\boldsymbol{B}^{(s)}$ 与 $\boldsymbol{B}^{(r)}\boldsymbol{K}\boldsymbol{B}^{(s)}$ 则分别代表了这些力对于第 r 次主振动形态的广义力。正交条件指出了此广义力都等于零，即意味着在系统的两次不同的主振动之间不存在惯性耦合和弹性耦合作用，没有能量转换关系，因此它们都是独立进行的。

采用主坐标来描述系统的位置状态，就可利用式(2.27)的正交条件。系统的动能可写为

$$T=\frac{1}{2}\dot{\boldsymbol{q}}\boldsymbol{M}\dot{\boldsymbol{q}}=\frac{1}{2}\dot{\boldsymbol{\xi}}\boldsymbol{B}'\boldsymbol{M}\boldsymbol{B}\dot{\boldsymbol{\xi}}=\frac{1}{2}\dot{\boldsymbol{\xi}}\overline{\boldsymbol{M}}\dot{\boldsymbol{\xi}} \tag{2.35}$$

或

$$T=\frac{1}{2}(m^{(1)}\dot{\xi}_1^2+m^{(2)}\dot{\xi}_2^2+\cdots+m^{(n)}\dot{\xi}_n^2)$$

式中，$m^{(i)}=\boldsymbol{B}^{(i)}\boldsymbol{M}\boldsymbol{B}^{(i)}(i=1,2,\cdots,n)$称为系统对应于主坐标 ξ_i 的广义质量。$\overline{\boldsymbol{M}}$ 是由 $m^{(i)}(i=1,2,\cdots,n)$等组成的对角矩阵。系统的应变能可表示为

$$U=\frac{1}{2}\boldsymbol{\xi}\overline{\boldsymbol{K}}\boldsymbol{\xi}=\frac{1}{2}(k^{(1)}\xi_1^2+k^{(2)}\xi_2^2+\cdots+k^{(n)}\xi_n^2) \tag{2.36}$$

式中，$k^{(i)}=\boldsymbol{B}^{(i)}\boldsymbol{K}\boldsymbol{B}^{(i)}(i=1,2,\cdots,n)$称为系统对应于主坐标的广义刚度。$\overline{\boldsymbol{K}}$是由 $k^{(i)}(i=1,2,\cdots,n)$组成的对角矩阵。把式(2.35)的动能及式(2.36)的应变能代入拉格朗日方程，则可得到 n 个独立的二阶常系数微分方程

$$m^{(i)}\ddot{\xi}_i+k^{(i)}\xi_i=0 \quad (i=1,2,\cdots,n) \tag{2.37}$$

在有外力作用时，要先对主坐标 ξ_i 求出相应的广义外力 Ξ_i，Ξ_i 与原有的 Q_i 之间的转换关系为

$$\boldsymbol{\Xi}\boldsymbol{\xi}=W=\boldsymbol{Q}\boldsymbol{q}=\boldsymbol{Q}\boldsymbol{B}\boldsymbol{\xi}$$

式中

$$\boldsymbol{\Xi}=\boldsymbol{Q}\boldsymbol{B}$$

相应的运动方程为

$$m^{(i)}\ddot{\xi}_i+k^{(i)}\xi_i=\Xi_i \quad (i=1,2,\cdots,n) \tag{2.38}$$

由式(2.38)可见，采用主坐标的最大优点是可将 n 个自由度的系统分解为 n 个彼此独立的单自由度系统来处理，从而避免在整个分析过程中研究一组联立方程。

总结以上论述，可得到以下一些结论：

① 无阻尼的单自由度系统的自由振动总是简谐振动。但多自由度系统，在一般的初始条件下是不规则的运动。只有在特定的初始条件下，无阻尼多自由度系统才可能作简谐的自由振动。这种可能的简谐振动称为“主振动”或“固有振动”，其频率称为“固有频率”。通常把这些频率按大小排列，称为第一阶频率、第二阶频率等。

② 作主振动时，系统各点都以同一频率振动，各点位移也保持一定的比例关系，这种比例关系说明了系统在主振动时的形态，称为主振型或“主振动模态”。如果各点的简谐振动用旋转向量表示，则各向量之间的相位差只是 0°(同相位)或 180°(反相位)。

③ 多自由度系统的一般自由振动是所有主振动叠加而成的。

④ 固有频率和模态是系统固有的本性。

4. 受迫振动

在系统上加一组和谐的干扰力，系统将产生受迫振动。同样，也可由拉格朗日方程导出受迫振动的运动方程。

设一个 n 自由度的系统，受到一组与坐标 $\boldsymbol{q}=[q_1\ q_2\ \cdots\ q_n]$相对应的外力 $\boldsymbol{Y}$，则对应主坐标 $\boldsymbol{\xi}=[\xi_1\ \xi_2\ \cdots\ \xi_n]$的广义外力 $\boldsymbol{\Xi}=[\Xi_1\ \Xi_2\ \cdots\ \Xi_n]$可由元功不变量求得，即 $\boldsymbol{\Xi}=\boldsymbol{A}^{\mathrm{T}}\boldsymbol{Y}$。

设简谐干扰力

$$\boldsymbol{Y}=\boldsymbol{P}\mathrm{e}^{\mathrm{i}pt}$$

则

$$\boldsymbol{\Xi}=\boldsymbol{A}^{\mathrm{T}}\boldsymbol{P}\mathrm{e}^{\mathrm{i}pt}$$

由此得到受迫振动的运动方程为

$$\boldsymbol{m}\ddot{\boldsymbol{\xi}}+\boldsymbol{k}\boldsymbol{\xi}=\boldsymbol{A}^{\mathrm{T}}\boldsymbol{P}\mathrm{e}^{ipt}$$

这是一组没有耦合项的方程组。可见，只要引用了主坐标的概念，受迫振动的方程也大为简化，只要算出对应于主坐标的广义质量 $m^{(i)}$、广义刚度 $k^{(i)}$ 和广义外力 Ξ_i，系统就可按单自由度系统的方法处理。因此，第 i 个主坐标对简谐外力的稳态响应为

$$\xi_i=\frac{\boldsymbol{A}^{(i)}\boldsymbol{P}\cos pt}{k^{(i)}\left[1-\left(\dfrac{p}{\omega_i}\right)^2\right]}$$

把上式再代回坐标线性变换式 $\boldsymbol{q}=\boldsymbol{A}\boldsymbol{\xi}$ 中，得到用坐标 $\boldsymbol{q}$ 表示的稳态响应为

$$q_j=\sum_{i=1}^{n}\frac{\boldsymbol{A}^{(i)\mathrm{T}}\boldsymbol{P}\cos pt}{k^{(i)}\left[1-\left(\dfrac{p}{\omega_i}\right)^2\right]}A_j^{(i)}\quad(j=1,2,\cdots,n)$$

由此可见，系统的稳态响应总是由 n 个主振型的和谐运动叠加而成的。当外加干扰力的频率 p 趋近于系统某一个固有频率 ω_i 时，由上式可见，此时将使对应的 ξ_i 急剧增大，这就出现了共振现象，而其他坐标对应的振幅可忽略不计。可以认为系统的稳态响应完全取决于上式的第 i 项，于是得

$$q_j\approx\frac{\boldsymbol{A}^{(i)\mathrm{T}}\boldsymbol{P}\cos pt}{k^{(i)}\left[1-\left(\dfrac{p}{\omega_i}\right)^2\right]}A_j^{(i)}\quad(j=1,2,\cdots,n)$$

此式表明，当外加干扰力频率 p 趋近于 i 阶固有频率 ω_i 时，系统的振幅分布趋近于第 i 阶主振型 $A^{(i)}$。

2.4　弹性体的振动

本节讨论弹性体的振动，其中包含等剖面梁的扭转振动和等剖面梁的弯曲振动等。

许多典型的航空结构都具有梁的特性。事实上，大展弦比机翼和直升机旋翼都可以理想化为梁的模型。对于小展弦比机翼采用平板模型更接近实际情况。

2.4.1　等剖面梁的自由扭转振动

为讨论梁的自由扭转振动问题，首先建立与梁弹性轴一致的坐标轴。

1. 运动方程

设轴的扭角为 $\theta(y,t)$，由材料力学可知

$$\frac{\partial\theta}{\partial x}=\frac{T}{GJ}\tag{2.39}$$

式中，T 是梁剖面上的扭转力，GJ 是轴的扭转刚度。

由图 2.8 所示的微段平衡，有

$$\frac{\partial T}{\partial y}+\tau=0\tag{2.40}$$

式中，τ 是每单位长度上的外扭矩。把式(2.39)及式(2.40)两式合并，即有

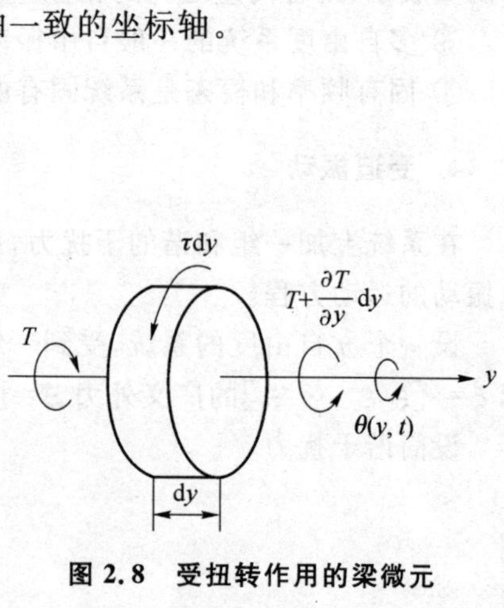

图 2.8　受扭转作用的梁微元

$$\frac{\partial}{\partial y}\left(GJ\frac{\partial\theta}{\partial y}\right)+\tau=0 \tag{2.41}$$

在自由振动时，τ 就是惯性力矩，有

$$\tau=-I(y)\frac{\partial^2\theta}{\partial t^2} \tag{2.42}$$

式中，$I(y)$代表单位长度梁对扭转轴的转动惯量。把式(2.42)代入式(2.41)，就得到自由振动方程

$$\frac{\partial}{\partial y}\left(GJ\frac{\partial\theta}{\partial y}\right)-I(y)\frac{\partial^2\theta}{\partial t^2}=0 \tag{2.43}$$

为了得到梁的振动特性，这里采用分离变量法，即设 $\theta(y,t)$是由一个坐标 y 的函数 $\Theta(y)$和一个时间 t 的函数 $T(t)$二者的乘积组成的，即

$$\theta(y,t)=\Theta(y)T(t) \tag{2.44}$$

将式(2.44)代入式(2.43)，得到

$$\frac{\partial}{\partial y}\left[GJ\frac{\partial\Theta(y)}{\partial y}\right]T(t)-I(y)\Theta(y)\frac{\partial^2 T(t)}{\partial t^2}=0$$

两端同除以 $I(y)\Theta(y)$，并移项，得到

$$\frac{\dfrac{\partial}{\partial y}\left[GJ\dfrac{\partial\Theta(y)}{\partial y}\right]}{I(y)\Theta(y)}=\frac{\dfrac{\partial^2 T(t)}{\partial t^2}}{T(t)}$$

由于 $\Theta(y)$与 $T(t)$是两个彼此独立的函数，上式若成立，则等式两边的结果必定为一常数，设用 $-\omega^2$ 表示，则可得到两个微分方程

$$[GJ\Theta'(y)]'+\omega^2 I(y)\Theta(y)=0 \tag{2.45a}$$

$$\ddot{T}(t)+\omega^2 T(t)=0 \tag{2.45b}$$

由式(2.45b)可得到

$$T(t)=\overline{A}\cos\omega t+\overline{B}\sin\omega t \tag{2.46}$$

式中，$\overline{A}$ 和 $\overline{B}$ 为积分常数。因为函数 $T(t)$代表扭角 θ 随时间的变化规律，则 ω 显然代表了梁扭转振动的圆周频率。从物理上看，在无阻尼的自由振动中，既没有能量的输入，也没有能量的散逸，ω^2 为一正实数是必然结果。另外从数学上分析，若 ω^2 不为正实数，就得不到既满足边界条件又不恒等于零的结果。对于均匀梁的情况，$I(y)/GJ$ 为一常数，设用 $1/a^2$ 表示，则式(2.45a)可写为

$$\Theta''(y)+\left(\frac{\omega}{a}\right)^2\Theta(y)=0$$

由此

$$\Theta(y)=C_1\sin\left(\frac{\omega}{a}\right)y+C_2\cos\left(\frac{\omega}{a}\right)y \tag{2.47}$$

式中，C_1 和 C_2 均为积分常数。

注意到，运动平衡微分方程(2.43)是根据梁自由体列出的，并没有反映端部条件所提出的特殊关系，即边界条件。

2. 边界条件

梁在运动时，除了满足所必须遵循的规律外，还要满足边界条件。为了进一步确定梁的振动情况，应该研究边界条件，并由此确定积分常数及未知数 ω 之间的关系。

(1) 固支端

如图 2.9 所示，此时固支端不会有由扭转引起的扭转变形，它的边界条件是

$$\theta(0,t)=0=\Theta(0)T(t)$$

若要该式恒成立，则有

$$\Theta(0)=0$$

(2) 自由端

如图 2.10 所示，作用在梁上的外载荷为零，对于均匀梁，有

$$\frac{\partial\theta}{\partial x}(0,t)=\Theta'(y)T(t)=0$$

则

$$\Theta'(y)=0$$

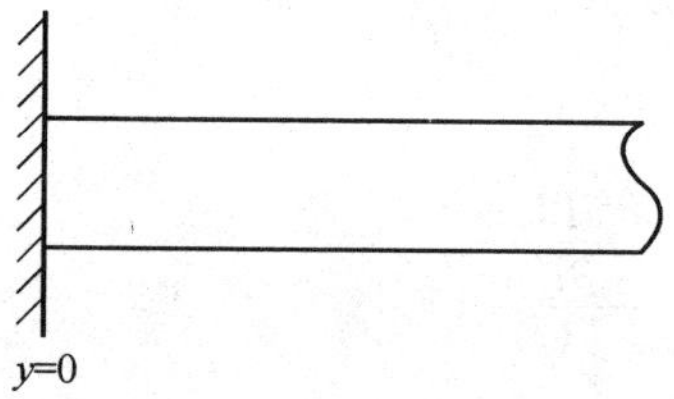

图 2.9 一端固支梁

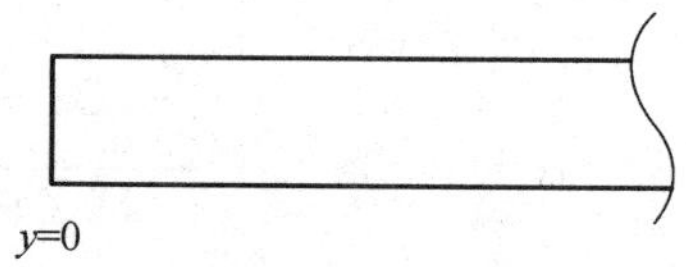

图 2.10 一端自由梁

(3) 弹性支持

如图 2.11 所示，弹性约束可以看做在梁的一端连接有一个线性扭转弹簧。由于两端是有限变形，由作用力和反作用力关系可知，梁端扭转与弹簧反作用力的大小相等，方向相反，有

$$GJ\Theta'(l)T(t)=-k\Theta(l)T(t)$$

式中，k 是弹簧系数，并有

$$GJ\Theta'(l)=-k\Theta(l)$$

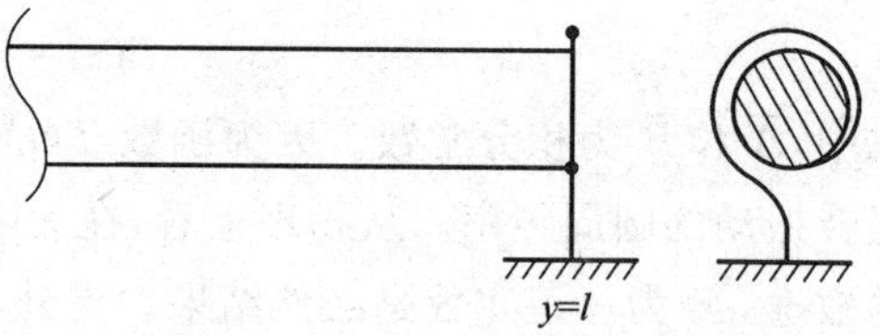

图 2.11 一端弹性约束的梁

3. 一端固支一端自由梁的振动举例

为了描述这种边界条件，假定梁在 $y=0$ 处固支，在 $y=l$ 处自由，则边界条件可表示为

$$\Theta(0)=\Theta'(l)=0$$

把这个条件应用到式(2.47)中，得到

$$C_2=0$$

及

$$\frac{\omega}{a}C_1\cos\left(\frac{\omega}{a}\right)l=0$$

显然，ω 或 C_1 不可能为零，因为这是表示梁处于静止状态的条件，于是

$$\cos\left(\frac{\omega}{a}\right)l=0$$

即

$$\frac{\omega}{a}l=\frac{n}{2}\pi$$

或

$$\omega=\frac{na}{2l}\pi=\frac{n\pi}{2l}\sqrt{\frac{GJ}{I}}\quad(n=1,3,5,\cdots,\infty)\tag{2.48a}$$

于是

$$\Theta(y)=C_1\sin\left(\frac{ny}{2l}\right)\pi\quad(n=1,3,5,\cdots,\infty)\tag{2.48b}$$

式(2.48)指出了均匀悬臂梁自由扭转振动所必须遵循的特殊规律。这种扭角分布规律称为自振形态,其相应的频率称为自振频率。频率及相应的形态数目可以有无穷多个,按频率值自小到大排序,并分别称为第一阶自由振动频率及形态,第二阶自由振动频率及形态……。图 2.12 展示了均匀梁自由扭转振动的前三阶自振形态。

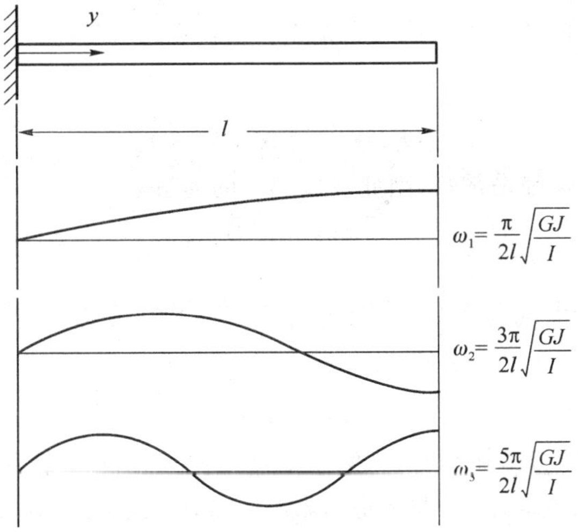

图 2.12　均匀梁自由扭转振动的前三阶自振形态

2.4.2　等剖面梁的自由弯曲振动

梁的横向弯曲自由振动通常称为横向振动。它和梁的扭转振动具有不同的数学形式,但求解方法和物理运动特征是相似的。

1. 运动方程

图 2.13 为从梁上取下来的自由体,并画出了当自由振动时作用在自由体上的力及弯矩。这时自由振动的平衡方程为

$$\frac{\partial Q}{\partial y}-m\frac{\partial^2 w}{\partial t^2}=0\tag{2.49}$$

式中,Q 代表剪力,m 代表线质量,w 代表挠度。由于

$$Q=-\frac{\partial M}{\partial y}$$

当略去剪切变形对挠度的影响时，有

$$M=EI\frac{\partial^2 w}{\partial y^2}$$

式中，M 代表弯矩，EI 代表梁的抗弯刚度。所以，以上结果代入式(2.49)，得到以挠度 w 表示的运动平衡方程

$$\frac{\partial^2}{\partial y^2}\left(EI\frac{\partial^2 w}{\partial y^2}\right)+m\frac{\partial^2 w}{\partial t^2}=0 \tag{2.50}$$

用分离变量法求解式(2.50)，设

$$w(y,t)=W(y)T(t)$$

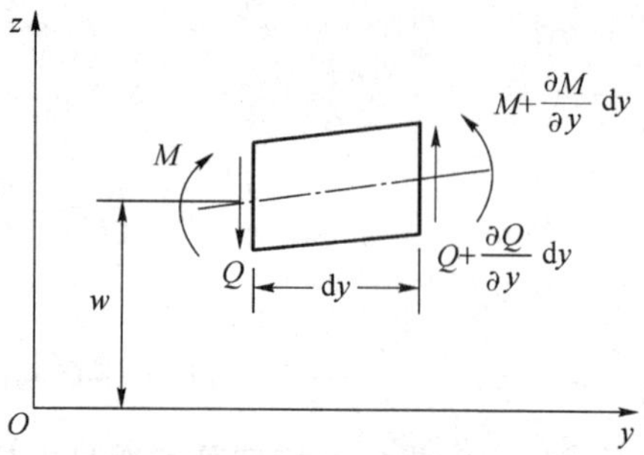

图 2.13 自由体上的力和力矩

代入式(2.50)并除以 $W(y)T(t)$，移项后，得到

$$\frac{(EIW'')''}{W}=\frac{\ddot{T}}{T}=\omega^2$$

式中，ω^2 是一未知常数，同样也可以证明当梁作自由振动时，ω^2 必为一正实数，展开上式得到

$$\ddot{T}+\omega^2 T=0 \tag{2.51a}$$

$$(EIW'')''-m\omega^2 W=0 \tag{2.51b}$$

对于均匀梁，EI 与 m 都是常数，因此式(2.51)的通解是

$$T=\overline{A}\cos\omega t+\overline{B}\sin\omega t \tag{2.52a}$$

$$W=C_1\sinh\sqrt{\frac{\omega}{a}}y+C_2\cosh\sqrt{\frac{\omega}{a}}y+C_3\sin\sqrt{\frac{\omega}{a}}y+C_4\cos\sqrt{\frac{\omega}{a}}y \tag{2.52b}$$

式中

$$a^2=EI/m$$

上式规定了均匀梁作弯曲自由振动时，为满足平衡条件其挠度分布情况所必须遵循的一般规律，其中 ω 代表振动的圆周频率，并与积分常数 C_1，C_2，C_3 及 C_4 一起均可是任意的，它们可由边界条件及初始条件决定。

2. 边界条件

边界条件规定了具体梁作自由弯曲振动时频率及振动形态所必须遵循的特殊规律。提供梁两端的边界条件是必要的。边界条件可以是梁的挠度及其偏微分的线性齐次关系，它可以呈现四种实际状态：

① 挠度为

$$w(y,t)=W(y)T(t)$$

② 转角为

$$\frac{\partial w}{\partial y}(y,t)=W'(y)T(t)$$

③ 弯矩为

$$M(y,t)=EI\frac{\partial^2 w}{\partial y^2}(y,t)=EIW''(y)T(t)$$

④ 剪力为

$$Q(y,t)=EI\frac{\partial^3 w}{\partial y^3}(y,t)=EIW'''(y)T(t)$$

作用于梁两端最常见的边界条件为：

① 简支梁。零挠度、零弯矩，即

$$w(0,t)=0 \quad 即 \quad W(0)=0$$

$$M(0,t)=0 \quad 即 \quad W''(0)=0$$

② 固支端。零挠度、零转角，即

$$w(0,t)=0 \quad 即 \quad W(0)=0$$

$$\frac{\partial w(0,t)}{\partial x}=0 \quad 即 \quad W''(0)=0$$

③ 自由端。零弯矩、零剪力，即

$$\frac{\partial^2 w(0,t)}{\partial y^2}=0 \quad 即 \quad W''(0)=0$$

$$\frac{\partial^3 w(0,t)}{\partial y^3}=0 \quad 即 \quad W'''(0)=0$$

边界条件还可以来自弹性或惯性条件约束作用。

3. 固支——自由梁求解实例

对于悬臂梁的边界条件可写为

固支端处　　　$y=0$，$W(0)=W'(0)=0$(即位移及转角为零)

自由端处　　　$y=l$，$W''(l)=W'''(l)=0$(即弯矩及剪力为零)

把上述固支端边界条件施加到式(2.52b)上去，得到

$$0=C_2+C_4, \quad 即 \quad C_2=-C_4$$

$$0=\sqrt{\frac{\omega}{a}}C_1+\sqrt{\frac{\omega}{a}}C_3, \quad 即 \quad C_1=-C_3$$

则式(2.52b)可改写为

$$W(y)=C_1\left(\sinh\sqrt{\frac{\omega}{a}}y-\sin\sqrt{\frac{\omega}{a}}y\right)+C_2\left(\cosh\sqrt{\frac{\omega}{a}}y-\cos\sqrt{\frac{\omega}{a}}y\right)$$

再把上述自由端边界条件施加于上式，得到

$$0=\left(\frac{\omega}{a}\right)C_1\left(\sinh\sqrt{\frac{\omega}{a}}l+\sin\sqrt{\frac{\omega}{a}}l\right)+\left(\frac{\omega}{a}\right)C_2\left(\cosh\sqrt{\frac{\omega}{a}}l+\cos\sqrt{\frac{\omega}{a}}l\right)$$

及

$$0=\sqrt{\left(\frac{\omega}{a}\right)^3}C_1\left(\cosh\sqrt{\frac{\omega}{a}}l+\cos\sqrt{\frac{\omega}{a}}l\right)+\sqrt{\left(\frac{\omega}{a}\right)^3}C_2\left(\sinh\sqrt{\frac{\omega}{a}}l-\sin\sqrt{\frac{\omega}{a}}l\right)$$

上式 C_1 和 C_2 等于零是一种解，但没有实际意义。所以 C_1 和 C_2 不全为零，则方程组的行列式必为零，即

$$\begin{vmatrix} \sinh\sqrt{\frac{\omega}{a}}l+\sin\sqrt{\frac{\omega}{a}}l & \cosh\sqrt{\frac{\omega}{a}}l+\cos\sqrt{\frac{\omega}{a}}l \\ \cosh\sqrt{\frac{\omega}{a}}l+\cos\sqrt{\frac{\omega}{a}}l & \sinh\sqrt{\frac{\omega}{a}}l-\sin\sqrt{\frac{\omega}{a}}l \end{vmatrix}=0$$

展开上式,得到

$$\sinh^2\sqrt{\frac{\omega}{a}}l-\sin^2\sqrt{\frac{\omega}{a}}l-\cosh^2\sqrt{\frac{\omega}{a}}l-\cos^2\sqrt{\frac{\omega}{a}}l-2\cosh\sqrt{\frac{\omega}{a}}l\cos\sqrt{\frac{\omega}{a}}l=0$$

整理后得到

$$\cosh\sqrt{\frac{\omega}{a}}l\cos\sqrt{\frac{\omega}{a}}l=-1 \tag{2.53}$$

式(2.53)规定了悬臂梁在作自由弯曲振动时振动圆频率必须满足的条件,并称之为频率方程,或称为特征方程。它的求解过程如图 2.14 所示,以$\sqrt{\frac{\omega}{a}}l$ 为横轴画出 $\cos\sqrt{\frac{\omega}{a}}l$ 和$-1/\cosh\sqrt{\frac{\omega}{a}}l$ 两条曲线,这两条曲线交点的横坐标即是特征根$\sqrt{\frac{\omega}{a}}l$。除了 ω 必须满足频率方程外,边界条件还要求 C_1 和 C_2 常数保持一定的比例关系(而不同的 ω_i 就有不同的比例关系),即

$$\frac{C_1}{C_2}=\frac{\cosh\sqrt{\frac{\omega_i}{a}}l+\cos\sqrt{\frac{\omega_i}{a}}l}{\sinh\sqrt{\frac{\omega_i}{a}}l+\sin\sqrt{\frac{\omega_i}{a}}l}=-\frac{\sinh\sqrt{\frac{\omega_i}{a}}l-\sin\sqrt{\frac{\omega_i}{a}}l}{\cosh\sqrt{\frac{\omega_i}{a}}l+\cos\sqrt{\frac{\omega_i}{a}}l}=B^{(i)} \tag{2.54}$$

式中,符号 $B^{(i)}$ 代表对应于 ω_i 的比例常数。与 ω_i 对应的 $W_i(y)$可写为

$$W_i(y)=\left(\sinh\sqrt{\frac{\omega_i}{a}}y-\sin\sqrt{\frac{\omega_i}{a}}y\right)+B^{(i)}\left(\cosh\sqrt{\frac{\omega_i}{a}}y-\cos\sqrt{\frac{\omega_i}{a}}y\right) \tag{2.55}$$

图 2.15 绘出了自由均匀梁弯曲振动的前四阶自振形态。把式(2.55)的结果代入公式

$$w(y,t)=W(y)T(t)=\sum_{i=1}^{\infty}W_i(y)T_i(t)$$

即可表示梁的一般弯曲振动是梁无穷多个振动叠加起来的结果。

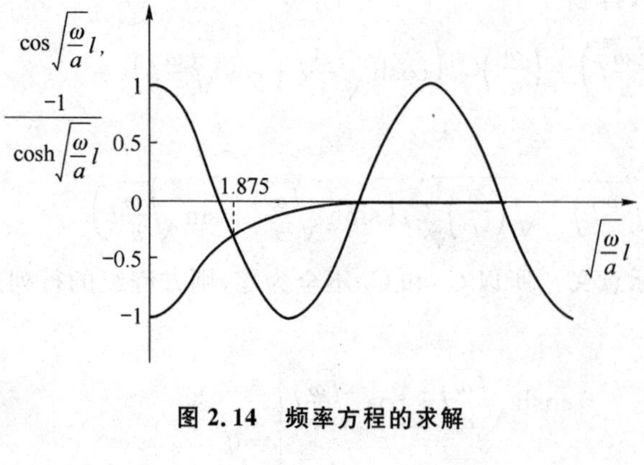

图 2.14 频率方程的求解

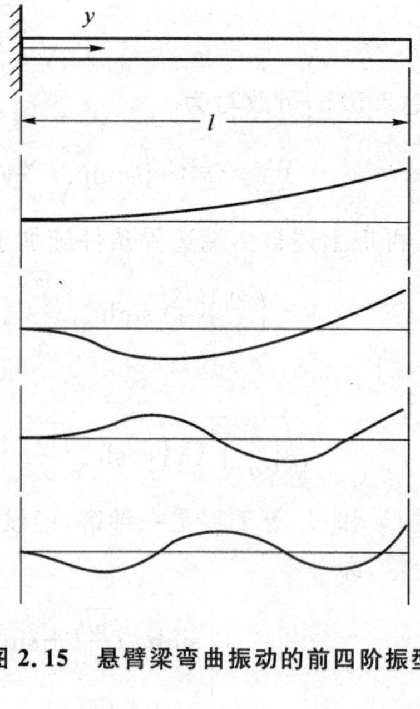

图 2.15 悬臂梁弯曲振动的前四阶振型

2.4.3 长直机翼的弯扭自由振动

长直机翼可以看做是一悬臂梁固定在机身上，如图 2.16 所示。假设机翼有一根刚轴(即各剖面刚心的连线)，机翼扭转时各剖面绕这根刚轴扭转。但是，通常机翼的质心轴与刚轴不重合，因此机翼振动时既有弯曲又有扭转，从而发生弯扭耦合振动。以下推导它的运动方程。

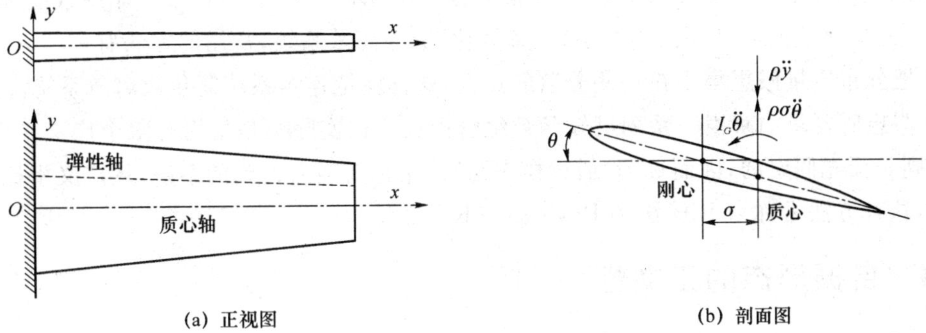

图 2.16 悬臂机翼示意图

设机翼剖面上的扭矩为 T，扭角为 θ，则

$$T=GJ\,\frac{\partial\theta}{\partial x}$$

式中，GJ 是扭转刚度。由图 2.17 可见，扭矩与单位长度上外力矩的关系是

$$\tau=\frac{\partial T}{\partial x}$$

则

$$\tau=\frac{\partial}{\partial x}\left(GJ\,\frac{\partial\theta}{\partial x}\right)$$

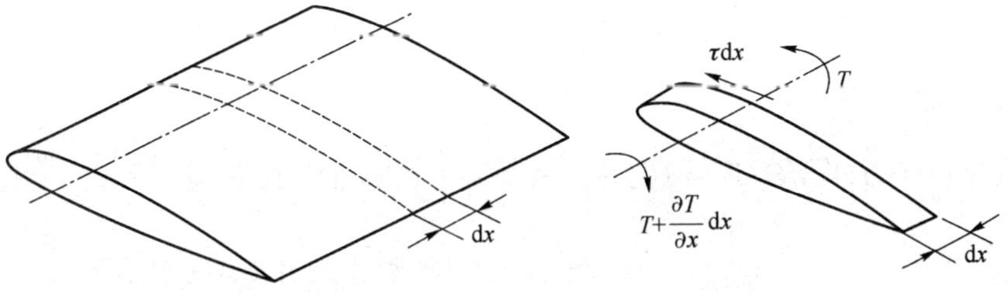

图 2.17 扭矩与单位长度上外力矩的关系

由图 2.16 可见，当机翼作自由振动时，作用在单位长度翼段上的外力只有惯性力 $\rho\ddot{y}$，$\rho\sigma\ddot{\theta}$ 及惯性力矩 $I_G\ddot{\theta}$，方向如图 2.16(b)所示，把它们代入弯曲公式，得

$$\frac{\partial^2}{\partial x^2}\left(EI\,\frac{\partial^2 y}{\partial x^2}\right)=P=-\rho\,\frac{\partial^2 y}{\partial t^2}+\rho\sigma\,\frac{\partial^2\theta}{\partial t^2}$$

再代入扭转公式，得

$$\frac{\partial}{\partial x}\left(GJ\,\frac{\partial\theta}{\partial x}\right)=\tau=I_G\,\frac{\partial^2\theta}{\partial t^2}+\sigma\cdot\rho\sigma\,\frac{\partial^2\theta}{\partial t^2}-\sigma\rho\,\frac{\partial^2 y}{\partial t^2}$$

以上两个方程经过整理，得到机翼振动运动方程

$$\rho\,\frac{\partial^2 y}{\partial t^2}-\rho\sigma\,\frac{\partial^2\theta}{\partial t^2}+\frac{\partial^2}{\partial x^2}\left(EI\,\frac{\partial^2 y}{\partial x^2}\right)=0$$

$$-\rho\sigma\frac{\partial^2 y}{\partial t^2}+(I_G+\rho\sigma^2)\frac{\partial^2\theta}{\partial t^2}-\frac{\partial}{\partial x}\left(GJ\frac{\partial\theta}{\partial x}\right)=0$$

由于质心轴在刚心轴之后 σ 距离处，故以上方程中存在耦合项 $-\rho\sigma\frac{\partial^2\theta}{\partial t^2}$ 和 $-\rho\sigma\frac{\partial^2 y}{\partial t^2}$，它们会引起弯扭耦合振动。

显然，这两个联立的偏微分方程不可能用解析方法求出精确解，通常只能用数值解法来近似求解。近似解法的原则是把连续系统“离散化”成为离散系统，常用的方法有：

① 把分布质量假想集中在一些分散的点上，这样就把连续系统简化成离散系统。

② 假想所要求的解由一系列已知函数组合而成。这实际上是采用有限个广义坐标，其坐标模态则是预先假定的，因而称为“假设模态法”。坐标变换后得到的系统，从广义坐标来看是离散的，这种方法常称为 Ritz 法和 Rayleigh - Ritz 法。

2.4.4 自振形态的正交性

在多自由度系统振动中已经证明，其自振形态之间是满足正交性条件的。对于弹性体的自振形态，同样也可证明它们之间也满足正交性。

对于梁的自由扭转振动，其两个不同频率的自振形态设用 Θ_r 及 Θ_s 表示，显然，它们应满足条件

$$(GJ\Theta_s')'+\omega_s^2 I\Theta_s=0$$
$$(GJ\Theta_r')'+\omega_r^2 I\Theta_r=0$$

现将第 1 式乘以 Θ_r，第 2 式乘以 Θ_s，然后对 y 从 0 到 l 进行积分，则得到

$$\int_0^l(GJ\Theta'_s)'\Theta_r\mathrm{d}y+\omega_s^2\int_0^l I\Theta_s\Theta_r\mathrm{d}y=0 \tag{2.56a}$$

$$\int_0^l(GJ\Theta'_r)'\Theta_s\mathrm{d}y+\omega_r^2\int_0^l I\Theta_r\Theta_s\mathrm{d}y=0 \tag{2.56b}$$

利用分部积分，有

$$\int_0^l(GJ\Theta'_s)'\Theta_r\mathrm{d}y=(GJ\Theta'_s)\Theta_r\Big|_0^l-\int_0^l GJ\Theta'_s\Theta'_r\mathrm{d}y=$$
$$GJ\Theta'_s\Theta_r\Big|_0^l-GJ\Theta_s\Theta'_r\Big|_0^l+\int_0^l\Theta_s(GJ\Theta'_r)'\mathrm{d}y$$

显然，对于任何边界条件，$GJ\Theta'_s\Theta_r\big|_0^l$ 及 $GJ\Theta_s\Theta'_r\big|_0^l$ 均恒等于零，因此

$$\int_0^l(GJ\Theta'_s)'\Theta_r\mathrm{d}y=\int_0^l(GJ\Theta'_r)\Theta'_s\mathrm{d}y \tag{2.57}$$

将式(2.57)代入式(2.56)，然后相减，得到

$$(\omega_s^2-\omega_r^2)\int_0^l I\Theta_r\Theta_s\mathrm{d}y=0$$

因为 $\omega_r\neq\omega_s$，所以

$$\int_0^l I\Theta_r\Theta_s\mathrm{d}y\equiv\int_0^l GJ\Theta'_s\Theta'_r\mathrm{d}y\equiv0 \tag{2.58}$$

式(2.58)就是悬臂梁扭转形态的正交条件。

根据同样的推导方法，也可以证明弯曲振动时自振形态之间的正交性，其结果为

$$\int_0^l mW_r W_s \mathrm{d}y = \int_0^l EIW''_r W''_s \mathrm{d}y = 0 \tag{2.59}$$

自振形态之间的正交关系是一切振动现象中的重要特征。利用这一概念可以使分析一般振动现象的工作大为简化。

2.5　板的振动

1. 运动方程

设 Ox 轴与 Oy 轴位于板的中间面内，而 Oz 轴与它们相垂直。根据中间面无拉伸的弹性板理论(胡克定理)，可以写出下列应力与位移间的关系式

$$\left.\begin{aligned}
\sigma_x &= \frac{E}{1-\mu^2}(\varepsilon_x+\mu\varepsilon_y) = -\frac{EZ}{1-\mu^2}\left(\frac{\partial^2 w}{\partial x^2}+\mu\frac{\partial^2 w}{\partial y^2}\right)\\
\sigma_y &= \frac{E}{1-\mu^2}(\varepsilon_y+\mu\varepsilon_x) = -\frac{EZ}{1-\mu^2}\left(\frac{\partial^2 w}{\partial y^2}+\mu\frac{\partial^2 w}{\partial x^2}\right)\\
\tau &= \frac{E}{2(1+\mu)}\gamma = -\frac{EZ}{1+\mu}\left(\frac{\partial^2 w}{\partial x\partial y}\right)
\end{aligned}\right\} \tag{2.60}$$

式中，σ_x 与 σ_y 分别是 x 轴与 y 轴轴向的正应力(正应变)；τ 是平行于 Oxy 平面的平面内剪应力(剪应变)；μ 是泊松比；E 是弹性模量；w 是 z 轴轴向挠度。

假设板是等厚的，且厚度为 h，利用式(2.60)可列出内力与挠度之间的关系式

$$\left.\begin{aligned}
M_y &= \int_{-\frac{h}{2}}^{\frac{h}{2}} \sigma_x z\,\mathrm{d}z = -D\left(\frac{\partial^2 w}{\partial x^2}+\mu\frac{\partial^2 w}{\partial y^2}\right)\\
M_x &= \int_{-\frac{h}{2}}^{\frac{h}{2}} \sigma_y z\,\mathrm{d}z = -D\left(\frac{\partial^2 w}{\partial y^2}+\mu\frac{\partial^2 w}{\partial x^2}\right)\\
H &= \int_{-\frac{h}{2}}^{\frac{h}{2}} \tau z\,\mathrm{d}z = -D(1-\mu)\frac{\partial^2 w}{\partial x\partial y}
\end{aligned}\right\} \tag{2.61}$$

式中，M_x 和 M_y 分别是单位长度板上绕 x 轴与 y 轴的弯矩；H 是单位长度板上的扭矩；$D=Eh^3/12(1-\mu)$ 称为板的弯曲刚度。

利用自由体的平衡条件，如图 2.18 所示，有

$$\left.\begin{aligned}
&\frac{\partial Q_x}{\partial x}+\frac{\partial Q_y}{\partial y}+Z=0\\
&\frac{\partial M_y}{\partial x}+\frac{\partial H}{\partial y}=Q_x\\
&\frac{\partial M_x}{\partial y}+\frac{\partial H}{\partial x}=Q_y
\end{aligned}\right\} \tag{2.62}$$

把式(2.61)代入式(2.62)，经过整理后，得到板的平衡微分方程

$$\frac{\partial^4 w}{\partial x^4}+\frac{\partial^4 w}{\partial y^4}+2\frac{\partial^4 w}{\partial x^2\partial y^2}=\frac{Z}{D} \tag{2.63}$$

式中，Z 是作用在单位面积上的外加载荷。当板作自由振动时，作用在板上的载荷只有惯性力，即

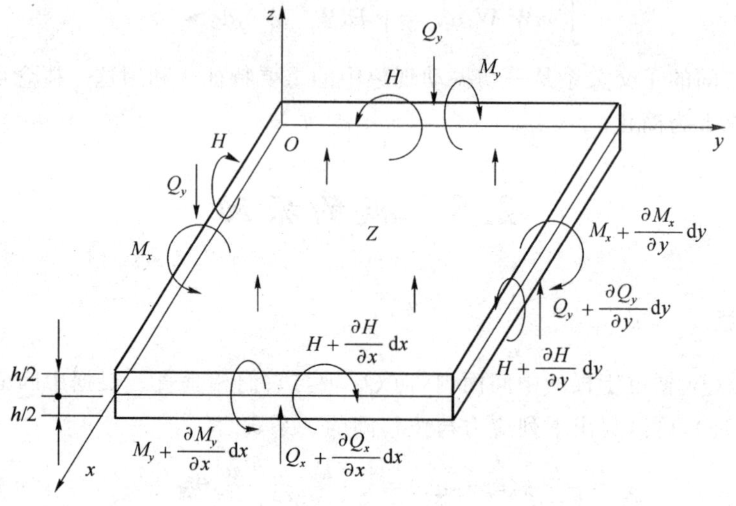

图 2.18 自由体的力平衡图

$$Z=-\rho\frac{\partial^2 w}{\partial t^2}$$

式中，ρ是板的面质量。因此板的自由振动微分平衡方程为

$$\frac{\partial^4 w}{\partial x^4}+2\frac{\partial^4 w}{\partial x^2\partial y^2}+\frac{\partial^4 w}{\partial y^4}+\frac{\rho}{D}\frac{\partial^2 w}{\partial t^2}=0 \tag{2.64}$$

与弹性梁解法相同，方程(2.64)也可用分离变量求解，设

$$w(x,y,t)=W(x,y)T(t) \tag{2.65}$$

将式(2.65)代入方程(2.64)，整理后可得

$$\frac{\partial^4 W}{\partial x^4}+2\frac{\partial^4 W}{\partial x^2\partial y^2}+\frac{\partial^4 W}{\partial y^4}-\frac{\rho}{D}\omega^2 W=0 \tag{2.66a}$$

$$\frac{d^2 T}{dt^2}+\omega^2 T=0 \tag{2.66b}$$

2. 边界条件

板的自由振动问题最后归结为寻找一个既能满足微分方程(2.61)，又能满足边界条件的解答 W，由此也可得到板的频率值。

对于各种支持情况，边界条件为：

① 固支边界。在边界上的位移、转角均为零，即

$$W=0,\quad \frac{\partial W}{\partial x}\left(\frac{\partial W}{\partial y}\right)=0 \tag{2.67}$$

② 简支边界。在边界上的位移和弯矩均为零，即

$$W=0,\quad \frac{\partial^2 W}{\partial x^2}+\mu\frac{\partial^2 W}{\partial y^2}=0 \quad 或 \quad \frac{\partial^2 W}{\partial y^2}+\mu\frac{\partial^2 W}{\partial x^2}=0 \tag{2.68}$$

③ 自由边界。在边界上的弯矩和剪力均为零，即

$$\frac{\partial^2 W}{\partial x^2}+\mu\frac{\partial^2 W}{\partial y^2}=0 \quad 或 \quad \frac{\partial^2 W}{\partial y^2}+\mu\frac{\partial^2 W}{\partial x^2}=0$$

$$\frac{\partial^3 W}{\partial x^3}+(2-\mu)\frac{\partial^3 W}{\partial y^2 \partial x}=0 \quad 或 \quad \frac{\partial^3 W}{\partial y^3}+(2-\mu)\frac{\partial^3 W}{\partial x^2 \partial y}=0 \tag{2.69}$$

3. 板自由振动求解示例

问题在于如何从方程(2.61)及边界条件中解出板的自振频率及自振形态。但事实上，除了少数情况可以找到数学上的正确解之外，在更多情况下要找到正确解是非常困难的。所以，通常都是采用近似计算的方法求出自振频率。

下面介绍能量法。为此需要列出板的应变能和动能表达式。对于体积为 $\mathrm{d}x\mathrm{d}y\mathrm{d}z$ 的板子微元，其应变能为

$$\mathrm{d}U=\frac{1}{2}(\sigma_x\varepsilon_x+\sigma_y\varepsilon_y+\tau\gamma)\mathrm{d}x\mathrm{d}y\mathrm{d}z$$

利用式(2.60)的关系，板的全部应变能可写为

$$U=\frac{D}{2}\iint_s\left[\left(\frac{\partial^2 w}{\partial y^2}\right)^2+\left(\frac{\partial^2 w}{\partial x^2}\right)^2+2\mu\frac{\partial^2 w}{\partial x^2}\frac{\partial^2 w}{\partial y^2}+2(1-\mu)\left(\frac{\partial^2 w}{\partial x\partial y}\right)^2\right]\mathrm{d}x\mathrm{d}y \tag{2.70}$$

板的动能为

$$T=\frac{1}{2}\iint_s\rho\left(\frac{\partial w}{\partial x}\right)^2\mathrm{d}x\mathrm{d}y \tag{2.71}$$

在利用近似法计算板的自振频率时，板的自振形态是假设的，即

$$W=a_1\varphi_1(x,y)+a_2\varphi_2(x,y)+\cdots+a_n\varphi_n(x,y) \tag{2.72}$$

其中，$\varphi_1(x,y)$，$\varphi_2(x,y)$，…，$\varphi_n(x,y)$是一组事先假设的满足边界条件的位移函数，而 a_1，a_2，…，a_n 是随时间变化的广义坐标。将式(2.72)代入式(2.70)及式(2.71)的应变能及动能后，其结果代入拉格朗日方程，得到广义坐标 a_1，a_2，…，a_n 的一组二阶常微分方程，然后再从微分方程组的特征方程中找出频率值。

作为举例，考虑一个四边简支的均匀矩形板，设

$$W=\sum_{i=1}^{\infty}\sum_{j=1}^{\infty}a_{ij}\sin\frac{i\pi x}{a}\sin\frac{i\pi y}{b} \tag{2.73}$$

式中，位移函数 $a_{ij}\sin\frac{i\pi x}{a}\sin\frac{i\pi y}{b}$能满足边界条件。将式(2.73)代入式(2.70)及式(2.71)，得到应变能及动能表达式

$$U=\frac{1}{8}\pi^4 abD\sum_{i=1}^{\infty}\sum_{j=1}^{\infty}a_{ij}^2\left(\frac{i^2}{a^2}+\frac{j^2}{b^2}\right)^2$$

$$T=\frac{1}{8}\rho ab\sum_{i=1}^{\infty}\sum_{j=1}^{\infty}\dot{a}_{ij}^2$$

代入拉格朗日方程，得到

$$\rho\ddot{a}_{ij}^2+\pi^4 Da_{ij}\left(\frac{i^2}{a^2}+\frac{j^2}{b^2}\right)=0 \quad (i=1,2,\cdots;j=1,2,\cdots)$$

由此

$$a_{ij}=C_1\sin\omega t+C_2\cos\omega t$$

而

$$\omega=\pi^2\sqrt{\frac{D}{\rho}}\left(\frac{i^2}{a^2}+\frac{j^2}{b^2}\right) \quad (i=1,2,\cdots;j=1,2,\cdots)$$

由上式可算出简支板的各次自振频率。对于一个正方形板，其最低的一阶自振频率为

$$\omega=2\left(\frac{\pi}{a}\right)^2\sqrt{\frac{D}{\rho}} \quad (i=1;j=1)$$

图 2.19 展示了一个 $a=b=2$ 的四边简支板前四阶的模态节线图。

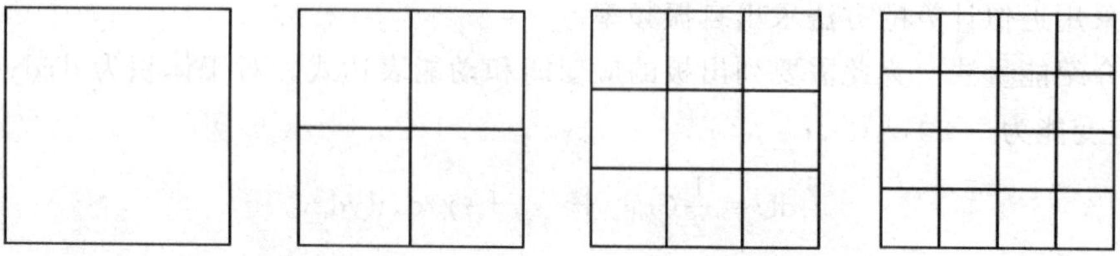

图 2.19 四边简支正方形板的前四阶模态节线图

2.6 频率的近似计算法

工程上所用的结构往往是比较复杂的弹性体。当从微分方程出发研究连续弹性系统的振动特性时，除了几何形状简单的杆、梁和板之外，要精确求解它们的固有特性是不可能的。一种处理方法是把它们简化为多自由度系统，然后求解，这在多自由度系统振动中已经阐述过。但在工程实践中，知道一阶或前几阶频率，采用近似计算方法就可以很方便地求解。

2.6.1 瑞利(Rayleigh)法

英国著名力学家 Rayleigh 提出了一种计算连续弹性系统基频的有效近似方法，它是振动理论中一些极值原理以及计算固有频率和模态的瑞利-里兹法的理论基础。

瑞利法可以求得弹性系统的基音频率。该方法是建立在保守系统能量守恒基础上的。一个保守系统以简谐运动振动，其最大势能(当系统处于最大位移时)等于最大动能(当系统通过平衡位置时)。由此可知，只要假设出与基音频率对应的振型曲线，该曲线就必须满足边界条件。然后按此振型计算系统的最大动能与势能，并使二者相等，即可求得系统的基音频率。

瑞利法的要点是，计算这些动能和势能时不是根据真正的固有振型，而是根据人为假设，假设位移函数仅依赖一个参数。自然，假设 $V=V_{\max}$。把能量守恒定律应用到该情况，即有

$$T_{\max}=V_{\max}$$

例如弹性梁作简谐振动，有

$$w(y,t)=W(y)\cos\omega t$$

动能为

$$T=\frac{1}{2}\int_0^l \rho A\left(\frac{\partial w}{\partial t}\right)^2 \mathrm{d}y=\frac{1}{2}\omega^2\int_0^l \rho A W^2\,\mathrm{d}y\cos\omega t$$

$$T_{\max}=\frac{1}{2}\omega^2\int_0^l \rho A W^2\,\mathrm{d}y=\omega^2 T^*$$

式中

$$T^*=\frac{1}{2}\int_0^l \rho A W^2\,\mathrm{d}y$$

称为参考动能。势能(即应变能)为

$$V=\frac{1}{2}\int_0^l EI\left(\frac{\partial^2 w}{\partial y^2}\right)^2 \mathrm{d}y=\frac{1}{2}\int_0^l EI(W'')^2\mathrm{d}y\cos\omega t$$

$$V_{\max}=\frac{1}{2}\int_0^l EI(W'')^2\mathrm{d}y$$

于是有

$$\omega^2 T^*=V_{\max}$$

$$\omega^2=\frac{V_{\max}}{T^*}=\frac{\frac{1}{2}\int_0^l EI(W'')^2\mathrm{d}y}{\frac{1}{2}\int_0^l \rho A w^2\mathrm{d}y} \tag{2.74}$$

若已知振型并代入式(2.74),即可得到相应的固有频率。当假定的一个函数 $W(y)$ 与第一阶振型相近时,代入式(2.74),则得基音频率 ω_1 的近似值。

例如,求悬臂均匀梁横向振动的基音频率。设

$$W(y)=3\left(\frac{y}{l}\right)^2-\left(\frac{y}{l}\right)^3$$

这是悬臂梁在自由端受集中力而产生的静挠度曲线,自由端的挠度是 $W(l)=2$,则

$$T^*=\frac{1}{2}\rho A\int_0^l\left[3\left(\frac{y}{l}\right)^2-\left(\frac{y}{l}\right)^3\right]^2\mathrm{d}y=\frac{1}{2}\cdot\frac{33\rho Al}{35}$$

$$V_{\max}=\frac{1}{2}EI\int_0^l\frac{36}{l^4}\left(1-\frac{y}{l}\right)^2\mathrm{d}y=\frac{1}{2}\cdot\frac{12EI}{l^3}$$

把以上 T^* 和 $V_{\max}$ 代入式(2.74),得

$$\omega_1^2=\frac{12\times 35EI}{33\rho Al^4}=12.727\frac{EI}{\rho Al^4}$$

$$\omega_1=3.567\sqrt{\frac{EI}{\rho Al^4}}$$

与精确解

$$\omega_1=3.516\sqrt{\frac{EI}{\rho Al^4}}$$

相比,误差只有 1.5%。上述是只假定一个函数来求固有频率的方法,称为 Rayleigh 法,比值 $(V_{\max}/T^*)=R(W)$ 称为“Rayleigh 商”。它是函数的函数,即泛函。Rayleigh 原理指出:泛函 $R(W)$ 在 $W(y)$ 是主振型时取逗留值,或者说当 $W(y)$ 是第一阶振型时,$R(W)$ 为最小,等于 ω_1^2。

应用瑞利法的重要问题之一是选择近似的位移函数。通常认为,近似位移函数必须满足位移边界条件且具有足够的连续性。

瑞利法具有使用简单的优点,但在选择近似位移函数时,稍有不当精度就会下降。此外,该方法不适合于计算高阶固有频率。

2.6.2 里兹(Ritz)法

里兹把 $W(y)$ 假定为一系列既定函数的组合,即设

$$W(y)=a_1\phi(y)+a_2\phi_2(y)+\cdots+a_n\phi_n(y)$$

式中,$\phi_j(y)$ 是预先假定的函数,a_j 则是待求系数。把上式代入 $R(W)$ 中即成为 $a_1,a_2,\cdots,a_n$ 的函数。按最小值的求法,令

$$\frac{\partial R}{\partial a_j}=0 \quad (j=1,2,\cdots,n)$$

可得 n 个齐次方程，由此可求得固有频率。

因为

$$R=\frac{V_{\max}}{T^*}=\omega^2$$

这里 ω^2 就是 R，是未知的特征值，所以

$$\frac{\partial R}{\partial a_j}=\frac{1}{T^*}\left(\frac{\partial V_{\max}}{\partial a_j}-\frac{V_{\max}}{T^*}\frac{\partial T^*}{\partial a_j}\right)=\frac{1}{T^*}\left(\frac{\partial V_{\max}}{\partial a_j}-\omega^2\frac{\partial T^*}{\partial a_j}\right)$$

$$\frac{\partial R}{\partial a_j}=0,\quad \frac{\partial V_{\max}}{\partial a_j}-\omega^2\frac{\partial T^*}{\partial a_j}=0 \quad (j=1,2,\cdots,n) \tag{2.75}$$

现在，作为举例，仍使用前面提到的悬臂梁。设 $W(y)$ 由两个函数组成，即

$$W(y)=a_1\left(\frac{y}{l}\right)^2+a_2\left(\frac{y}{l}\right)^3$$

则

$$V_{\max}=\frac{1}{2}\int_0^l EI(W'')^2\,\mathrm{d}x=\frac{1}{2}\frac{EI}{l^3}\int_0^l\left[2a_1+6a_2\left(\frac{y}{l}\right)\right]^2\mathrm{d}\left(\frac{y}{l}\right)=$$

$$\frac{1}{2}\frac{EI}{l^3}(4a_1^2+12a_1a_2+12a_2^2)$$

$$T^*=\frac{1}{2}\int_0^l\rho AW^2\,\mathrm{d}y=\frac{1}{2}\rho Al\int_0^l\left[a_1\left(\frac{y}{l}\right)^2+a_2\left(\frac{y}{l}\right)^3\right]^2\mathrm{d}\left(\frac{y}{l}\right)=$$

$$\frac{1}{2}\rho Al\left(\frac{1}{5}a_1^2+\frac{1}{3}a_1a_2+\frac{1}{7}a_2^2\right)$$

代入方程(2.74)，并记 $\lambda=\dfrac{\rho Al^4}{EI}\omega^2$，得

$$\left.\begin{aligned}4a_1+6a_2-\frac{1}{5}\lambda a_1-\frac{1}{6}\lambda a_2=0\\6a_1+12a_2-\frac{1}{6}\lambda a_1-\frac{1}{7}\lambda a_2=0\end{aligned}\right\}$$

即

$$\begin{bmatrix}\left(4-\frac{1}{5}\lambda\right) & \left(6-\frac{1}{6}\lambda\right)\\\left(6-\frac{1}{6}\lambda\right) & \left(12-\frac{1}{7}\lambda\right)\end{bmatrix}\begin{bmatrix}a_1\\a_2\end{bmatrix}=0$$

其特征方程是

$$\lambda^2-1\,224\lambda+15\,120=0$$

由此解得特征根

$$\lambda_1=12.48,\quad \lambda_2=1\,211.52$$

即得

$$\omega_1=3.533\sqrt{\frac{EI}{\rho Al^4}},\quad \omega_2=34.81\sqrt{\frac{EI}{\rho Al^4}}$$

由上述结果可见，所求得的基音频率比用瑞利法求得的基音频率更接近于精确解。

里兹法实际上也是应用了广义坐标，假定了坐标基，设

$$w(y,t)=\sum_{j=1}^{n}\phi_j(y)q_j(t)$$

式中，函数 $\phi_j(y)$就是预定的坐标模态。由此，可以求出如下形式的动能 T 和应变能 V，即

$$T=\frac{1}{2}\sum_{i=1}^{n}\sum_{j=1}^{n}\mu_{ij}\dot{q}_i\dot{q}_j$$

$$V=\frac{1}{2}\sum_{i=1}^{n}\sum_{j=1}^{n}\chi_{ij}q_iq_j$$

再代入拉格朗日方程，得到

$$\sum_{j=1}^{n}\mu_{ij}\ddot{q}_j+\sum_{j=1}^{n}\chi_{ij}q_j=0\quad(i=1,2,\cdots,n)$$

因为里兹法只用有限个广义坐标，而且坐标模态也是假定的，这就使得弹性体只能按某种硬性规定变形，这样也就相当于加上了一些广义约束，所以这样求得的固有频率比精确值要高。

按里兹法假定的位移函数 $\phi_j(y)$只需满足连续条件和边界上的几何条件，而不一定要满足边界上的平衡条件。例如上述例题中所取的 $\phi_1(y)=\left(\frac{y}{l}\right)^2$ 和 $\phi_2(y)=\left(\frac{y}{l}\right)^3$，都满足 $\phi(0)=\phi'(0)=0$，但 $\phi_1''(l)=\frac{2}{l^2}\neq0$ 和 $\phi_2''(l)=\frac{6}{l^2}\neq0$ 都不满足自由端弯矩为零的条件。

思考题及练习题

2.1　设有一刚硬翼段，质量为 1 kg・s²/m，用两个弹簧悬挂，如题图 2.1 所示。若用弹簧 k_y 悬挂，测得翼段垂直运动频率 $f_y=10$ Hz；若用扭转弹簧 k_θ 悬挂，测得扭转振动频率 $f_\theta=15$ Hz。试求系统的固有频率及振型。已知翼段对刚心的静矩 $S=mx_0=0.5$ kg・s²，对刚心的转动惯量 $I=I_0+mx_0^2=0.5$ kg・m・s²。

2.2　刚硬翼段用两根弹簧悬挂，如题图 2.2 所示。翼段质量为 m，对质心的转动惯量为 I_c，试取下列坐标，列出系统的自由振动方程。

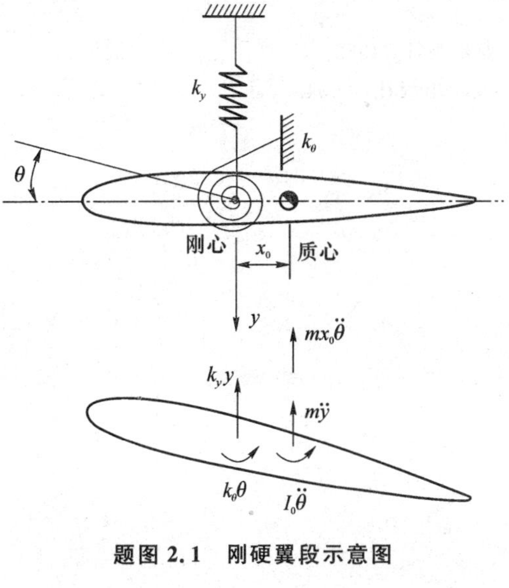

题图 2.1　刚硬翼段示意图

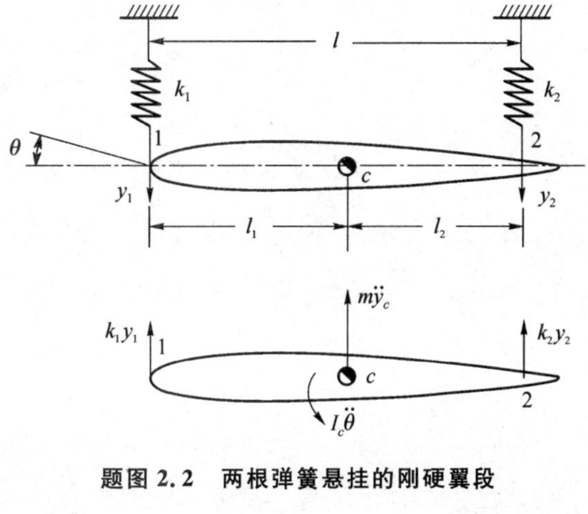

题图 2.2　两根弹簧悬挂的刚硬翼段

(1) 点 1 和点 2 的垂直位移$\{y_1, y_2\}$；

(2) 质心的垂直位移和绕质心的转角$\{y_c, \theta_c\}$；

(3) 点 1 的垂直位移和绕该点的转角$\{y_1, \theta_1\}$。

2.3 设题图 2.3 所示的弹簧质量不能忽略，线质量是 γ，重物质量为 m。假设弹簧位移按线性变化，即 $y_s(\eta)=y\eta/l$，坐标如题图 2.3 所示，试求系统的固有频率。

2.4 试说明正交条件的力学意义。

2.5 试以单自由度的质量弹簧系统为例，采用不同的方法推导其运动方程。

2.6 如题图 2.4 所示悬臂梁，弯曲刚度为 EI，线质量为 ρA，试用瑞利-里兹法计算前两阶固有频率，其中近似位移函数选为

$$X(x)=a_1\left(\frac{x}{l}\right)^2+a_2\frac{x^2}{l^3}(2l-x)$$

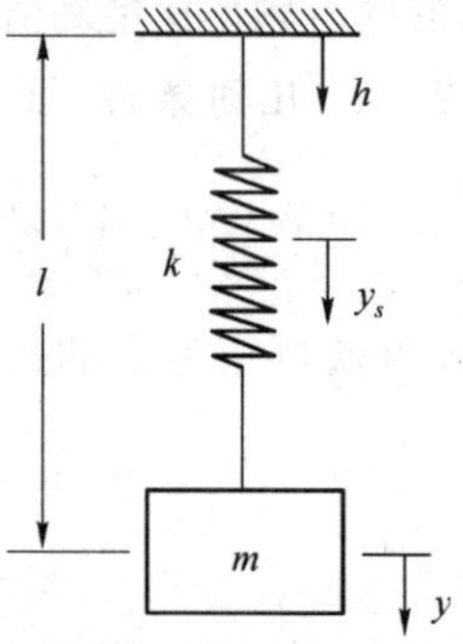

题图 2.3 悬挂重物弹簧示意图

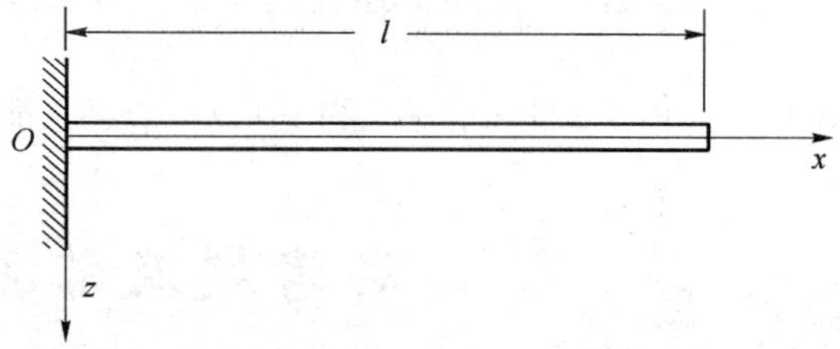

题图 2.4 习题 2.6 用图

2.7 如题图 2.4 所示，试用瑞利法计算第一阶固有频率，其中近似位移函数分别选为

(1) $X(x)=\left(\frac{x}{l}\right)^2$；

(2) $X(x)=x^2(2l-x)/l^3$。

参考文献

[1] 张世基，诸德超，章思骙. 振动学基础. 北京：国防工业出版社，1982.

[2] 诸德超，邢誉峰. 工程振动基础. 北京：北京航空航天大学出版社，2004.

第3章　非定常气动力基础

飞行器气动弹性现象分为气动弹性静力学和气动弹性动力学两方面，分别涉及定常气动力和非定常气动力，本章主要涉及后者。定常气动力作为空气动力学的基本知识，教材和专著较多，本书不再赘述。气动弹性动力学的计算和分析主要涉及非定常气动力和结构振动两个重要部分，而气动弹性动力学中的非定常气动力不同于刚体运动（如飞行器机动、气流分离、叶片旋转等）等带来的非定常气动力，它更多体现了与结构耦合的特点，在发展历史和理论方法上有其独特的方面。本章主要介绍气动弹性动力学方面非定常气动力的发展、理论基础、主要方法和特点，为后续颤振、气动弹性动力响应、气动伺服弹性等章节提供支持。在基本方程方面，从理想气体的 Navier - Stokes 方程（简称 N - S 方程）入手，引入理想气体假设，成为 Euler 方程；再引入无旋假设，成为全位势方程；引入小扰动假设，导出非定常的非线性和线化小扰动方程；在此基础上介绍常用的偶极子格网法；最后介绍二元翼型的准定常气动力理论、非定常气动力理论、细长体理论和活塞理论等。本章结合结构动力学知识，介绍与结构耦合的分析思路和特点，力图从宏观、系统的角度展示非定常气动力的基本概念，便于今后的进一步深入学习和工程应用。

3.1　非定常气动力计算的发展

非定常气动力理论与计算方法是气动弹性领域非常活跃的分支，它与飞行器的发展和气动弹性的发展密切相关。非定常气动力计算方法的发展，取决于飞行器的研制需求和计算机能力。应当说，非定常气动力的理论基础早已形成，但真正形成可供工程应用的计算方法则取决于计算机的发展。

在临界稳定点（颤振临界点）上，结构的运动是谐振荡形式；在阵风响应、抖振响应等其他条件下，运动都是非谐振荡形式。非定常气动力的计算需要考虑这两种形式。可以用非谐振荡运动的非定常气动力计算方法覆盖谐振荡运动；但由于计算的复杂性，首先发展起来用于工程计算的是谐振荡运动的非定常气动力计算，有时也称之为频域计算方法。

1. 线化理论

20 世纪 30 年代，飞机的发展对颤振设计有了需求，那时的飞机飞行速度不高，且都是大展弦比平直翼面，于是，首先发展起来的是基于线化理论二维不可压流非定常气动力计算方法（如著名的 Theodorson 方法、Küssner 方法和 Grossman 方法等）。1934 年 T. Theodorson 提出了翼面、操纵面组合的二维不可压流谐振荡完全非定常气动力理论，建立了解析法精确求解二维翼面低速颤振问题的有效方法；受计算能力限制，虽然当时已经把不同频率下的气动力系数演算成现成可查的表格，但仍认为这种随频率变化的非定常气动力用起来太烦琐，于是又发展了一批随频率变化的简化方法，如英国的古典方法和前苏联的 Grossman 方法用于颤振计算，有时称之为准定常气动力计算方法。同时，也建立了可用于非谐振荡运动的二维不可压流计算方法。

随着飞机飞行速度的提高，基于线化理论的二维亚声速非定常气动力计算方法在20世纪40年代相继问世；因为计算能力所限，这些方法没有得到广泛应用，设计师们还是采用二维不可压流的非定常气动力方法计算亚声速颤振，好在亚声速时的空气压缩性的影响较小。

几乎在同一时期，还发展了基于线化理论的二维超声速非定常气动力计算方法；但由于超声速飞机都只是中小展弦比翼面，难以使用二维非定常气动力理论，因此这些方法并没有得到实际应用。

进入20世纪50年代以后，随着对跨声速、超声速飞机设计的需求和电子计算机的投入使用，基于线化理论的三维非定常气动力计算逐渐发展起来。50年代中期，Watkings等人提出著名的计算亚声速三维谐振荡非定常气动力的核函数法，使三维亚声速非定常气动力计算进入了工程应用。60年代末，Albano等人提出了计算亚声速三维谐振荡非定常气动力的偶极子格网法。基于线化理论的三维超声速谐振荡非定常气动力计算方法也建立起来；与亚声速核函数法和偶极子格网法不同，在超声速领域中方法较多，各方法的计算精度和效率均没有明显优势，形成并存的局面，也逐渐向多翼多体方向发展。

计算三维谐振荡非定常气动力的亚、超声速偶极子格网法和核函数法属于线性频域方法，在20世纪80年代逐渐完善起来，特别是偶极子格网法，可以处理任意外形的多翼多体组合，并形成了商业化的计算软件（如MSC NASTRAN和ZEARO等），已被国内外航空航天气动弹性设计部门广泛采用。这种方法由于采用叠加理论，只需在飞行器表面上划分网格，不需空间生成计算网格，且在频域内求解，计算速度很快，计算能力的条件要求不高，计算结果与风洞试验和飞行试验符合良好，计算精度满足工程需求。目前线性频域方法仍然是飞行器气动弹性工程分析的主要方法，该方法可能还要主导相当长的时间。

基于线化理论的三维亚、超声速非谐振荡非定常气动力计算方法也随之发展起来，如Green函数法。当然，其成熟程度还远赶不上谐振荡运动的非定常计算方法。

2. 非线性理论

线化理论只能用于低速、亚声速、超声速等范围的小攻角情况；对于跨声速、大攻角等复杂流动情况，流动本身非线性特征明显，即使采用小扰动假设，流体控制方程也不能线化，需要采用非线性时域的计算方法。

早在20世纪50年代，跨声速飞机就已成为现实。但是，由于计算能力的限制，长期以来，飞机设计中不得不采用线化理论从亚声速和超声速两边向跨声速范围“逼近”，再用大量的跨声速风洞试验进行验证。

20世纪70年代，计算能力的迅速提高，使得跨声速非定常气动力的计算有了可能，对跨声速非定常气动力计算方法研究的逐渐增多，计算对象由二维向三维发展，频率范围由低频向中频发展，由简单平面形状向任意平面形状发展，由单个翼面向多个翼面、翼面组合体和整机发展。到目前为止，国内外对基于非线性理论（如小扰动非线性方程、全位势方程、Euler方程和N-S方程）的计算非定常气动力的方法还在开展大量的研究。

非线性非定常气动力计算一般直接采用计算流体力学（简称CFD）时域的方法，相对线性频域方法而言，需要划分空间网格，计算消耗时间长，对硬件条件要求高，目前还没有形成统一且有效的计算方法，工程应用不是很方便。

3. 非定常气动力近似方法

在气动弹性领域的非定常气动力近似方法中，一般来说有两类，一类是基于频域线性非定常气动力近似,另一类是基于时域非线性非定常气动力近似。

基于频域线性非定常气动力近似方法,主要用于复杂系统气动伺服弹性问题,始于 20 世纪 80 年代。频域非定常气动力计算得到的是对应于离散的减缩频率的复数形式的气动力系数矩阵,为建立气动弹性系统的时域模型,首先需要将气动力从频域转化到时域空间,采用非定常气动力有理函数拟合技术使之延拓到 Laplace 域。以 Karpel 的有理函数拟合为代表,在频域非定常气动力求解的基础上,发展了最小二乘法、Roger 法、Pade 矩阵法、最小状态法(MS)等,还有后来发展的不采用气动力有理函数拟合方法的拟合状态空间法。线性非定常气动力近似方法便于非定常气动力与控制系统的联合分析、设计和实现,主要用于亚声速、超声速等范围的气动伺服弹性稳定性分析和气动弹性主动抑制等问题。

基于时域非线性非定常气动力近似方法,是 20 世纪兴起的非定常气动力近似方法。它以 CFD/CSD(计算流体力学/计算结构动力学)耦合求解 N-S 方程、Euler 方程等非线性方程为基础,对时域气动力进行辨识,得到所需要的线性、非线性等形式,然后采用线性分析手段进行颤振等气动弹性问题求解。这种方法称为非定常气动力降阶方法(ROM)。该方法主要用于跨声速、大攻角情况的非线性气动弹性分析,是大幅降低非线性非定常时域方法的计算量、向工程应用发展的一种有效途径。

3.2 N-S 方程和 Euler 方程

N-S 方程适用于完全气体,它考虑了气体的压缩性、粘性和热传导,是目前为止描述空气运动特性的主导方程。Euler 方程适用于理想气体,是在 N-S 方程基础上忽略流体粘性和热传导效应的简化方程,又称为理想气体主导方程。本节简要介绍上述两个方程的组成和特点,并作为进一步简化的基础。

3.2.1 N-S 方程

根据质量守恒定律、动量守恒定律和能量守恒定律,可以推导描述流场中各流体微团的气体动力学运动方程,即 N-S 方程。

1. 连续方程

根据质量守恒定律,流场中任何位置、任何时间都不可能有气体质量的新生或消失,即对于流场中的任一流体微团,在任意时刻,单位时间里流入、流出的气体质量差,应等于该微团体积内的气体密度变化所引起的气体质量变化。如图 3.1 所示,采用欧拉法描述流场中任意一点的气体运动特性,坐标系($Oxyz$)固定于飞行器本体,正 x 轴与自由来流速度方向一致,y 和 z 轴按右手定则确定,其中 z 轴向上,y 轴向右;U_∞ 为无

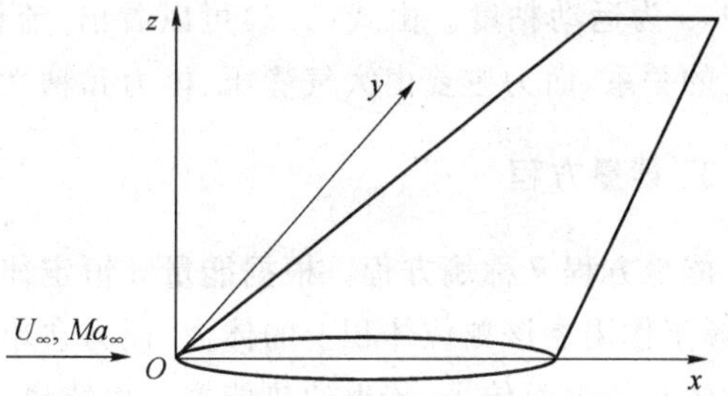

图 3.1 坐标系

穷远处来流速度，Ma_∞ 为无穷远处来流马赫数。

根据流体质量守恒定律，可推导出流体连续方程为

$$\frac{\partial\rho}{\partial t}+\frac{\partial(\rho u)}{\partial x}+\frac{\partial(\rho v)}{\partial y}+\frac{\partial(\rho w)}{\partial z}=0 \tag{3.1}$$

式中，ρ 为空气密度；u,v,w 为时刻 t 空间任意一点$(x,\ y,\ z)$处流体微团在 x,y,z 轴方向的运动速度。

2. 运动方程

运动方程又称动量方程。根据流体动量守恒定律（即牛顿第二定律），流场中任一流体微团的质量与绝对加速度的乘积，等于该流体微团所受力（体力和面力）的总和。根据此定律，可以推导出 x,y,z 轴方向的流体运动方程为

$$\left.\begin{aligned}
\rho\left(\frac{\partial u}{\partial t}+\frac{\partial u}{\partial x}u+\frac{\partial u}{\partial y}v+\frac{\partial u}{\partial z}w\right)&=\rho f_x+\frac{\partial\pi_{xx}}{\partial x}+\frac{\partial\pi_{yx}}{\partial y}+\frac{\partial\pi_{zx}}{\partial z}\\
\rho\left(\frac{\partial v}{\partial t}+\frac{\partial v}{\partial x}u+\frac{\partial v}{\partial y}v+\frac{\partial v}{\partial z}w\right)&=\rho f_y+\frac{\partial\pi_{xy}}{\partial x}+\frac{\partial\pi_{yy}}{\partial y}+\frac{\partial\pi_{zy}}{\partial z}\\
\rho\left(\frac{\partial w}{\partial t}+\frac{\partial w}{\partial x}u+\frac{\partial w}{\partial y}v+\frac{\partial w}{\partial z}w\right)&=\rho f_z+\frac{\partial\pi_{xz}}{\partial x}+\frac{\partial\pi_{yz}}{\partial y}+\frac{\partial\pi_{zz}}{\partial z}
\end{aligned}\right\} \tag{3.2}$$

式中，f 代表单位流体微团所受的体力（与重力有关），其下标“x”、“y”、“z”分别表示 x,y,z 轴方向；π 代表流体微团所受的面力，下标“xx”、“yx”、“zx”分别表示各方向应力对 x 轴方向面力的贡献，均分别包括静压力、粘性法向应力和粘性切向应力，经推导得出面力表达式为

$$\left.\begin{aligned}
\pi_{xx}&=-p+2\mu\frac{\partial u}{\partial x}-\frac{2}{3}\mu\left(\frac{\partial u}{\partial x}+\frac{\partial v}{\partial y}+\frac{\partial w}{\partial z}\right)\\
\pi_{yy}&=-p+2\mu\frac{\partial v}{\partial y}-\frac{2}{3}\mu\left(\frac{\partial u}{\partial x}+\frac{\partial v}{\partial y}+\frac{\partial w}{\partial z}\right)\\
\pi_{zz}&=-p+2\mu\frac{\partial w}{\partial z}-\frac{2}{3}\mu\left(\frac{\partial u}{\partial x}+\frac{\partial v}{\partial y}+\frac{\partial w}{\partial z}\right)\\
\pi_{xy}&=\pi_{yx}=\mu\left(\frac{\partial u}{\partial y}+\frac{\partial v}{\partial x}\right)\\
\pi_{yz}&=\pi_{zy}=\mu\left(\frac{\partial v}{\partial z}+\frac{\partial w}{\partial y}\right)\\
\pi_{xz}&=\pi_{zx}=\mu\left(\frac{\partial w}{\partial x}+\frac{\partial u}{\partial z}\right)
\end{aligned}\right\} \tag{3.3}$$

式中，μ 为运动粘度。由式(3.3)可以看出，流体运动方程反映了流场中各流体微团受力与加速度的关系，而力主要由大气静压、体力和粘性力三部分组成。

3. 能量方程

能量方程又称熵方程。根据能量守恒定律，单位体积内气体的总能量在单位时间内的变化，等于作用在该单位体积上的体力、面力在单位时间内所作的功，再加上单位时间内，通过该单位体积的表面传入、传出的热能差。由能量守恒定律和热力学知识可推导出能量方程为

$$\rho\frac{\mathrm{d}h}{\mathrm{d}t}=\rho(uf_x+vf_y+wf_z)+\frac{\partial}{\partial x}(\pi_{xx}u+\pi_{xy}v+\pi_{xz}w)+$$

$$\frac{\partial}{\partial y}(\pi_{yx}u+\pi_{yy}v+\pi_{yz}w)+\frac{\partial}{\partial z}(\pi_{zx}u+\pi_{zy}v+\pi_{zz}w)+\Delta H \tag{3.4}$$

式中，h 为单位体积气体、单位时间内的总能量，包含其动能和内能；ΔH 为单位时间内、单位体积气体传入、传出的热能差，与气体的传热系数、绝对温度和流速有关。

4. 状态方程

对于空气流场来说，需要遵守气体热力学定律和方程。完全气体的状态方程为

$$p=\rho RT \tag{3.5}$$

式中，R 是气体常数，T 是绝对温度。

5. 初始条件和边界条件

式(3.1)～式(3.5)构成了 N－S 方程的主体，在求该方程的特解时，必须给出绕流物体的边界条件；对于非定常运动，还要给出初始条件。初始条件和边界条件对于气动弹性问题尤为重要，弹性结构的运动正是通过初始条件和边界条件与流体运动耦合在一起。下面，原则性地介绍 N－S 方程的初始条件和边界条件。

对于 N－S 方程，要给出 $t=0$ 时刻的流场参数，如 u,v,w,p,ρ 和 T 等，它们构成方程的初始条件。

边界条件分为远场条件和物面条件两部分。远场条件需要给出远前后方、远上下方、远左右方的气流参数。

物面条件对气体和物体的交接面有两点要求：一是气体的运动速度等于物体的运动速度，即要求气体沿物面法向的运动速度等于物面法向的运动速度（该条件有时称为法向不可穿透条件），同时气体沿物面切向的运动速度等于物面切向的运动速度；二是气流的温度等于物体的温度。对于气动弹性问题，需要考虑物体表面谐振荡、脉冲以及任意运动的边界条件。

除了远场条件和物面条件之外，还要结合具体问题处理诸如尾流面、激波面以及自由表面和介质分界面等条件。

6. N－S 方程

归纳起来，式(3.1)～式(3.5)以及初始条件和边界条件构成了完整的绕流问题 N－S 方程，它们是描述绕流物体流场任意位置流体运动的运动方程，是属于非定常、非线性的偏微分方程。对于定常流动，则不需要初始条件，方程中没有时间相关项。

3.2.2　Euler 方程

没有粘性和热传导的气体称为理想气体。只有在气流参数梯度很大的情况下，粘性和热传导效应才是重要的问题，该问题就是附面层和激波。除此之外，可以认为气体是无粘、无热传导的。在理想气体假设下，绕流问题大大简化，因此可以抓住问题的本质；必要时，可以再专门处理粘性和热传导的影响。

引用理想气体假设后，可以略去式(3.4)中与热传导有关的 ΔH 项，还可以忽略 N－S 方程中与粘性系数 μ 有关的项，并且有

$$\left.\begin{array}{l}\pi_{xx}=\pi_{yy}=\pi_{zz}=-p \\ \pi_{xy}=\pi_{yx}=\pi_{yz}=\pi_{zy}=\pi_{zx}=\pi_{xz}=0\end{array}\right\} \tag{3.6}$$

由式(3.6)可见，气流中任一点的切向应力为零，法向应力为静压，且与方向无关。

再忽略重力作用，即令

$$f_x=f_y=f_z=0 \tag{3.7}$$

这样运动方程和能量方程得到简化，从而获得 Euler 方程为

$$\frac{\partial\rho}{\partial t}+\frac{\partial(\rho u)}{\partial x}+\frac{\partial(\rho v)}{\partial y}+\frac{\partial(\rho w)}{\partial z}=0 \tag{3.8}$$

$$\left.\begin{array}{l}\left(\dfrac{\partial}{\partial t}+\dfrac{\partial}{\partial x}u+\dfrac{\partial}{\partial y}v+\dfrac{\partial}{\partial z}w\right)u=-\dfrac{1}{\rho}\dfrac{\partial p}{\partial x} \\ \left(\dfrac{\partial}{\partial t}+\dfrac{\partial}{\partial x}u+\dfrac{\partial}{\partial y}v+\dfrac{\partial}{\partial z}w\right)v=-\dfrac{1}{\rho}\dfrac{\partial p}{\partial y} \\ \left(\dfrac{\partial}{\partial t}+\dfrac{\partial}{\partial x}u+\dfrac{\partial}{\partial y}v+\dfrac{\partial}{\partial z}w\right)w=-\dfrac{1}{\rho}\dfrac{\partial p}{\partial z}\end{array}\right\} \tag{3.9}$$

$$\rho\frac{\mathrm{d}h}{\mathrm{d}t}=\frac{\mathrm{d}}{\mathrm{d}t}\left(\frac{p}{\rho}\right)-\frac{\partial p}{\partial t} \tag{3.10}$$

$$p=\rho RT \tag{3.11}$$

初始条件与完全气体相同。

边界条件中远场边界条件没有变化，只有物面边界条件发生变化。在气体和物体的交界处，由于理想气体没有粘性和热传导，所以只需满足法向不可穿透条件，气流的切向速度以及温度可以不等于物体表面的相应参量。

归纳起来，式(3.9)～式(3.11)以及初始条件和边界条件构成了完整的理想气体绕流问题的 Euler 方程，它们是描述绕理想气体中任意位置流体运动的运动方程，同样也是属于非定常、非线性的偏微分方程。该方程有 u,v,w,p,ρ 和 T 六个未知量，除边界条件外，方程也是 6 个。

3.3 速度势方程

速度势方程是在 Euler 方程的基础上引入正压气体、无旋气体和等熵流动假设形成的，关于这些假设的具体描述这里不再赘述。

3.3.1 速度势方程公式

如果气体运动是无旋的，则必定存在一个函数 $\Phi(x,\ y,\ z,\ t)$，称为速度势，并有

$$u=\frac{\partial\Phi}{\partial x},\quad v=\frac{\partial\Phi}{\partial y},\quad w=\frac{\partial\Phi}{\partial z} \tag{3.12}$$

在 Euler 方程中引入速度势的概念后，u,v,w 这三个未知数可以用 Φ 表示；这样，未知数由原来的 6 个减少到 4 个。有了速度势概念后，可以设法建立一个只含速度势的方程，求解该方程可以得到速度势，然后再利用其他方程确定其他的未知量。这一过程可以使求解过程简化。

经过推导，可将 Euler 方程中的 1 个连续方程和 3 个运动方程处理为一个速度势方程，即

$$\left[c^2-\left(\frac{\partial\Phi}{\partial x}\right)^2\right]\frac{\partial^2\Phi}{\partial x^2}+\left[c^2-\left(\frac{\partial\Phi}{\partial y}\right)^2\right]\frac{\partial^2\Phi}{\partial y^2}+\left[c^2-\left(\frac{\partial\Phi}{\partial z}\right)^2\right]\frac{\partial^2\Phi}{\partial z^2}-$$

$$2\frac{\partial\Phi}{\partial x}\frac{\partial\Phi}{\partial y}\frac{\partial^2\Phi}{\partial x\partial y}-2\frac{\partial\Phi}{\partial y}\frac{\partial\Phi}{\partial z}\frac{\partial^2\Phi}{\partial y\partial z}-2\frac{\partial\Phi}{\partial z}\frac{\partial\Phi}{\partial x}\frac{\partial^2\Phi}{\partial z\partial x}-$$

$$2\frac{\partial\Phi}{\partial x}\frac{\partial^2\Phi}{\partial x\partial t}-2\frac{\partial\Phi}{\partial y}\frac{\partial^2\Phi}{\partial y\partial t}-2\frac{\partial\Phi}{\partial z}\frac{\partial^2\Phi}{\partial z\partial t}-\frac{\partial^2\Phi}{\partial^2 t}=0 \tag{3.13}$$

但是该方程中还有当地声速 c，需要加以处理。由等熵假设和声速定义，得到

$$c^2=\frac{\mathrm{d}p}{\mathrm{d}\rho}=\gamma\frac{p}{\rho} \tag{3.14}$$

式中，γ 为空气的比热比。通过处理，方程(3.13)中的当地声速 c 可以表示为速度势的表达式，即

$$\frac{\partial\Phi}{\partial t}+\frac{1}{2}\left[\left(\frac{\partial\Phi}{\partial x}\right)^2+\left(\frac{\partial\Phi}{\partial y}\right)^2+\left(\frac{\partial\Phi}{\partial z}\right)^2\right]+\frac{1}{\gamma-1}c^2=\frac{1}{2}U_\infty^2+\frac{1}{\gamma-1}c_\infty^2 \tag{3.15}$$

式中，U_∞ 和 c_∞ 分别表示远前方的气流速度和声速。

这样，Euler 方程的连续方程和运动方程可以处理为一个方程，即式(3.13)所示的速度势方程，该方程只包含一个未知数 Φ，加上能量方程和状态方程，可以求解 Φ，p，ρ 和 T 四个未知量。应该注意到，速度势方程仍然是非定常、非线性的偏微分方程，但是，它为进一步简化奠定了基础。

3.3.2　初始条件及边界条件

本小节重点介绍边界条件中的物面条件，其他只做原则性介绍。

1. 初始条件

给定时刻 $t=0$ 时的速度势分布。

2. 远场条件

给定远前方、远上下方、远左右方和远后方处 Φ 应满足的条件。

3. 物面条件

用下面的函数表示任意的物面，即

$$S(x,y,z,t)=0$$

根据物面法向不可穿透条件，交接面处物面法向(n 表示物面法向)的移动速度等于气流的当地法向速度，即

$$\frac{\partial S}{\partial t}=\frac{\partial S}{\partial n} \tag{3.16}$$

可以推导得到边界条件为

$$\frac{\partial S}{\partial t}+u\frac{\partial S}{\partial x}+v\frac{\partial S}{\partial y}+w\frac{\partial S}{\partial z}=0 \tag{3.17}$$

3.3.3　压力系数

有了速度势方程、初始条件和边界条件，就可以求解速度势了；但是从实际工作出发，翼面或机体上下表面的压强差与升力有直接关系，因此更需要压力分布。这里给出压力系数的表

达式。压力系数 c_p 定义为

$$c_p=\frac{p-p_\infty}{\frac{1}{2}\rho_\infty U_\infty^2}$$

通过引入等熵条件和当地声速的处理，可以得到下列形式的压力系数，即

$$c_p=\frac{2}{\gamma Ma_\infty^2}\left\{\left[1+\frac{\gamma-1}{2}Ma_\infty^2\left(1-\frac{U^2}{U_\infty^2}-\frac{2}{U_\infty^2}\frac{\partial\Phi}{\partial t}\right)\right]^{\frac{\gamma}{\gamma-1}}-1\right\} \tag{3.18}$$

式中，当地速度 U 可以表示为

$$U^2=\left(\frac{\partial\Phi}{\partial x}\right)^2+\left(\frac{\partial\Phi}{\partial y}\right)^2+\left(\frac{\partial\Phi}{\partial z}\right)^2 \tag{3.19}$$

3.4 小扰动速度势方程

3.4.1 小扰动假设

速度势方程(3.13)仍然是非定常、非线性的偏微分方程，数学上很难处理，直接求解仍然是复杂的，需要进一步简化。对于飞行器颤振等气动弹性动力学计算来说，需要计算非定常气动力的许多情况，而在多数情况(如常规颤振、阵风响应等)下，其结构运动是在其静变形基础上的微幅振动，攻角不大，因此，由结构非定常运动导致的气流扰动，相对远前方均匀来流速度是小量，可以使用小扰动假设。也就是说，引入小扰动假设，是符合实际流动物理现象的假设，不是纯粹的数学假设；而当物理现象不符合小扰动实际时，如大攻角情况，就不能引入小扰动假设。

飞行器在大气中飞行时，大气扰动和结构运动等均可引起气流的扰动，针对气动弹性动力学的小扰动假设要求——气流扰动速度相对远前方均匀来流的速度是小量，扰动压力相对远前方均匀来流的压力是小量——引入小扰动假设后，小扰动量的二阶以上(含)小量可以忽略，方程进一步得到简化，绝大部分问题可以近似变为线化问题处理，因此，小扰动假设从理论上和应用上都具有重大意义。在航空航天工程中，飞行器往往是薄翼物体或细长体、小攻角或小侧滑角、结构振动幅度小、大气扰动相对幅度小，所以可以认为它们对均匀流场的扰动是很小的，是符合小扰动假设的。

三个坐标方向的气流扰动速度描述为

$$\bar{u},\bar{v},\bar{w}\ll U_\infty$$

引入小扰动速度势

$$\phi=\Phi+U_\infty x \tag{3.20}$$

则扰动速度作为小量可表示为

$$\left.\begin{aligned}\bar{u}&=\frac{\partial\phi}{\partial x}=u-U_\infty\\ \bar{v}&=\frac{\partial\phi}{\partial y}\\ \bar{w}&=\frac{\partial\phi}{\partial z}\end{aligned}\right\} \tag{3.21}$$

由于流场中物理量变化的连续性要求，扰动速度对坐标分量的导数也应是小扰动量。

3.4.2 方 程

引入小扰动假设后，对式(3.13)处理，忽略小扰动量的二阶以上小量，可以得到当来流马赫数不接近1时的小扰动线化速度势方程(详细推导过程，可以参考相关空气动力学基础方面的教材)

$$(Ma_{\infty}^{2}-1)\frac{\partial^{2}\phi}{\partial^{2}x}-\frac{\partial^{2}\phi}{\partial^{2}y}-\frac{\partial^{2}\phi}{\partial^{2}z}+\frac{2Ma_{\infty}}{c_{\infty}}\frac{\partial^{2}\phi}{\partial x\partial t}+\frac{1}{c_{\infty}^{2}}\frac{\partial^{2}\phi}{\partial^{2}t}=0 \tag{3.22}$$

式(3.22)是线性偏微分方程，适用于低速、亚声速和超声速情况，是目前气动弹性工程领域线性非定常气动力计算方法的理论基础。在给定时刻，该方程只有小扰动速度势ϕ一个变量，方程已经大大简化。总结得到该方程所做的假设，它们是无粘、无热传导、等熵、无旋、小扰动、薄翼和小攻角。应注意到该方程仍有局限性，适用于来流马赫数小于5但不接近1，即不适用于跨声速和高超声速情况，在物体驻点附近也不适用。

忽略式(3.22)中的时间相关项，可以求解定常气动力问题。对于不可压(即低速)情况，声速趋于无穷大，马赫数趋于零，方程(3.22)成为

$$\frac{\partial^{2}\phi}{\partial^{2}x}+\frac{\partial^{2}\phi}{\partial^{2}y}+\frac{\partial^{2}\phi}{\partial^{2}z}=0 \tag{3.23}$$

式(3.23)具有普遍意义，不论流动是定常还是非定常，也不论流场的扰动大小，都是适用的；它是不可压三维非定常流的基本方程。由于该方程是线性的，所以不可压缩的流动问题在数学上比较简单，而且不可压情况的计算结果往往是开展可压缩情况分析的基础，应特别引起注意。

对于跨声速情况(即马赫数接近1)，对式(3.13)处理时有些项不能忽略，需要保留，于是得到跨声速小扰动速度势方程为

$$(Ma_{\infty}^{2}-1)\frac{\partial^{2}\phi}{\partial^{2}x}-\frac{\partial^{2}\phi}{\partial^{2}y}-\frac{\partial^{2}\phi}{\partial^{2}z}+\frac{2Ma_{\infty}}{c_{\infty}}\frac{\partial^{2}\phi}{\partial x\partial t}+\frac{1}{c_{\infty}^{2}}\frac{\partial^{2}\phi}{\partial^{2}t}=-\frac{Ma_{\infty}(\gamma+1)}{c_{\infty}}\frac{\partial\phi}{\partial x}\frac{\partial^{2}\phi}{\partial^{2}x} \tag{3.24}$$

该方程中等号右端项是一个非线性项，因此该方程是非线性偏微分方程。可见，对于跨声速这种非线性特征明显的物理现象，即使引入小扰动假设，方程仍不能线化。

3.4.3 压力系数

在方程(3.18)中同样引入小扰动假设和小扰动速度势，并略去二阶以上小量，得到压力系数的线化表达式为

$$c_{p}=-\frac{2}{U_{\infty}^{2}}\left(\frac{\partial\phi}{\partial t}+U_{\infty}\frac{\partial\phi}{\partial x}\right) \tag{3.25}$$

3.4.4 边界条件

在小扰动条件下，物面是薄翼和小攻角。对于扁平翼面，按照如图3.1所示坐标系，z轴方向接近物面法向方向n，因此有

$$\left|\frac{\partial S}{\partial x}\right|\approx\left|\frac{\partial S}{\partial y}\right|\ll\left|\frac{\partial S}{\partial z}\right|\approx\left|\frac{\partial S}{\partial n}\right|$$

针对方程(3.17)描述的物面边界条件，同样引入小扰动假设，有

$$\frac{\partial S}{\partial t}+U_{\infty}\frac{\partial S}{\partial x}+\frac{\partial\phi}{\partial x}\frac{\partial S}{\partial x}+\frac{\partial\phi}{\partial y}\frac{\partial S}{\partial y}+\frac{\partial\phi}{\partial z}\frac{\partial S}{\partial z}=0$$

忽略二阶以上小量，物面法向速度的线性化表达式为

$$w_n=\frac{\partial S}{\partial t}+U_\infty\frac{\partial S}{\partial x} \tag{3.26}$$

若近似认为物面可考虑为平面，则在 Oxy 平面处满足物面条件，于是有物面法向速度的线性化表达式

$$w_n\Big|_{z=0}=\frac{\partial \phi}{\partial z}\Big|_{z=0}=\frac{\partial S}{\partial t}+U_\infty\frac{\partial S}{\partial x} \tag{3.27}$$

式中，S 可以是上表面，也可以是下表面。

尾涡面是速度的不连续面，涡面两边应满足的边界条件是法向速度相等及压力相等，近似表示为

$$\left(\frac{\partial \phi}{\partial x}+\frac{1}{U_\infty}\frac{\partial \phi}{\partial t}\right)_{+0}=\left(\frac{\partial \phi}{\partial x}+\frac{1}{U_\infty}\frac{\partial \phi}{\partial t}\right)_{-0} \tag{3.28}$$

3.5 线性小扰动方程求解基本思路

这样，式(3.22)、式(3.25)和式(3.27)构成的线性小扰动速度势方程，成为求解亚、超声速线性非定常气动力的基础方程。这里简单介绍这种线性非定常偏微分方程的基本求解思路。

3.5.1 叠加原理

叠加原理是求解线化速度势方程的基础，所有求解线化速度势方程的不同算法，都立足于该基础。因为速度势方程是线性的，可以应用叠加原理；也就是说，可以选择一些满足线化速度势方程的基本解来叠加求解，叠加系数由边界条件确定。这样，就把线化偏微分方程数值解的问题，用求解积分方程，并确定已知基本解的叠加系数来代替了，从而可以大大减少数值计算的工作量。

如果若干速度势函数 $\phi_1,\phi_2,\cdots,\phi_N$ 分别满足非定常线化速度势方程(3.22)，那么，这些速度势函数的叠加，即

$$\sum_{i=1}^{N}B_i\phi_i$$

也必定是满足线化速度势方程的解。式中，B_i 是叠加系数。

于是，在求解线化升力面问题时，就可以选择一些满足线化方程(3.22)的基本解，如源(汇)和偶极子等，根据满足边界条件的要求，确定它们的叠加系数，从而求出流场中的小扰动速度势 ϕ，进而求出物面压力分布。

3.5.2 基本解

在有关空气动力学基本知识的教材中已讨论了较多定常气动方程的基本解，这里主要介绍几个适用于气动弹性计算的非定常气动力的基本解。

1. 源(汇)

令源(汇)位于坐标原点，则满足方程(3.22)的描述源(汇)的速度势函数是

$$\phi(x,y,z,t)=-\frac{q}{4\pi R_0}G(t-\tau) \tag{3.29}$$

式中,G 为时间相关函数,对于亚声速情况有

$$R_0^2=x^2+\beta^2(y^2+z^2)$$

$$\tau=-\frac{Ma_\infty x-R_0}{\alpha_\infty\beta^2}$$

$$\beta^2=1-Ma_\infty^2$$

对于超声速情况则不同,可参考相关参考书。

2. 偶极子

一个源和一个汇强度大小均为 Q,相距 Δ,构成偶极子,方向 n 由汇指向源。因为源和汇都是线性方程(3.22)的基本解,因此偶极子也是该线性方程的基本解。令

$$\lim_{\Delta\to 0}Q\Delta=m \tag{3.30}$$

则描述偶极子位于坐标原点的速度势函数为

$$\phi(x,y,z,t)=-\frac{1}{4\pi}\frac{\partial}{\partial n}\left[\frac{m}{R_0}G(t-\tau)\right] \tag{3.31}$$

式中,对于亚声速情况有(注意亚声速与超声速情况不同)

$$R_0^2=x^2+\beta^2(y^2+z^2)$$

$$\tau=-\frac{Ma_\infty x\pm R_0}{\alpha_\infty\beta^2}$$

$$\beta^2=1-Ma_\infty^2$$

3. 压力偶极子

偶极子用它所产生的扰动速度势来表示。实际工作中,求解线化速度势方程的目的主要是为了求出翼面上的压力分布,希望能有一种与扰动压力直接相关的基本解,这就是压力偶极子。

速度势和加速度势对于流体无旋运动同时存在。引入扰动加速度势 ψ 概念,流场中各点的流动扰动加速度分量可表示为

$$a_x=\frac{\partial\psi}{\partial x},\quad a_y=\frac{\partial\psi}{\partial y},\quad a_z=\frac{\partial\psi}{\partial z} \tag{3.32}$$

扰动速度势与扰动加速度势的关系可表示为

$$\psi=\frac{\partial\phi}{\partial t}+U_\infty\frac{\partial\phi}{\partial x} \tag{3.33}$$

可见扰动加速度势是速度势的线性函数,由叠加原理,ψ 也满足线性速度势方程。由式(3.25)可知,压力系数

$$c_p=-\frac{2}{U_\infty^2}\psi \tag{3.34}$$

坐标原点处的压力偶极子的扰动加速度势函数为

$$\psi(x,y,z,t)=\frac{1}{4\pi}\frac{\partial}{\partial n}\left[\frac{m'}{R}G(t-\tau)\right] \tag{3.35}$$

式中的偶极子强度相关项为

$$m'=-\frac{\Delta p}{\rho_\infty}$$

关于亚、超声速情况，这里不做讨论。

3.5.3 谐振荡形式的线性小扰动方程

任意时间历程的非定常气动力计算比较复杂。对于气动弹性动力学的主要问题——颤振，主要考虑它的临界稳定条件，运动是简谐的，非定常气动力计算可以进一步简化。

对于谐振荡情况，有

$$\left.\begin{aligned}\phi(x,y,z,t)&=\phi_0(x,y,z)e^{i\omega t}\\ \psi(x,y,z,t)&=\psi_0(x,y,z)e^{i\omega t}\\ p(x,y,z,t)&=p_0(x,y,z)e^{i\omega t}\end{aligned}\right\}\tag{3.36}$$

式中，下标"0"表示幅值，ω 表示谐振荡频率，$e^{i\omega t}$ 为时间基本解表达式中时间相关函数 G 的一种形式。为了叙述简洁，下面只用 ϕ，ψ 和 p 表示幅值，其他参数也一样，相位关系通过复数来表示。

在谐振荡条件下，线化速度势方程(3.22)成为

$$(1-Ma_{\infty}^2)\frac{\partial^2\phi}{\partial x^2}+\frac{\partial^2\phi}{\partial y^2}+\frac{\partial^2\phi}{\partial z^2}-2i\left(\frac{Ma_{\infty}^2 k}{b}\right)\frac{\partial\phi}{\partial x}+\frac{Ma_{\infty}^2 k^2}{b^2}\phi=0\tag{3.37}$$

式中，减缩频率 k 表示为

$$k=\frac{b\omega}{U_{\infty}}\tag{3.38}$$

式中，b 为参考长度，ω 为圆频率。式(3.37)是频域形式的线性小扰动速度势方程，适用于求解谐振荡非定常气动力，用于颤振计算。基于这种方程求解气动力和颤振的方法通常称为频域方法。

当薄翼面位于 Oxy 平面附近时，将谐振荡条件代入式(3.27)，物面边界条件成为

$$\left.\frac{\partial\phi}{\partial z}\right|_{z=0}=U_{\infty}\left(i\frac{k}{b}S+\frac{\partial S}{\partial x}\right)\tag{3.39}$$

结构振动特性主要是改变非定常气动力计算时的边界条件，这是结构特性与非定常气动力计算耦合的重要环节。当考虑结构固有振动模态特性时，物面方程 S 将被模态振型代替。有关细节参看3.6.1小节的亚声速偶极子格网法。

尾流面条件成为

$$i\frac{k}{b}\phi+\frac{\partial\phi}{\partial x}=0\tag{3.40}$$

压力系数表达式成为

$$c_p=-\frac{2}{U_{\infty}}\left(\frac{\partial\phi}{\partial x}+i\frac{k}{b}\phi\right)\tag{3.41}$$

此外，各类基本解等表达式也会相应变化，这里不再赘述。

3.5.4 求解思路

非定常线性小扰动频域方程采用基本解叠加求解线性非定常气动力，其基本思路与求解定常气动力是一致的，可以概括为：

① 选用合适的基本解，如源或汇、偶极子等。

② 根据基本解的特征，确定布置基本解的范围，如物面、对称面或体轴等。

③ 用布置的基本解叠加表示流场任一点处的速度势，叠加系数待求。

④ 写出满足边界条件的方程，包括物面条件、尾流区条件以及其他区域的条件。

⑤ 求解线性代数方程组，求解各基本解的叠加系数，从而计算物面的压力分布。

把物面未知压力分布 Δp 离散化为有限个点上的数值做法，称为格网法，也叫面元法。把 Δp 变成有限个已知函数叠加的做法，叫做配置法，或者称为核函数法。不管哪种方法，都不用直接求解线性偏微分方程，而是通过物面基本解叠加的方法求解扰动速度势，最后都要求解线性代数方程组。

3.5.5　线性非定常气动力求解基本假设小结

到目前为止，以上各章节讨论了线性频域非定常气动力求解的理论基础和假设，下面从经典颤振工程求解的角度分析线性非定常气动力计算的几个宏观假设，这些宏观假设可以帮助读者了解气动弹性中非定常气动力求解与一般非定常气动力和定常气动力求解的区别。

1. 气动力平面假设

有时也称为翼面结构的法向气动力假设。由前面讨论可知，非定常气动力的计算不仅是刚体气动力问题，还必须考虑与结构振动的耦合，这些耦合是通过边界条件引入的。由于结构振动主要在法向上，因此翼面结构的法向气动力是与结构振动耦合的主要成分。也就是说，虽然气动阻力较大，但由于阻力方向与结构振动的主要方向有近 90°夹角，因此阻力方向上与结构振动耦合的非定常气动力为小量，可以忽略。因此，在线性非定常气动力工程分析中，经常将翼面压成平面考虑，甚至将机体或弹体也压成平面。

2. 线性假设

线性假设也称为小扰动和小变形假设，这两个假设是保证结构动力学和空气动力学方程线化的基础。

小扰动假设是针对气动力来说的。前面在推导方程时已有论述，在飞行器气动弹性问题中，对象往往是薄翼物体或细长体、小攻角或小侧滑角、结构振动幅度小、大气扰动相对幅度小，所以可以认为它们对均匀流场的扰动是很小的，是符合小扰动假设的。有了小扰动假设，流体运动方程才有可能线化。

小变形假设是针对结构来说的。常规的气动弹性动力学问题是在飞行器静变形基础上的微幅振动，这种微幅振动引起的气动攻角变化应在小扰动范围之内，而实际上一般情况下引起的攻角变化远小于小扰动假设范围。另外，结构小变形假设，可以保证结构上的作用力与结构变形和应变之间是线性关系，从而保证结构动力学方程可以线化。

3. 频域假设

频域假设也称为谐振荡假设。颤振是气动弹性动力学的重要现象，也是目前飞行器设计中重点考虑的气动弹性问题之一。对于颤振来说，谐振荡假设是合理的，从而使得非定常气动力求解能够在频域内进行，且没有颤振特性的精度损失；对于给定的振动频率，翼面各位置处的非定常气动力是复数形式，非定常气动力可以转化为一系列频率点的求解，这就简化了求解，也使得各专业设计人员对非定常气动力和结构动力学耦合的颤振特性更加容易理解和沟通。另外,基于频域的非定常气动力是任意非定常气动力计算的基础,可以通过特定的变换来求解时域或拉氏域的非定常气动力。

3.6 偶极子格网法简介

对于亚声速情况,偶极子产生的流场比较适合升力问题。现在广泛使用的核函数法和偶极子格网法都是基于压力偶极子的,因为只有翼面上才有压力差,所以,压力偶极子可以只布置在翼面上,这样可以避免对尾流区的处理。基于 Green 函数的方法采用源(汇)与速度偶极子叠加,因此必须把基本解布置在翼面和尾流区上,并使用尾流区边界条件。

对于超声速情况,用于亚声速的方法原则上也可以用于超声速情况。但须注意的是,在超声速情况下,扰动不能逆流前传,有一个有限的扰动区,上下翼面互不相关。

这里仅简单介绍偶极子格网法,说明这类方法在使用时的特点。

3.6.1 亚声速偶极子格网法简述

亚声速偶极子格网法基于小扰动线化位势流频域方程,适用于亚声速范围,是当前颤振工程分析中流行的非定常气动力计算方法之一。

先将升力面进行合理的气动网格划分。如图 3.2 所示,升力面坐标系规定原点位于升力面根前缘,x 轴顺气流,y 轴沿翼展向外,z 轴由右手定则确定。将升力面分成若干个两侧边平行于来流的梯形块,并认为每小块上的空气动力作用在各分块的中剖面与分块 1/4 弦线的交点处,这个点称为压力点(如图 3.2 所示的 F_2 点);分块的中剖面与分块 3/4 弦线的交点处则满足边界条件,该点称为下洗控制点(如图 3.2 所示的 H 点)。

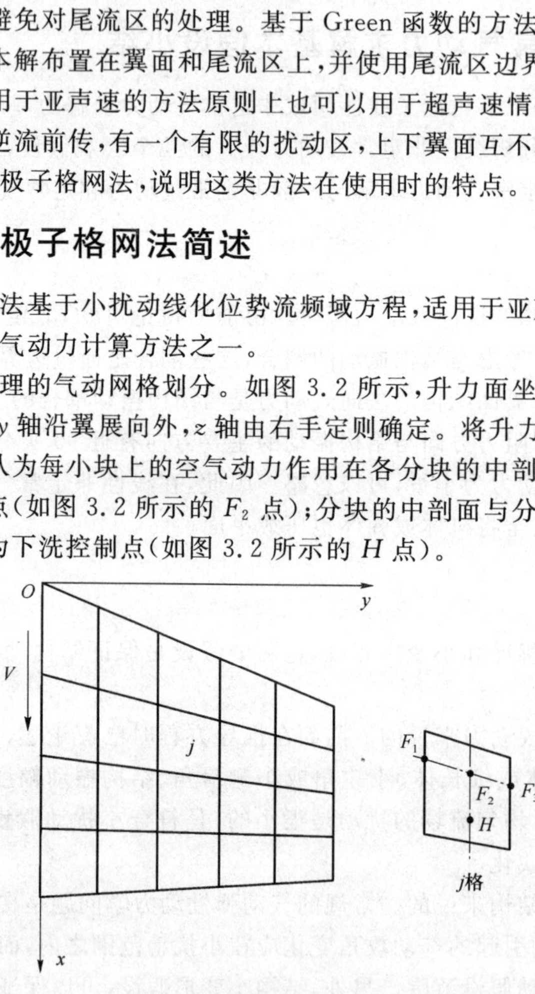

图 3.2 升力面网格上的 F_1, F_2, F_3 和 H 点

假定将升力面划分成 n 个网格,并认为每个网格上的压强差 Δp 为常数或者为简单函数(高阶格网法),在每个网格的压力点处布置压力偶极子。由线性非定常气动力理论可知,对于每个网格中 3/4 弦长点(即下洗控制点 H)处应满足积分方程

$$w_i = \frac{1}{4\pi\rho V^2}\sum_{j=1}^{n}\frac{1}{2}\rho V^2 \Delta c_{p_j}\Delta x_j \cos\varphi_j \int_{l_j} K_{ij}\,\mathrm{d}l_j =$$

$$\frac{1}{8\pi}\sum_{j=1}^{n}\Delta c_{p_j}\Delta x_j \cos\varphi_j \int_{l_j} K_{ij}\,\mathrm{d}l_j \quad (i=1,2,\cdots,n;j=1,2,\cdots,n) \tag{3.42}$$

式中，V 为来流速度；w_i 为第 i 个网格 3/4 弦长点处的下洗速度；Δc_{p_j} 为 第 j 个网格上的压力系数，与压力 Δp_j 有关系式

$$\Delta c_{p_j}=\frac{2\Delta p_j}{\rho V^2}$$

Δx_j 为 第 j 个网格的中剖面长度；l_j 为第 j 个网格的过 1/4 弦点的展长（图 3.2 中$\overline{F_1F_3}$）；φ_j 为第 j 个网格的后掠角（图 3.2 中$\overline{F_1F_3}$的后掠角）；K_{ij} 为气动力计算核函数；n 为升力面的气动网格分块数。

式(3.42)可化为矩阵形式，有非定常气动压力分布表达式

$$\Delta \boldsymbol{p}=\frac{1}{2}\rho V^2\boldsymbol{D}^{-1}\boldsymbol{w} \tag{3.43}$$

式中，$\Delta\boldsymbol{p}$ 为压力作用点处的压力分布列阵；$\boldsymbol{w}$ 为下洗控制点处的下洗速度列阵；$\boldsymbol{D}$ 为气动力影响系数矩阵，其元素为

$$D_{ij}=\frac{\Delta x_j}{8\pi}\cos\varphi_j\int_j K_{ij}\,\mathrm{d}l_j \quad (i=1,2,\cdots,n;\ j=1,2,\cdots,n) \tag{3.44}$$

这里，函数 K_{ij} 与影响系数 D_{ij} 的计算较为复杂，详细的推导可参见有关文献。

假设结构为小变形，取 n 阶振动模态，采用假定模态法表示的振动，则结构上任一点的位移可表示为

$$z(x,y,t)=\sum_{i=1}^{n}f_i(x,y)q_i(t) \tag{3.45}$$

式中，q_i为结构第 i 阶运动（或振动）的广义坐标；f_i 为结构第 i 阶运动（或振动）的模态。

用矩阵形式可表示为

$$\boldsymbol{z}=\boldsymbol{F}\boldsymbol{q} \tag{3.46}$$

式中，$\boldsymbol{q}$ 为广义坐标向量，$\boldsymbol{F}$ 为各阶模态列向量 $\boldsymbol{f}_i$ 组成的模态矩阵，即

$$\boldsymbol{F}=[\boldsymbol{f}_1\quad \boldsymbol{f}_2\quad \cdots\quad \boldsymbol{f}_n]$$

对于薄翼面，考虑到在 H 点上满足边界条件，所以各气动网格 H 点的下洗速度与振动模态应有关系式

$$\boldsymbol{w}=\left(\boldsymbol{F}'+\mathrm{i}\frac{k}{b}\boldsymbol{F}\right)\boldsymbol{q} \tag{3.47}$$

式中，$\boldsymbol{F}$ 为 H 点处各阶模态列向量 $\boldsymbol{f}_i$ 组成的模态矩阵；$\boldsymbol{F}'$为 H 点处矩阵 $\boldsymbol{F}$ 对 x 的导数。

将式(3.47)代入式(3.42)中，可以得到频域内的非定常气动压力分布表达式

$$\Delta\boldsymbol{p}=\boldsymbol{P}\boldsymbol{q} \tag{3.48}$$

式中，$\boldsymbol{P}$ 为压力系数矩阵，表示为

$$\boldsymbol{P}=\frac{1}{2}\rho V^2\boldsymbol{D}^{-1}\left(\boldsymbol{F}'+\mathrm{i}\frac{k}{b}\boldsymbol{F}\right)$$

3.6.2　超声速偶极子格网法特点

超声速偶极子格网法与亚声速偶极子格网法相似，也是基于线化理论的面元法，适合于马赫数为 3 以内的超声速范围。

如图 3.2 所示，网格划分与亚声速偶极子格网法相似。不同之处在于，压力偶极子分布在整个网格上，下洗控制点在网格中剖面 85％～95％处。超声速情况下，只有在以任一点 H 为顶点的倒置马赫锥中的点所发出的扰动才会影响到 H 点。下洗仍可写为式(3.47)的形式。

由奇异积分方程转化而来的线性方程组为

$$w_i = \frac{1}{4\pi\rho V^2}\sum_j \Delta p_j \iint_{S_j} K_{ij}\,\mathrm{d}S \quad (i=1,2,\cdots,n;j=1,2,\cdots,n) \tag{3.49}$$

式中，S_j 指从第 j 个下洗点发出的倒置马赫锥与翼面相交的区域。用压力系数代替压力差，有

$$\Delta p_j = \Delta c_{p_j}\left(\frac{1}{2}\rho V^2\right)$$

于是方程(3.49)可以写为

$$w_i = \sum_j \frac{1}{8\pi}\Delta c_{p_j}\iint_{S_j} K_{ij}\,\mathrm{d}S \tag{3.50}$$

令

$$D_{ij} = \frac{1}{8\pi}\iint_{S_j} K_{ij}\,\mathrm{d}S \tag{3.51}$$

式中，D_{ij} 称为空气动力影响系数。于是，式(3.50)可以写成

$$\boldsymbol{w} = \boldsymbol{D}\Delta\boldsymbol{c}_p \tag{3.52}$$

即

$$\Delta\boldsymbol{c}_p = \boldsymbol{D}^{-1}\boldsymbol{w} \tag{3.53}$$

3.7 准定常气动力

在气动弹性理论的发展过程中，准定常气动力理论也有一席之地，它是非定常气动力理论发展中不可缺少的环节，即使在今天，由于其物理意义清楚，所以仍然在理论甚至工程应用中发挥着重要作用。下面简单介绍几个准定常气动力的理论和方法，以便于后面各章节的引用。

首先通过图 3.3 和图 3.4 来说明准定常气动力理论与非定常气动力理论的区别。在定常气动力理论中，假设机翼可以用一连续分布的旋涡来代替(图 3.3)。当薄翼作振动时，升力和旋涡强度都随时间变化，但在非粘性流中，包围所有奇点周界内的总环量必须保持为零。因此，旋涡必然会从薄翼后缘脱落下来，并被气流沿流线带向下游(图 3.4)。因此，在研究振动机翼的气动力时，必须考虑这些尾涡的影响，即考虑它们对机翼上各点的诱导速度。为了简化计算，引入准定常假设，即认为从后缘脱落的自由涡的影响可以不计，而附着涡在薄翼上的分布应使气流恰能在该瞬间无分离地流过机翼表面，且满足库塔条件。这样，是否考虑后缘脱落涡对翼面气动力的影响，成为判断非定常气动力与准定常气动力的一个依据。

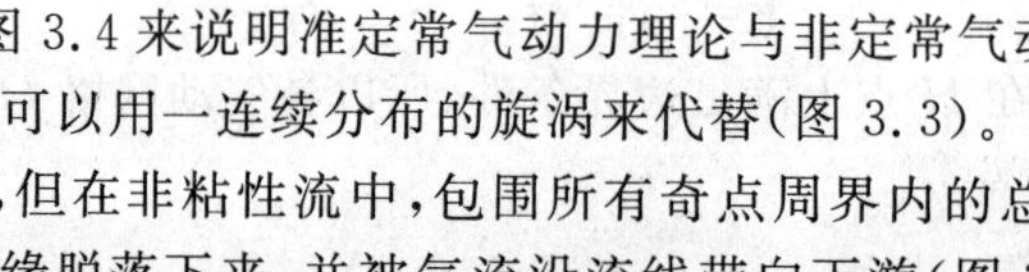

图 3.3 在定常气动力中，用连续分布的旋涡代替薄翼

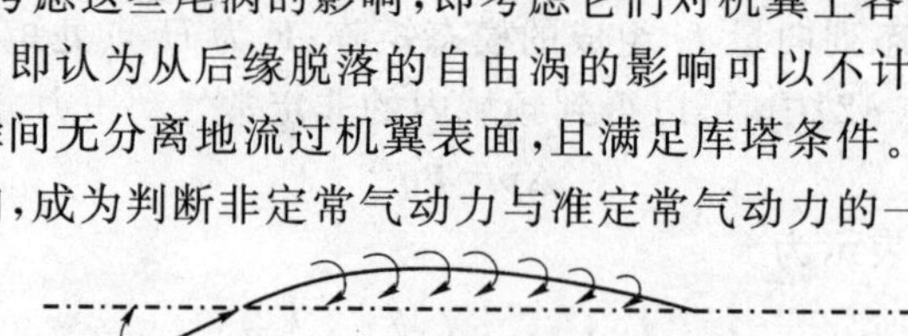

图 3.4 薄翼作振动时，旋涡的流动示意

3.7.1　Grossman 理论

不考虑后缘脱落涡对翼面气动力的影响，这种准定常理论可用来计算振动的二元薄翼的空气动力。这里介绍二元准定常理论中的 Grossman 理论。

由于线化假设，颤振只与由振动引起的附加气动力有关。所以，只需研究振动的二元平板上所受的气动力即可。

图 3.5 所示的是一个弦长为 $2b$ 的二元平板，平板的运动可描述为刚心 E 点的平移 h（向下为正）及绕 E 点的转角 α（抬头为正）。E 点距翼弦的中点为 ab，a 是一个无量纲系数，当 E 点位于中点后面时为正。

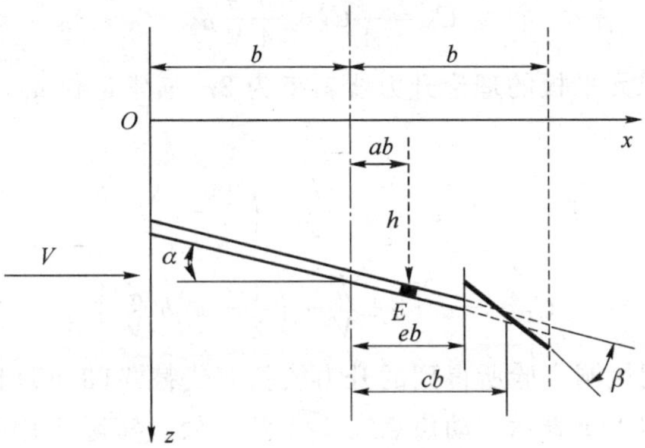

图 3.5　二元平板气动力计算图例

同样，用一系列旋涡代替平板，其强度为 $\gamma(x)$，以逆时针旋向为正，则按照儒可夫斯基定理，作用在单位展长上的气动力（向下为正）为

$$L=\int_0^{2b}\rho V\gamma(x)\mathrm{d}x=\rho V\int_0^{2b}\gamma(x)\mathrm{d}x \tag{3.54}$$

式中，V 是来流速度，ρ 是空气密度。旋涡对平板上距前缘为 x 点的诱导速度（向下为正）为

$$w(x)=\int_0^{2b}\frac{\gamma(\xi)\mathrm{d}\xi}{2\pi(\xi-x)} \tag{3.55}$$

式(3.55)本来只适用于定常情况。但在准定常假设下，式(3.55)对于同一瞬间的 $\gamma(\xi,\ t)$ 和 $w(x,\ t)$ 仍成立。该诱导速度 w 应恰能满足该瞬间的边界条件，即

$$\frac{w(x,t)}{V}=\frac{\partial z(x,t)}{\partial x}+\frac{1}{V}\frac{\partial z(x,t)}{\partial t} \tag{3.56}$$

此外，还应满足库塔条件

$$\gamma(2b)=0 \tag{3.57}$$

二维平板作振动时，有

$$z(x,t)=h(x,t)+[x-(1+a)b]\alpha(x,t) \tag{3.58}$$

由此可推导出升力和对前缘的俯仰力矩分别为

$$L=-2\pi\rho V^2 b\left[\alpha+\frac{\dot{h}}{V}+\left(\frac{1}{2}-a\right)b\,\frac{\dot{\alpha}}{V}\right] \tag{3.59}$$

$$M=\frac{b}{2}L-\frac{1}{2}\pi\rho V b^3\dot{\alpha} \tag{3.60}$$

定义升力系数和俯仰力矩系数

$$C_L=\frac{L}{\frac{1}{2}\rho V^2(2b)} \tag{3.61}$$

$$C_M=\frac{M}{\frac{1}{2}\rho V^2(2b)^2} \tag{3.62}$$

则有

$$C_L=-2\pi\left[\alpha+\frac{\dot{h}}{V}+\left(\frac{1}{2}-a\right)b\ \frac{\dot{\alpha}}{V}\right] \tag{3.63}$$

$$C_M=\frac{1}{4}C_L-\frac{b}{4}\frac{\pi}{V}\dot{\alpha} \tag{3.64}$$

注意到在不可压流中，二元平板的理论升力线斜率为 2π，通常记作 a_0，则式(3.59)及式(3.63)可写为

$$L=-\rho V^2 a_0 b\left[\alpha+\frac{\dot{h}}{V}+\left(\frac{1}{2}-a\right)b\ \frac{\dot{\alpha}}{V}\right] \tag{3.65}$$

$$C_L=-a_0\left[\alpha+\frac{\dot{h}}{V}+\left(\frac{1}{2}-a\right)b\ \frac{\dot{\alpha}}{V}\right] \tag{3.66}$$

在实际应用时，可以采用风洞实验所得到的升力线斜率代替式(3.65)和式(3.66)中的 a_0。此外，式(3.64)中第一项的 1/4 表示气动焦点在 1/4 弦长处。实际应用时也可使用风洞实验数据的焦点位置来进行相应修正。

若转化成气动力对刚心点 E 的力矩，则有

$$M_E=4\pi\rho V^2 b^2\left(\frac{1+a}{2}-\frac{1}{4}\right)\left[\alpha+\frac{\dot{h}}{V}+\left(\frac{1}{2}-a\right)b\ \frac{\dot{\alpha}}{V}\right]-\frac{1}{2}\pi\rho V b^3\dot{\alpha} \tag{3.67}$$

或

$$M_E=2\rho V^2 a_0 b^2\left(\frac{1+a}{2}-\frac{1}{4}\right)\left[\alpha+\frac{\dot{h}}{V}+\left(\frac{1}{2}-a\right)b\ \frac{\dot{\alpha}}{V}\right]-\frac{1}{2}\pi\rho V b^3\dot{\alpha} \tag{3.68}$$

$$C_{M_E}=\left(\frac{1}{4}-\frac{1+a}{2}\right)C_L-\frac{b}{4}\frac{\pi}{V}\dot{\alpha} \tag{3.69}$$

在式(3.59)及式(3.63)中，$\alpha+\frac{\dot{h}}{V}+\left(\frac{1}{2}-a\right)b\ \frac{\dot{\alpha}}{V}$ 正是机翼 3/4 弦长处的$\frac{\partial z}{\partial x}+\frac{\partial z}{V\partial t}$值，即该点处的翼面下洗值(亦即在 3/4 弦长处诱导速度与速度之比)。这说明在按准定常气动力理论计算总升力时，可把旋涡看成是集中作用在 1/4 弦长处，而去计算 3/4 弦长处的诱导速度，并使其在该点满足与翼面相切的边界条件，以求得总的旋涡强度。总力矩公式(3.60)及式(3.68)中的最后一项 $-(\pi\rho V b^3\ \dot{\alpha})/2$ 是角速度引起的阻尼力矩。

3.7.2 细长体理论

细长体理论是一种适应于细长体的气动力工程方法。对于飞机机身、导弹弹体、外挂油箱和火箭等，当长细比较大时(一般大于 10 左右)，称为细长体。在颤振和气动伺服弹性分析中，这种细长体的非定常气动力可采用一维弹性谐振荡细长体理论进行分析计算。

如图 3.6 所示轴对称细长体，通常采用虚拟动量法，单位长度在法向上所受的气动力表

示为

$$\Delta p=-\frac{\mathrm{d}}{\mathrm{d}t}(mw) \tag{3.70}$$

式中，m 为单位长度上与物体相同体积的气体质量；w 为气体在法向（z 向）的扰动速度，细长体可不考虑横剖面之间的互相影响。

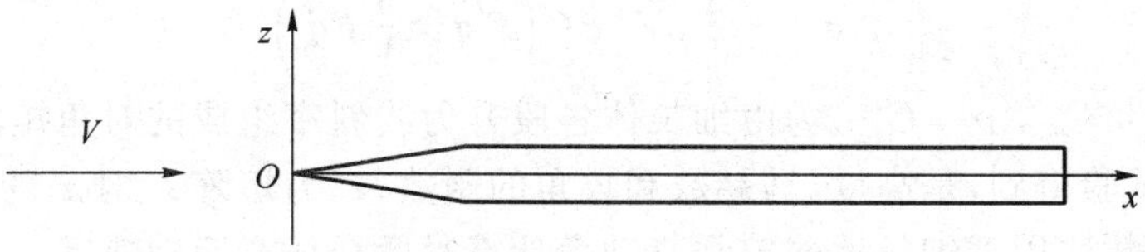

图 3.6　细长体纵向位移 w 及坐标系示意图

而又因为有

$$\frac{\mathrm{d}}{\mathrm{d}t}=\frac{\partial}{\partial t}+V\frac{\partial}{\partial x} \tag{3.71}$$

$$m=\rho s(x)\cdot 1 \tag{3.72}$$

$$w=\frac{\partial z}{\partial t}+V\frac{\partial z}{\partial x} \tag{3.73}$$

式中，ρ 为当地的大气密度；$s(x)$ 为细长体纵向对称轴横截面面积；z 为细长体某处的振动位移；V 为来流速度。

将式(3.71)～式(3.73)三式代入式(3.70)，得

$$\Delta p=-\rho\left(\frac{\partial}{\partial t}+V\frac{\partial}{\partial x}\right)\left[s(x)\left(\frac{\partial z}{\partial t}+V\frac{\partial z}{\partial x}\right)\right]=$$
$$-\rho\left\{\frac{\partial}{\partial t}s(x)\left(\frac{\partial}{\partial t}+V\frac{\partial}{\partial x}\right)z+V\frac{\partial}{\partial x}\left[s(x)\left(\frac{\partial}{\partial t}+V\frac{\partial}{\partial x}\right)z\right]\right\} \tag{3.74}$$

细长体结构采用假设模态法，结构振动与模态的关系仍采用式(3.45)和式(3.46)，但应注意，这里细长体的结构模态仅与 x 方向有关。将细长体沿纵向轴分成 m 份，并将式(3.46)代入式(3.74)，可以得到由各分段上单位长度上的法向气动力组成的向量

$$\Delta\boldsymbol{P}=[\Delta p_1\ \Delta p_2\ \cdots\ \Delta p_m]=$$
$$-\rho(\boldsymbol{sF\ddot{q}}+2V\boldsymbol{sF'\dot{q}}+V\boldsymbol{s'F\dot{q}}+V^2\boldsymbol{s'F'q}+V^2\boldsymbol{sF''q}) \tag{3.75}$$

式中，$\boldsymbol{s}=\mathrm{diag}(s_1,s_2,\cdots,s_m)$为由细长体各横向截面面积组成的对角矩阵，$\boldsymbol{F}'$为模态矩阵 $\boldsymbol{F}$ 对 x 的导数。

3.7.3　气动力导数

对于图 3.6 所示的细长体，准定常理论可从定常流动的关系式出发，认为攻角 α 等于合成速度向量与细长体纵向轴线之间的瞬时倾角，则升力（向上为正）公式有形式

$$\Delta p=-\frac{1}{2}\rho V^2 SC_y^{\alpha}\left(\frac{\partial z}{\partial x}+\frac{1}{V}\frac{\partial z}{\partial t}\right) \tag{3.76}$$

式中，C_y^{α} 为细长体升力线斜率，一般是攻角、马赫数以及细长体轴向坐标的函数；S 为气动力计算参考面积；$\frac{\partial z}{\partial x}+\frac{1}{V}\frac{\partial z}{\partial t}$项为局部攻角。

将细长体分为 m 个气动块，则可得到用离散形式表示的细长体上第 j 段单位长度的法向气动力为

$$\Delta p_i = -\frac{1}{2}\rho V^2 S C_{y_i}^{\alpha}\left[\left(\frac{\partial z}{\partial x}\right)_i + \frac{1}{V}\left(\frac{\partial z}{\partial t}\right)_i\right] \quad (i=1,\ 2,\ \cdots,\ m) \tag{3.77}$$

仍采用式(3.46)表示任一点位移，并代入式(3.77)中，有法向气动力的矩阵形式

$$\Delta \boldsymbol{p} = -\frac{1}{2}\rho V^2\ S\boldsymbol{C}\left(\boldsymbol{F}'\boldsymbol{q} + \frac{1}{V}\boldsymbol{F}\dot{\boldsymbol{q}}\right) \tag{3.78}$$

式中，$\boldsymbol{C}=\mathrm{diag}(C_{y_1}^{\alpha},\ C_{y_2}^{\alpha},\ \cdots,\ C_{y_m}^{\alpha})$为由细长体各段升力线斜率组成的对角矩阵，各段的升力线斜率可由计算或试验得到，是高度、马赫数和攻角的函数；$\boldsymbol{F}'$为矩阵 $\boldsymbol{F}$ 对 x 的导数。

可见，气动导数法用于细长体非定常气动力计算时适合任意运动速度。

3.7.4 活塞理论

对于小展弦比翼面，在计算气动力时，必须采用升力面理论来进行颤振分析，这就会使计算工作大为复杂。这里介绍一种简化的气动力理论——活塞理论来分析颤振。试验证明，在马赫数为 2 至 5 之间时，用这种理论对超声速翼面进行颤振计算都能得出满足工程精度要求的结果。

活塞理论的基本假设是翼剖面的厚度很薄和飞行马赫数很高($Ma^2 \gg 1$)。在上述假设的前提下，翼面上某一点的扰动对其他点所产生的影响是很弱的。活塞理论略去了这种微弱效应，并认为翼型上某一点的压力只与该点的下洗速度有关，且形象地比做，当活塞在一圆管道中运动时，其所受到的压力只与其运动速度有关。显然，活塞理论是不考虑三元效应的，幸而实际上这种效应是随马赫数 Ma 的提高而减少了。

考察一个无限长的气缸，如图 3.7 所示，未经扰动的气体压力、密度和声速分别为 P_∞，ρ_∞ 和 c_∞。设活塞行进的速度为 W，且$|W| \ll c_\infty$，因此，由于活塞运动所产生的扰动属于微扰动，所以它的传播过程也就可以看做是等熵过程。通过推导可以得到活塞理论的表达式

$$P = P_\infty\left(1 + \frac{\gamma - 1}{2}\cdot\frac{W}{c_\infty}\right)^{\frac{2\gamma}{\gamma-1}} \tag{3.79}$$

式中，γ 为比热比。由于活塞的前进速度$|W| \ll c_\infty$，故有$|W/c_\infty| \ll 1$，式(3.79)展开后则可略去高阶微分项。

当只保留一阶项时，称为一阶活塞理论，即扰动压力为

$$P - P_\infty = \rho_\infty c_\infty W \tag{3.80}$$

当保留二阶项时，可得到二阶活塞理论，即扰动压力为

$$P - P_\infty = \rho c_\infty^2\left[\left(\frac{W}{c_\infty}\right) + \frac{\gamma + 1}{4}\left(\frac{W}{c_\infty}\right)^2\right] \tag{3.81}$$

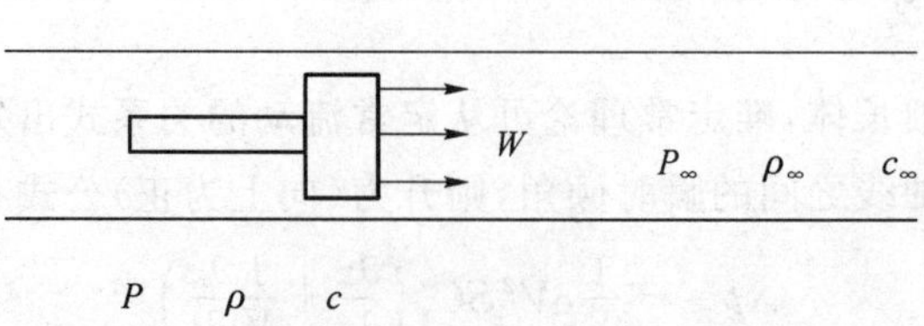

图 3.7 比喻活塞理论的无限长的气缸

在应用活塞理论计算振动翼面气动力时，翼表面上一点的上洗速度即相当于活塞运动速

度。如图 3.8 所示，分析翼上（下）表面的上（下）洗速度。

对于上表面，有

$$w=\left(V\frac{\partial}{\partial x}+\frac{\partial}{\partial t}\right)z(x,y,t)+V\frac{\partial}{\partial x}H(x,y) \tag{3.82}$$

对于下表面，有

$$w=-\left(V\frac{\partial}{\partial x}+\frac{\partial}{\partial t}\right)z(x,y,t)+V\frac{\partial}{\partial x}H(x,y) \tag{3.83}$$

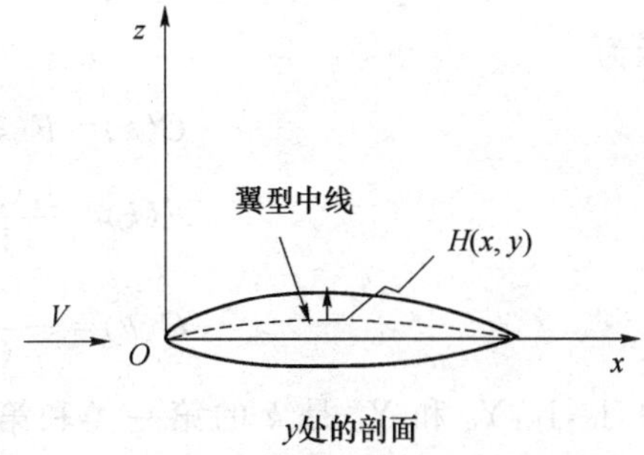

图 3.8　应用活塞理论计算作用在翼面上的气动力

式中，$H(x,\ y)$ 是从翼剖面中线量起的厚度函数，上（下）洗的方向取其离开翼型的方向为正。

将式（3.82）和式（3.83）代入式（3.81），由作用在机翼表面上的压力分布可得到上下表面的压力差（其中的 $P_\infty,\rho_\infty,c_\infty$ 改记为 p,ρ,c）

$$\Delta P(x,y,t)=-2\rho c\left[1+G\frac{\partial}{\partial x}H(x,y)\right]\left[\left(V\frac{\partial}{\partial x}+\frac{\partial}{\partial t}\right)z(x,y,t)\right] \tag{3.84}$$

式中，$G=\dfrac{\gamma+1}{2}Ma$。由式（3.84）可见，采用二阶活塞理论时，可以计入翼型的厚度效应。

翼面结构采用假设模态法，结构振动与模态的关系仍采用式（3.45）和式（3.46）。结构模态 $f_j(x,\ y)$ 取 n 阶，将式（3.45）代入式（3.84）后，得

$$\Delta P(x,y,t)=-2\rho c\sum_{j=1}^{n}\left[1+G\frac{\partial}{\partial x}H(x,y)\right]\left[V\frac{\partial}{\partial x}f_j(x,y)q_j(t)+f_j(x,y)\dot{q}_j(t)\right] \tag{3.85}$$

可见，非定常气动力取决于所选的位移函数以及翼型的厚度函数。

3.8　二元非定常气动力理论

当考虑机翼三元效应时，非定常理论变得很复杂，所以早期的工程颤振计算常常采用二元非定常理论。如图 3.4 所示，非定常理论与准定常理论的不同之处是需要考虑由后缘流下的尾迹中自由涡的影响。在二元流动的范围内，这是个准确的理论。早期二元非定常气动力理论中最为著名的是 Theodorson 理论，这里以此理论为例对二元非定常理论进行说明。

关于二元机翼作简谐振动的情况，Theodorson 给出了完整的解答。此处不作详细叙述和推导，直接给出 Theodorson 非定常气动力理论结果。

如图 3.5 所示，在不可压流中的二元平板，由非定常理论求得升力和俯仰力矩（对刚心 E）分别为

$$L=-\pi\rho b^2(V\dot{\alpha}+\ddot{h}-ab\ddot{\alpha})-2\pi\rho VbC(k)\left[V\alpha+\dot{h}+\left(\frac{1}{2}-a\right)b\dot{\alpha}\right] \tag{3.86}$$

$$\begin{aligned}M_E=&\ \pi\rho b^2\left[ab(V\dot{\alpha}+\ddot{h}-ab\ddot{\alpha})-\frac{1}{2}Vb\dot{\alpha}-\frac{1}{8}b^2\ddot{\alpha}\right]+\\&2\pi\rho Vb^2\left(\frac{1}{2}+a\right)C(k)\left[V\alpha+\dot{h}+\left(\frac{1}{2}-a\right)b\dot{\alpha}\right]\end{aligned} \tag{3.87}$$

式中，k 为减缩频率，量纲为 1，$k=\frac{b\omega}{V}$，其中 ω 为简谐振动的角频率；$C(k)$为 Theodorson 函数，表示为

$$C(k)=F(k)+\mathrm{i}G(k),\quad \mathrm{i}=\sqrt{-1} \tag{3.88}$$

$$F(k)=\frac{\mathrm{J}_1(\mathrm{J}_1+\mathrm{Y}_0)+\mathrm{Y}_1(\mathrm{Y}_1-\mathrm{J}_0)}{(\mathrm{J}_1+\mathrm{Y}_0)^2+(\mathrm{Y}_1-\mathrm{J}_0)^2} \tag{3.89}$$

$$G(k)=-\frac{\mathrm{Y}_1\mathrm{Y}_0+\mathrm{J}_1\mathrm{J}_0}{(\mathrm{J}_1+\mathrm{Y}_0)^2+(\mathrm{Y}_1-\mathrm{J}_0)^2} \tag{3.90}$$

式中，J_0，J_1，Y_0 和 Y_1 是 k 的第一类和第二类标准贝塞尔函数。$F(k)$和 $G(k)$随 k 的变化如图 3.9 所示。

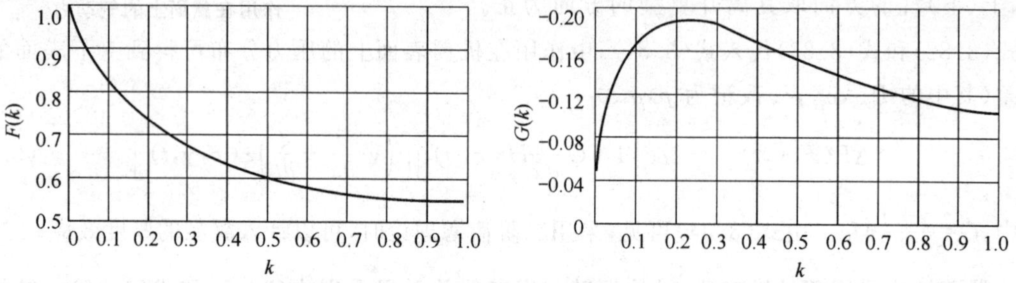

注：当 $k\to\infty$时，$F(k)\to 0.5$，$G(k)\to 0$。

图 3.9 Theodorson 函数

气动力和力矩表达式中各项的物理意义可做如下解释。

式(3.86)第一个括号内的项可以改写为

$$\frac{\mathrm{d}}{\mathrm{d}t}(\dot{h}-ab\dot{\alpha}+V\alpha)$$

它代表机翼以机翼中点的速度作平移运动以及有攻角 α 时所引起的下洗加速度，它与气流视在质量 $\pi\rho b^2$ 的乘积可看做是机翼振动时带动空气与它一起振动而产生的惯性反作用力，这些力的合力作用点将通过机翼的中点，设用 L_1 表示。如果略去 $C(k)$的作用，则式(3.86)中的第二项就与准定常理论的升力一致，设用 L_2 表示，它代表由环量产生的升力，正比于 3/4 弦长点处的下洗，而合力则通过气动力中心。不难想到，$C(k)$是由于考虑了自由涡的作用而引起的修正项，这种修正不仅表示升力的大小将有改变，而且还表示升力将落后于运动一个相位差。

力矩表达式(3.87)的第一项显然是由 L_1 产生的对弯心的力矩，第二项是准定常理论中指示过的阻尼力矩，第三项可看做是由机翼围绕中点作角加速运动而引起的气流的惯性反作用力矩，而第四项则是由 L_2 产生的对弯心的力矩。

现在说明为什么自由涡对升力 L_2 的修正要与减缩频率 k 有关。这是因为减缩频率 k 表征流动随时间变化的特征。von Kármán 曾经给出过如下解释：设想机翼上有一点处发生一扰动，并且与机翼一起振动，受到扰动影响的流体将以平均速度 V 向下游流去。设机翼与扰动的振动角频率是 ω，于是扰动的波长将是 $2\pi V/\omega$，因此，比值 $2b/(2\pi V/\omega)=b\omega/(\pi V)$与减缩频率成正比，这也说明了 k 表示机翼特征长度 $2b$ 与扰动波长之比。换句话说，k 表征机翼上其他各点感受扰动的方式。由于振动机翼上每一点都扰动着气流，因此可以说减缩频率 k 表征机翼各点处运动之间的相互影响作用。

在计算时采用式(3.86)及式(3.87)的形式是不方便的，但注意到，在简谐振动时，有

$$h=h_0 e^{i\omega t} \tag{3.91}$$

$$\alpha=\alpha_0 e^{i\omega t} \tag{3.92}$$

式(3.91)和式(3.92)也可用复数表示，表示它们之间可以存在相位差。这里用 h 与 α 代表振幅，把它们代入式(3.86)及式(3.87)中，经过整理可得

$$L=\pi\rho b^3\omega^2\left\{L_h\frac{h}{b}+\left[L_\alpha-\left(\frac{1}{2}+a\right)L_h\right]\alpha\right\} \tag{3.93}$$

$$M_E=\pi\rho b^4\omega^2\left\{\left[M_h-\left(\frac{1}{2}+a\right)L_h\right]\frac{h}{b}+\left[M_\alpha-\left(\frac{1}{2}+a\right)(L_\alpha+M_h)+\left(\frac{1}{2}+a\right)^2L_h\right]\alpha\right\} \tag{3.94}$$

式中

$$L_h=1-\mathrm{i}\frac{2}{k}[F(k)+\mathrm{i}G(k)]$$

$$L_\alpha=\frac{1}{2}-\mathrm{i}\frac{1}{k}\{1+2[F(k)+\mathrm{i}G(k)]\}-\frac{2}{k}[F(k)+\mathrm{i}G(k)]$$

$$M_h=\frac{1}{2}$$

$$M_\alpha=\frac{3}{8}-\mathrm{i}\frac{1}{k}$$

当有副翼偏转角 β(见图 3.5)时，上述结果可以推广为

$$L=\pi\rho b^3\omega^2\left\{L_h\frac{h}{b}+\left[L_\alpha-\left(\frac{1}{2}+a\right)L_h\right]\alpha+[L_\beta-(c-e)L_z]\beta\right\}$$

$$M_E=\pi\rho b^4\omega^2\left\{\left[M_h-\left(\frac{1}{2}+a\right)L_h\right]\frac{h}{b}+\left[M_\alpha-\left(\frac{1}{2}+a\right)(L_\alpha+M_h)+\left(\frac{1}{2}+a\right)^2L_h\right]\alpha+\left[M_\beta-\left(\frac{1}{2}+a\right)L_\beta-(c-e)M_z+(c-e)\left(\frac{1}{2}+a\right)L_z\right]\beta\right\}$$

副翼的铰链力矩 T(抬头为正)为

$$T=\pi\rho b^4\omega^2\left\{[T_h-(c-e)P_h]\frac{h}{b}+\left[T_\alpha-(c-e)P_\alpha-\left(\frac{1}{2}+a\right)T_h+\left(\frac{1}{2}+a\right)(c-e)P_h\right]\alpha+[T_\beta-(c-e)(P_\beta+T_z)+(c-e)^2P_z]\beta\right\}$$

式中，系数 $L_h, L_\alpha, L_\beta, \cdots$ 都是 $\frac{1}{k}=\frac{V}{b\omega}$ 的函数，并且有表可查(例如参看 *Army Air Force TR4789* 或 Scanlan 所著 *Introduction to the Study of Aircraft Vibration and Flutter* 一书的附录)。

3.9 线性非定常气动力近似方法

前面主要研究的问题是谐振荡情况的非定常气动力。在气动弹性动力学的有些问题(如阵风响应等)中，需要考虑飞行器任意运动的非定常气动力。气动伺服弹性主动控制(如颤振主动抑制和阵风减缓等)技术引入了现代控制理论的概念，考虑多输入、多输出、多约束条件下的控制律优化问题。因此，必须建立与现代控制理论和方法相适应的气动弹性模型，其关键是

建立合适的非定常气动力近似计算方法，将非定常气动力转化成线性状态空间等形式。

任意运动的非定常气动力计算一般可分为两类：一类从基本方程出发，不引入谐振荡假设，直接进行数值计算；另一类是应用谐振荡假设的非定常气动力结果导出任意运动情况下的非定常气动力近似表达式。前者计算时间长且计算结果往往不便于现代控制理论的应用；而后者，谐振荡的非定常气动力计算比较成熟，利用数学上拟合的概念，采用各种适当的便于现代控制理论应用的有理函数近似表达式，可将谐振荡形式的非定常气动力计算延拓至任意运动的非定常气动力系数的近似表达式。目前这种方法已较为广泛应用。这种方法最早是由Jones提出的，他用一个简单的有理分式来拟合二元不可压流情况下的Theodorson函数。后来，Roger，Pade，Edward，Karpel等加以发展，提出了各种非定常气动力的有理分式近似公式，建立了相应状态空间的气动弹性模型。

下面仅介绍Roger有理分式近似表达式及其求解思路，并说明这类方法的特点。

Roger提出的气动力影响系数表达式为

$$\boldsymbol{A}_{\mathrm{ap}}=\boldsymbol{A}_0+\boldsymbol{A}_1 p+\boldsymbol{A}_2 p^2+\sum_{m=1}^{N}\frac{\boldsymbol{E}_m p}{p+r_m} \tag{3.95}$$

式中，$p=sb/V$为无量纲的拉氏变量（b为参考半弦长，V为参考速度，s为拉氏变量）；r_m为在进行气动力近似之前所选取的N个滞后根值（为正实数）；$\boldsymbol{A}_0$，$\boldsymbol{A}_1$，$\boldsymbol{A}_2$和$\boldsymbol{E}_m$为待定矩阵。

若已知减缩频率为k_l时的谐振荡气动力影响系数矩阵为

$$\boldsymbol{A}(k_l)=\boldsymbol{F}(k_l)+\mathrm{i}\boldsymbol{G}(k_l)\quad (l=1,2,\cdots,L) \tag{3.96}$$

该矩阵是$n\times n$阶矩阵。令$s=\mathrm{i}k_l$，代入式(3.95)中，并认为$s=\mathrm{i}k_l$时近似表达式$\boldsymbol{A}_{\mathrm{ap}}$的值等于$\boldsymbol{A}(k_l)$的值。这样，它们的实部与虚部分别相等。可得

$$\left.\begin{aligned}\boldsymbol{A}_0-k_l^2\boldsymbol{A}_2+\sum_{m=1}^{N}\frac{k_l^2}{k_l^2+r_m^2}\boldsymbol{E}_m&=\boldsymbol{F}(k_l)\\ k_l\boldsymbol{A}_1+\sum_{m=1}^{N}\frac{k_l r_m}{k_l^2+r_m^2}\boldsymbol{E}_m&=\boldsymbol{G}(k_l)\end{aligned}\right\}\quad (l=1,2,\cdots,L) \tag{3.97}$$

对于每一个元素都可建立一个方程组，共有$N+3$个未知数和$2L$个方程。一般情况下，方程数大于未知数，这是一个矛盾方程组。它的解不是唯一的，需要确定一个最好的解，可采用最小二乘法求解这组矛盾方程组，一共重复$n\times n$次即可确定$\boldsymbol{A}_0$，$\boldsymbol{A}_1$，$\boldsymbol{A}_2$和$\boldsymbol{E}_m$各矩阵的全部元素。具体求解方法这里不再赘述。

3.10 非线性非定常方程求解的基本特点

本章介绍了亚、超声速线性频域非定常气动力的典型计算方法，它们的基本特点是：

① 基于小扰动线化速度势方程、边界条件和压力系数表达式。

② 只考虑反对称问题，即升力问题。

③ 没有考虑翼型厚度。

④ 只适用于谐振荡情况。

⑤ 使用基本解叠加的方法，只需在物面划分网格，把求解速度势方程（偏微分方程）的问题转化为求解积分方程的问题。

⑥ 计算结果只有非定常气动力，没有定常气动力；结果是翼面表面的压力系数差；结果形

式是频域中的复数形式，有幅值和相位。

对于跨声速等情况的非线性非定常气动力计算，无论是基于小扰动非线性速度势方程，还是基于全速度势方程、Euler 方程和 N－S 方程，都需要较强的计算条件，一般有两种计算方法：一种是求解偏微分方程，称为有限差分法；另一种是求解积分方程。另外，还有一些简化的近似计算方法。比较起来，前者计算工作量大，但随着计算机硬件性能的提高，其发展较快。

有限差分法的基本特点是：

① 直接求解非线性偏微分方程。

② 由于是非线性方程，叠加原理不能应用，故不再区分对称和反对称问题。

③ 没有引入谐振荡假设，可用于任意运动。

④ 采用时域求解。

⑤ 需要在物面之外的流场构建合适的空间网格。

⑥ 计算结果是定常气动力和非定常气动力之和，是空间的扰动速度，是时域的时间历程。

具体计算的格式和网格生成方法等请参见相关计算流体力学方面的专著和教材。

思考题及练习题

3.1 简述偶极子格网法的基本求解思路，以及亚声速偶极子格网法与超声速偶极子格网法的区别。

3.2 当用基于线性小扰动位势流频域方程求解非定常气动力时，结构振动特性如何与流体控制方程结合？

3.3 分析非定常气动力的频域求解方法的理论基础、基本假设和实施途径。

3.4 从翼面附着涡和自由涡的角度来说明非定常气动力与定常气动力的区别。

3.5 为什么谐振荡的线性非定常气动力是复数形式？

3.6 在进行经典线性颤振分析时，试分析非定常气动力工程计算中的三个宏观假设的合理性。

3.7 试分析非定常气动力在气动弹性(特别是颤振)分析中的作用。

3.8 如何理解非线性非定常气动力的基本特点？

参考文献

[1] 管德. 非定常空气动力计算. 北京：北京航空航天大学出版社，1991.

[2] 陈桂彬，杨超，邹丛青. 气动弹性设计基础. 2 版. 北京：北京航空航天大学出版社，2010.

[3] 管德. 飞机气动弹性力学手册. 北京：航空工业出版社，1994.

[4] 诸德超，陈桂彬，邹丛青. 气动弹性力学. 北京：航空工业部教材编审室，1986.

[5] 伏欣 H W. 气动弹性力学原理. 沈克扬，译. 上海：上海科学技术文献出版社，1982.

[6] Bisplinghoff R L, Ashley H, Halfman R L. Aeroelasticity. New York: Addison-Wesley Publishing Company, Inc., 1956.

第4章 气动弹性静力学

气动弹性静力问题研究飞行器在气动载荷作用下的变形,以及气动力所产生的静变形的稳定特性,并认为力和运动与时间无关。这类问题也称为静气动弹性问题(或简称静气弹问题),静气动弹性变形决定着定常飞行条件下的载荷、升力分布、阻力、操纵效率、飞机的配平以及静稳定性和操纵性,对于现代高性能飞行器的性能、静和动稳定性等飞行品质也有不可忽视的影响。在处理静气弹问题时,通常可以不将时间作为一个独立变量,而采用定常气动力理论和方法来计算空气动力。与此同时,还认为结构的弹性变形是一个缓慢的过程,结构因弹性变形所引起的惯性力比气动力要小得多,运动引起的附加气动力也很小,均可略去不计。

本章在介绍静气弹基本概念的基础上,主要讨论静气弹问题的扭转发散问题、载荷重新分布问题和气动导数弹性修正问题的工程分析方法。

4.1 发 散

发散属于静气动弹性稳定性问题,其现象可以描述为:在一个完全确定的临界风速下,弹性升力系统受定常升力的作用,使其扭转变形不断扩大直至破坏。发散是前掠翼和长直机翼设计中的关键问题,由于弯扭耦合效应形成内洗作用,前掠气动布局形式具有较大的发散危险性。因此,计算、分析并提高其发散速度或消除发散是前掠翼和长直机翼设计中需要首先考虑的问题。

4.1.1 发散的基本原理

为了便于理解静气动弹性问题的现象和机理,以二元翼段作讨论的起点比较简洁。

所谓二元翼段,是一个刚硬的平直机翼的翼段。翼段的弯曲和扭转变形可以分别用剖面刚心(即翼段弹性轴)的上、下平移和剖面绕它的转动来表示。由于在气动弹性静力问题中,认为翼段的上、下平移不引起附加气动力,因此,翼段的平移就可以不予考虑。在翼段的刚心处连有一个扭转弹簧,将该弹簧固定到风洞壁上,这样,翼段可以绕刚心旋转。图 4.1 表示一个最简单的二元翼段模型。

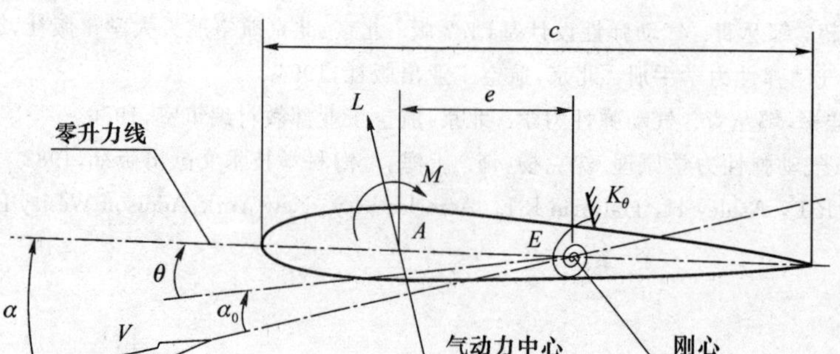

图 4.1 二元翼段

将图 4.1 中的二元翼段连同刚心处的扭转弹簧一起偏转一个初始角度 α_0，然后开启风洞，气流速度为 V。此时，由于翼段是弹性连接于支点上的，所以在气动力与弹簧力的作用下，翼段将在新的攻角 $\alpha=\alpha_0+\theta$ 下达到平衡。显然，附加的攻角 θ 是因为翼段具有弹性支持而产生的扭转变形，体现了弹性体在气流中的效应，所以，这是一种气动弹性效应。

不难设想，如果弹簧的刚度很大，或者风洞的流速很低，则扭角 θ 会很小；如果弹簧的刚度很低，或者翼段处于高速气流下，则扭角 θ 将很大，以至于发生弹簧扭转超过极限而导致破坏的现象。

这个附加攻角 θ 与气流速度有密切关系，这种关系有时会达到极为敏感的程度。根据气动力理论，翼型上的二元（平面）流动的气动力可以表示为升力（作用于气动力中心 A，向上为正）和绕 A 点的力矩 M_A（抬头为正，与攻角无关）。所以，可得到升力和绕刚心的气动力矩分别为

$$L=C_L qS=\frac{\partial C_L}{\partial \alpha}(\alpha_0+\theta)qS \tag{4.1}$$

$$M=M_A+Le \tag{4.2}$$

式中，C_L 为升力系数；q 为气流动压，$q=\frac{1}{2}\rho V^2$；ρ 为空气密度；S 为翼段参考面积；M 为绕刚心的气动力矩；e 为以气动力中心 A 为起点量至刚心的距离，向后为正；$\frac{\partial C_L}{\partial \alpha}$ 为翼段升力线斜率。

事实上，在不影响问题本质的前提下，不妨假定 $M_A=0$，于是绕刚心的气动力矩变为

$$Le=C_L qSe=\frac{\partial C_L}{\partial \alpha}(\alpha_0+\theta)qSe \tag{4.3}$$

根据气动力矩与弹簧力矩平衡的条件，可以写出平衡方程

$$K_\theta \theta=\frac{\partial C_L}{\partial \alpha}(\alpha_0+\theta)qSe \tag{4.4}$$

式中，K_θ 是扭转弹簧常数。进一步处理为

$$\left(K_\theta-\frac{\partial C_L}{\partial \alpha}eqS\right)\theta=\frac{\partial C_L}{\partial \alpha}eqS\alpha_0 \tag{4.5}$$

由此解得

$$\theta=\frac{\frac{\partial C_L}{\partial \alpha}eqS\alpha_0}{K_\theta-\frac{\partial C_L}{\partial \alpha}eqS} \tag{4.6}$$

由式(4.6)可以看出，当动压 q 达到某一特定值时，式(4.6)的分母项变为零，θ 趋于无穷大，翼段成为扭转不稳定。这种现象称为扭转发散。显然，在变形达到无穷大之前，弹簧早已破坏了。可见式(4.6)分母为零的条件就是扭转发散的“发散条件”，即发散条件可表示为

$$K_\theta-\frac{\partial C_L}{\partial \alpha}eqS=0 \tag{4.7}$$

由此可得发散动压为

$$q_{\mathrm{D}}=\frac{K_\theta}{\frac{\partial C_L}{\partial \alpha}eS} \tag{4.8}$$

又因为动压为 $\frac{1}{2}\rho V^2$，故可求得发散速度为

$$V_{\mathrm{D}}=\sqrt{\frac{2K_{\theta}}{\rho\dfrac{\partial C_L}{\partial\alpha}eS}} \tag{4.9}$$

分析式(4.8)可以发现，当 e 为负值时，即刚心移至气动中心之前时，q_{D} 为负，没有物理意义，这说明此时二元翼段在任何动压下都是气动弹性扭转稳定的。正因为如此，对于超声速情况，由于气动中心后移，刚心到了气动中心之前，扭转发散的危险就大为降低了，可见，扭转发散是典型的亚声速现象。同时，式(4.8)还表明，发散动压 q_{D} 与初始攻角 α_0 无关。所以，可以进一步令方程(4.5)的等号右边为零来研究这一现象。当 $\alpha_0=0$ 时，方程(4.5)变为

$$\left(K_{\theta}-\frac{\partial C_L}{\partial\alpha}eqS\right)\theta=0 \tag{4.10}$$

这是一个以 θ 为变量的齐次方程。该方程除有 $\theta=0$ 的解之外，还可以有任意非零解，其条件则是式(4.10)中 θ 的系数等于零，该条件可表示为

$$K_{\theta}-\frac{\partial C_L}{\partial\alpha}eqS=0 \tag{4.11}$$

由式(4.11)可解得使 θ 具有非零解的动压 q，这一动压就是式(4.10)表示的发散动压 q_{D}，而式(4.11)也正是发散条件式(4.7)。

从以上分析不难看出，提高机翼扭转发散速度的方法有二：一是改进结构受力方式，使弹性轴(刚轴)前移，尽量与气动力中心接近；二是提高机翼的扭转刚度。因此，保证机翼具有充分的刚度，其重要性不亚于保证结构具有充分的强度。

4.1.2 翼根固支机翼的扭转发散

处理扭转发散问题可以认为是处理静气动弹性问题中最简单的一个。很多基本的方法和概念都可以用它说明。所以，为了简化问题的描述，本小节中的气动力采用"片条"假设。在处理一个长直机翼时，利用微分方程是一个常用的方法，特别是它的数学处理较为方便。

为简单起见，假设机翼各剖面的刚心位于同一直线上(称为弹性轴)，如图 4.2 所示。大部分长直机翼都可认为是一个根部固支的弹性梁，其弹性轴垂直于翼根。气动中心线与弹性轴间距为 $e(y)$，质心线与弹性轴间距为 $d(y)$。假设气动中心线和质心线在弹性轴之前为正。l 为半展长。

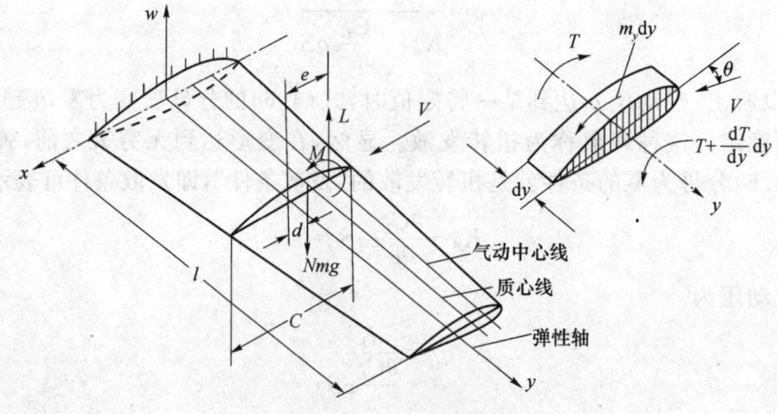

图 4.2 长直机翼

气动力采用片条假设可简化关系方程。所谓片条假设，即假定在展向位置 y 处翼剖面的局部升力系数 $C_L(y)$ 只与局部攻角 $\alpha(y)$ 成正比，而与其他剖面无关，亦即机翼上各剖面的气流都只是沿翼型作二元平面流动，而不考虑气流沿展向流动的三元效应。据此假设，其升力系数为

$$C_L(y)=\left(\frac{\partial C_L}{\partial \alpha}\right)_{\infty}\alpha(y)$$

式中，$\left(\frac{\partial C_L}{\partial \alpha}\right)_{\infty}$ 是无限翼展(二元翼型)的升力线斜率；对于不可压流平板，一般取为 2π。同时，假定机翼没有几何扭转，即各翼剖面处有共同的初始攻角 α。

根据梁的理论，对于图 4.2 所示的微段，可有扭矩平衡微分方程

$$\left(T+\frac{\mathrm{d}T}{\mathrm{d}y}\mathrm{d}y\right)+m_y\mathrm{d}y-T=0 \tag{4.12}$$

即

$$\frac{\mathrm{d}T}{\mathrm{d}y}=-m_y \tag{4.13}$$

式中，m_y 是作用于单位展长上的外力矩。同前述一样，考虑到气动弹性的影响，微段在气动力矩与弹性扭矩作用下，攻角由初始的 α_0 变到新的攻角 $\alpha_0+\theta(y)$ 下达到平衡。在这一攻角下，微段上的外力矩变为

$$m_y=\frac{\partial C_L}{\partial \alpha}[\alpha_0+\theta(y)]qC(y)e(y)+C_{m_0}(y)C^2(y)q-Nmg(y)d(y) \tag{4.14}$$

将式(4.14)代入式(4.13)，得

$$\frac{\mathrm{d}}{\mathrm{d}y}\left[GJ(y)\frac{\mathrm{d}\theta}{\mathrm{d}y}\right]=-\left\{\frac{\partial C_L}{\partial \alpha}[\alpha_0+\theta(y)]qC(y)e(y)+C_{m_0}(y)C^2(y)q-Nmg(y)d(y)\right\} \tag{4.15}$$

或(均略写了以 y 为自变量的函数关系)

$$\frac{\mathrm{d}}{\mathrm{d}y}\left(GJ\frac{\mathrm{d}\theta}{\mathrm{d}y}\right)+\frac{\partial C_L}{\partial \alpha}qCe\theta=-\left(\frac{\partial C_L}{\partial \alpha}\alpha_0 qCe+C_{m_0}C^2q-Nmgd\right) \tag{4.16}$$

式中，$\theta(y)$ 为机翼的弹性扭角，是 y 的函数，抬头为正；$GJ(y)$ 为机翼扭转刚度；$\frac{\partial C_L}{\partial \alpha}$ 为升力线斜率；$C_{m_0}(y)$ 为绕气动中心的零升力矩系数；$C(y)$ 为剖面弦长；$e(y)$ 为剖面气动力中心到刚心的距离；$d(y)$ 为剖面质心到刚心的距离；$mg(y)$ 为翼段单位长度的重量；N 为过载系数。

相应地，机翼边界条件为

$$\left.\begin{aligned} y&=0, & \theta&=0\\ y&=l, & \frac{\mathrm{d}\theta}{\mathrm{d}y}&=0\end{aligned}\right\} \tag{4.17}$$

通过 4.1.1 小节的讨论，可以了解到求解扭转发散的问题其本质是解决气动弹性静稳定性问题，式(4.16)是一个具有变系数的线性微分方程，等号右边是一个与变形 θ 无关的项。保留平衡方程(4.16)中与变形 θ 有关的项，而令其他项均为零，从而求得临界动压 q_D。也就是说，只需求解方程(4.16)所对应的齐次方程

$$\frac{\mathrm{d}}{\mathrm{d}y}\left(GJ\frac{\mathrm{d}\theta}{\mathrm{d}y}\right)+\frac{\partial C_L}{\partial \alpha}qCe\theta=0 \tag{4.18}$$

当 $GJ, C, e, \frac{\partial C_L}{\partial \alpha}$ 均为常数时，该机翼简化为均匀梁的情况（也称均匀机翼），式(4.18)可简化为

$$\left.\begin{aligned} &\frac{d^2\theta}{dy^2}+\lambda^2\theta=0 \\ &\lambda^2=\frac{qCe}{GJ}\frac{\partial C_L}{\partial \alpha} \end{aligned}\right\} \tag{4.19}$$

式(4.18)或式(4.19)代表了一个特征值问题。只有当 q 达到某些特定值（即特征值）时，θ 才有满足边界条件式(4.17)的非零解。这样的 θ 称为特征函数。显然，取其最小的特征值 q_D 即为发散动压，这是因为对于发散问题，只有最小值才有实用价值。当 $q<q_D$ 时，平衡是稳定的；当 $q = q_D$ 时，机翼一旦受到扰动，便处于随遇平衡；而当 $q>q_D$ 时，则平衡失去稳定。

同时，由式(4.19)的第二式可以看出，若刚心位于气动中心之前，即 $e<0$ 时，λ^2 成为负值，此时式(4.19)不可能有非零解，所以机翼不会产生发散现象。

对于均匀机翼，齐次方程(4.19)可获得精确解。其通解为

$$\theta(y)=A\sin\lambda y+B\cos\lambda y \tag{4.20}$$

引入边界条件式(4.17)后，得到

$$B=0$$
$$A\cos\lambda l=0$$

于是有特征方程

$$\cos\lambda l=0$$

它具有无限多个特征值

$$\lambda_i l=(2i+1)\frac{\pi}{2}\quad(i=0,1,2,\cdots,\infty)$$

相应的特征函数（可取 A 为 1）是

$$\theta_i(y)=\sin\lambda_i y\quad(i=1,2,\cdots,\infty)$$

它表示机翼处于随遇平衡的形态。将最小特征值 $\lambda_1\left(\lambda_1=\frac{\pi}{2l}\right)$ 代入式(4.19)，即是发散动压

$$q_D=\frac{\lambda_1^2}{\frac{Ce}{GJ}\frac{\partial C_L}{\partial \alpha}}=\frac{\pi^2 GJ}{4l^2 Ce\frac{\partial C_L}{\partial \alpha}} \tag{4.21}$$

发散速度为

$$V_D=\frac{\pi}{2l}\sqrt{\frac{2GJ}{\rho Ce\frac{\partial C_L}{\partial \alpha}}} \tag{4.22}$$

对比式(4.9)和式(4.22)发现，二者具有相同的形式，所以可以把 $\frac{\pi^2 GJ}{4l}$ 称为有效刚度。

对于式(4.22)，在如图 4.2 所示机翼中，可以推断出在设计中应该怎样提高发散速度，具体说就是：减小气动中心与弹性轴的距离。若弹性轴与气动中心重合，则气动载荷就不会引起扭转，发散也就不会发生。如若弹性轴位于气动中心之前，气动力矩将变为负值。因此翼尖扭转使前缘向下的发散也不会发生，但这在实际飞行器设计中实现起来具有一定困难。因此，在气动弹性设计中必须考虑发散问题。增加扭转刚度 GJ 会有效提高发散速度，所以具有足够的扭转刚度才是关键。

4.1.3　发散工程分析方法

前面以简化的二元翼段和长直机翼为例，对发散的基本原理进行了介绍。但实际工程中的机翼往往比这复杂得多，需要采用工程分析方法。在工程实践中常采用两类方法对发散进行计算，一类是静法，另一类则是动法。其中静法也称柔度法，动法则包含模态法和颤振法(利用颤振方程求解发散速度)。相对于柔度法，利用模态法或颤振法有许多便利之处，因为它们不需要像柔度法那样求解阶次很高的矩阵的特征值，而只要选择所需的前几阶模态即可，这使得求解速度大大提高。使用颤振法还可以直接利用颤振分析的结果初步估算发散，这又给计算分析带来了一些便利，该方法是气动弹性优化中比较常用的一种方法。不过如何选择模态的阶数则是需要慎重考虑的，因为模态阶数的选择直接影响到计算结果的准确性。

实际上这几种方法在本质上是一致的，静法和动法之间通过位移和模态之间的相关关系建立联系，即将位移表示成各阶模态与相应广义坐标乘积的累加。当采用模态法(或颤振法)进行计算时，如果取所有的模态，则其结果与柔度法完全一致。但一般来说，取前若干阶模态就可以获得较满意的分析结果。

1. 柔度法

采用柔度法进行发散分析和计算的特征方程为

$$\left(\boldsymbol{T}_{\mathrm{cs}}^{zz}\boldsymbol{C}^{zz}\boldsymbol{T}_{\mathrm{As}}^{\mathrm{T}}\overline{\boldsymbol{A}}\boldsymbol{T}_{\mathrm{cc}}^{\theta z}-\frac{1}{q_{\mathrm{D}}}\boldsymbol{I}\right)\boldsymbol{u}_{\mathrm{c}}=\boldsymbol{0} \tag{4.23}$$

式中，$\boldsymbol{u}_{\mathrm{c}}$ 是气动网格控制点位移变形向量；$\boldsymbol{T}_{\mathrm{cs}}^{zz}$ 是将结构结点(简称结点)的位移向量 $\boldsymbol{u}_{\mathrm{s}}$ 转化为 $\boldsymbol{u}_{\mathrm{c}}$ 的转换矩阵；$\boldsymbol{C}^{zz}$ 是基于结点的柔度影响系数矩阵；$\boldsymbol{T}_{\mathrm{As}}^{\mathrm{T}}$ 是将 $\boldsymbol{u}_{\mathrm{s}}$ 转化为气动网格压力点位移变形向量 $\boldsymbol{u}_{\mathrm{A}}$ 的转换矩阵的转置矩阵；$\overline{\boldsymbol{A}}$ 是定常空气动力影响系数矩阵；$\boldsymbol{T}_{\mathrm{cc}}^{\theta z}$ 是将 $\boldsymbol{u}_{\mathrm{c}}$ 转化为网格控制点顺气流角位移变形列阵 $\boldsymbol{\theta}$ 的转换矩阵；q_{D} 是发散动压；$\boldsymbol{I}$ 是单位矩阵。

解特征方程(4.23)，找出矩阵 $\boldsymbol{T}_{\mathrm{cs}}^{zz}\boldsymbol{C}^{zz}\boldsymbol{T}_{\mathrm{As}}^{\mathrm{T}}\overline{\boldsymbol{A}}\boldsymbol{T}_{\mathrm{cc}}^{\theta z}$ 的最大特征值，其倒数即为最低发散动压。

2. 模态法

采用模态法进行发散分析和计算的特征方程为

$$(\boldsymbol{K}-q_{\mathrm{D}}\boldsymbol{A}_{\mathrm{s}})\boldsymbol{q}=\boldsymbol{0} \tag{4.24}$$

式中，$\boldsymbol{K}$ 是广义刚度矩阵；$\boldsymbol{A}_{\mathrm{s}}$ 是广义定常气动力影响系数矩阵；$\boldsymbol{q}$ 是广义坐标列阵。

解特征方程(4.24)，找出矩阵 $\boldsymbol{A}_{\mathrm{s}}^{-1}\boldsymbol{K}$ 的最小特征值，即为最低发散动压。

3. 颤振法

采用颤振法进行发散分析和计算的基本方程(与颤振方程相同)为

$$-\left(\frac{kV}{b_0}\right)^2\boldsymbol{Mq}+(1+\mathrm{i}g)\boldsymbol{Kq}-\frac{1}{2}\rho V^2\boldsymbol{A}_{\mathrm{u}}\boldsymbol{q}=\boldsymbol{0} \tag{4.25}$$

式中，k 为减缩频率；V 为气流速度；b_0 为参考弦长；g 为结构阻尼；$\boldsymbol{M}$ 为广义质量矩阵；$\boldsymbol{A}_{\mathrm{u}}$ 为广义非定常气动力系数矩阵；ρ 为大气密度；V 为来流速度。

在使用颤振法计算发散时，一般在求解颤振方程时先假设一个很小的 k(约 0.000 1～

0.001)，如果对应于该 k，$V-g$ 图中有某一分支穿越零阻尼线，此时所对应的颤振速度就是发散速度。

广义非定常气动力矩阵与广义定常气动力矩阵有关系

$$\boldsymbol{A}_{\mathrm{u}}=\boldsymbol{A}_{\mathrm{s}}+\boldsymbol{A}_k \tag{4.26}$$

式中，$\boldsymbol{A}_k$ 为非定常气动力矩阵中与 k 有关的项，当 k 趋近于零时，该项值很小，可以忽略不计，此时 $\boldsymbol{A}_{\mathrm{u}}\approx\boldsymbol{A}_{\mathrm{s}}$。另外，当 k 很小时，式(4.25)中第一项也可以忽略不计。如果 $V-g$ 图中有某一分支发生穿越，则在穿越点处阻尼为零，即 $g=0$，这样，颤振方程就退化为用模态法求解发散的特征方程式(4.24)，因此颤振法本质上就是模态法。

4.1.4 影响发散分析结果的因素

影响发散分析结果准确性的因素主要有气动力的准确性以及结构的准确性。发散方程中气动力的表述通常采用气动力影响系数矩阵，因此影响系数的精度直接影响分析结果的精度，为了提高精度，可以采用 CFD 的分析结果或风洞试验的结果对气动力影响系数矩阵进行修正。结构分析结果的精度主要受边界条件和连接关系模拟的真实程度以及有限元网格的影响，为了提高分析求解精度，需要首先获得高质量的结构有限元模型。此外，结构和气动力的非线性因素也会对发散产生一定影响，由于非线性因素的存在，结构在出现发散时的扭转变形不会是无限大，而是一个比较大的确定值。当然，最终的分析结果还需要通过风洞试验或飞行试验进行验证。

4.2 载荷重新分布

载荷重新分布问题是飞机设计的重要组成部分，有时又把它称为弹性结构飞行载荷问题或静气动弹性响应问题。载荷的准确预估或精确计算是一项多学科、多专业的综合过程，必须考虑结构弹性、气动力以及飞行动力学之间的耦合因素，并应具有理论与实验方面的技巧和经验。一方面要获得考虑结构弹性变形修正之后的气动力压力分布，另一方面也要获得结构在惯性载荷以及考虑弹性变形之后的气动载荷作用下的变形和应力等。

实践表明，只有在获得比较准确的载荷数据和气动导数数据的前提下，设计出的飞机才有可能可靠地满足给定的飞机规范(如飞行品质规范和强度与刚度规范等)。以往，由于在设计中忽略结构、气动和控制间的耦合，弹性效应往往只能在设计的晚期才能被确定和定量化，因此常常导致结构质量增加、气动性能降低和进行昂贵的再设计。随着现代飞机对大速度和低质量等性能要求的不断提高，飞机结构的柔性逐渐增大，考虑气动弹性效应后的载荷精确计算对于现代飞机来说就显得更加重要。

4.2.1 载荷重新分布的基本原理

这里依旧使用图 4.1 的二元翼段为例，说明载荷重新分布的基本原理。

将式(4.6)中的 θ 值代入升力 L 的表达式(4.1)，则有

$$L=\frac{\partial C_L}{\partial \alpha}\left(\alpha_0+\frac{\frac{\partial C_L}{\partial \alpha}eqS\alpha_0}{K_\theta-\frac{\partial C_L}{\partial \alpha}eqS}\right)qS=\frac{K_\theta\frac{\partial C_L}{\partial \alpha}}{K_\theta-\frac{\partial C_L}{\partial \alpha}eqS}\alpha_0 qS \tag{4.27}$$

可见，在发散条件式(4.7)成立时，升力亦同样趋于无穷大。而当动压 q 小于发散动压 q_D 时，式(4.27)的分母将大于零，此时式(4.27)具有确定值，升力将随动压而改变。这种现象就属于载荷重新分布问题。

综上所述，可以用一个框图来表示气动力与弹性系统之间的关系。图 4.3 所示的 α_0 可称为输入攻角，升力 L 是输出，弹性扭角 θ 则是系统的反馈量。由此可见，气动弹性问题就是当系统具有弹性反馈时的气动问题。

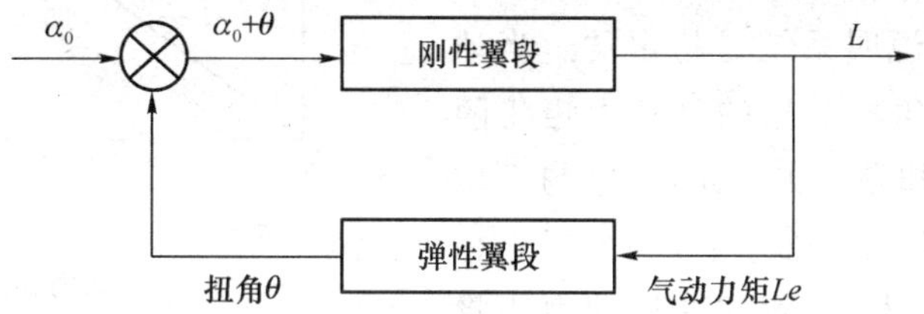

图 4.3　弹性机翼的气动弹性反馈

观察式(4.6)可以发现，如果将其分子、分母同除以 K_θ，则有

$$\theta=\frac{\frac{\partial C_L}{\partial \alpha}eqS\alpha_0/K_\theta}{1-\frac{\partial C_L}{\partial \alpha}eqS/K_\theta} \tag{4.28}$$

式(4.28)的分子项表示当不考虑气动弹性效应所附加的气动力时，弹性扭角 θ 就是在原先 α_0 攻角下的气动力所产生的弹性扭角，记作 θ^r，即

$$\theta^r=\frac{\partial C_L}{\partial \alpha}eqS\alpha_0/K_\theta \tag{4.29}$$

利用式(4.8)，则式(4.28)与式(4.29)的比成为

$$\frac{\theta}{\theta^r}=\frac{1}{1-\frac{\partial C_L}{\partial \alpha}eqS/K_\theta}=\frac{1}{1-\frac{q}{q_D}} \tag{4.30}$$

式(4.30)表示考虑了气动弹性效应后的弹性扭转变形的放大因子，当动压趋近于发散动压时，扭角 θ 将急剧增大。当然对于任何实际升力面，弹性扭角不可能达到无穷大，因为弹性扭转与气动力矩之间的线性关系只能在小攻角时成立，当攻角稍大时，这种关系早已不符合了。但是，弹性扭转加大，会使结构破坏。因此，飞行器的允许飞行速度必须低于升力面的发散速度。

当式(4.5)的等号右边不为零时，也就是在一定的初始攻角 α_0 下，式(4.5)将成为变量 θ 的非齐次方程，于是在 θ 的系数不等于零的条件下，θ 可有确定值。而只有当动压 q 小于发散动压 q_D 时，系数才不等于零。有了 θ 的确定值，就可以根据式(4.1)求得在考虑气动弹性效应后的升力 L。这个问题就是载荷重新分布问题。根据以上所述，可以了解到扭转发散与载荷重新分布具有密切的联系，但又有本质的区别，并且不可能同时存在。从数学上讲，求发散动压属于求解方程(4.10)的特征值问题，参数 q_D 是其特征值。由此可以得到确定发散动压 q_D

的一般方法。而载荷重新分布问题则是个非齐次方程问题。

如果再把式(4.10)改写为

$$K_\theta \theta = \frac{\partial C_L}{\partial \alpha} eqS\theta$$

则可以更明显地看出它的力学意义，即假想系统产生一个小的扭角 θ，当 $q = q_D$ 时，因 θ 而附加的气动力恰好与扭角 θ 产生的弹簧扭矩相平衡。在力学中这是静力稳定性问题。q_D 就是随遇平衡的临界值。上式中等号左右的两项若都以 q 为横坐标，可以画出如图 4.4 所示的两条直线。图中表示，当 q 值较小时，附加的气动力矩小于弹簧扭矩，说明系统是稳定的。当动压增大时，同样的 θ 角所产生的气动力矩将随之增大，而弹簧扭矩却是一个恒定值，它与动压无关。所以必定在某一动压 q 下，两个扭矩相等。当动压再继续增大时，附加的气动力矩将超过弹簧的恢复力矩，从而微小的扭角 θ 都会使系统成为弹性静不稳定。按照图 4.4 中的交点，可以确定发散动压 q_D。

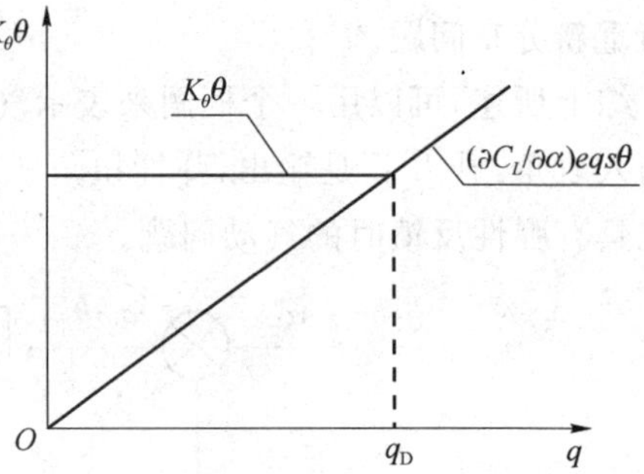

图 4.4 弹性反作用力矩和附加气动力矩随动压的变化

4.2.2 翼根固支机翼的载荷重新分布

对于图 4.2 所示的长直机翼，4.1.2 小节中已经得出了机翼微段的平衡方程(4.16)及边界条件式(4.17)。这里，仍然采用片条理论，所以仍然以式(4.16)作为基础。

对于载荷重新分布(简称载荷分布)问题，前面已经讲过，讨论它的前提是飞行动压 q 要小于发散动压 q_D，即机翼尚未达到失去静稳定平衡的临界状态。所以，这里要解决的问题是，机翼将在什么样的扭转变形 $\theta(y)$ 下达到平衡。有了这一扭角分布 $\theta(y)$，载荷(升力)的分布也就能确定了。

现在来看式(4.16)，其等号右边不为零，在一定初始攻角 α_0 和飞行过载 N 下是个确定值，式(4.16)成为非齐次方程。对于均匀机翼，把式(4.16)改写为形式

$$\frac{d^2\theta}{dy^2} + \lambda^2\theta = K \tag{4.31}$$

式中

$$\lambda^2 = \frac{qCe}{GJ}\frac{\partial C_L}{\partial \alpha}$$

$$K = -\frac{1}{GJ}\left(\frac{\partial C_L}{\partial \alpha}\alpha_0 qCe + C_{m_0} C^2 q - Nmgd\right)$$

式(4.31)的通解为

$$\theta(y) = A\sin\lambda y + B\cos\lambda y + \frac{K}{\lambda^2} \tag{4.32}$$

式中，积分常数由边界条件式(4.17)确定，所以有

$$A=-\frac{K}{\lambda^{2}}\tan\lambda l$$

$$B=-\frac{K}{\lambda^{2}}$$

由此得到扭角

$$\theta(y)=\frac{K}{\lambda^{2}}(1-\tan\lambda l\sin\lambda y-\cos\lambda y) \tag{4.33}$$

式中，当 $\lambda l\to\pi/2$ 时，$\theta\to\infty$，即当机翼达到发散动压的状态时，弹性变形达到无穷大。这个结果与 4.1.2 小节中是一致的。

若保持攻角 α_0 为定值，则机翼上的载荷分布可表示为

$$L(y)=\frac{\partial C_L}{\partial\alpha}[\alpha_0+\theta(y)]qC=L^{r}+\Delta L(y) \tag{4.34}$$

式中

$$L^{r}=\frac{\partial C_L}{\partial\alpha}\alpha_0 qC$$

是刚硬机翼上的载荷，而

$$\Delta L(y)=\frac{\partial C_L}{\partial\alpha}\theta(y)qC$$

则是弹性扭转变形所附加的载荷。不失一般性，不妨令 $d=0$，$C_{m_0}=0$，并利用式(4.31)和式(4.33)，则

$$\Delta L(y)=\alpha_0(\cos\lambda y+\tan\lambda l\sin\lambda y-1)\frac{\partial C_L}{\partial\alpha}qC \tag{4.35}$$

于是，弹性机翼的载荷与刚硬机翼的载荷比为

$$\frac{L}{L^{r}}=\frac{L^{r}+\Delta L}{L^{r}}=\cos\lambda y+\tan\lambda l\sin\lambda y \tag{4.36}$$

这个分布表示在图 4.5 中。

如果质心与弹性轴不重合(实际上往往是这样的)，即 $d\neq0$，此时，问题的求解就与过载系数 N 有关。从式(4.31)中可以反映出这一点。此时，为了保持 α_0 为定值(这意味着飞行姿态一定)，还要寻求过载系数 N。为此要附加一个全机平衡的条件，即飞机总升力与质量力平衡，有

$$q\alpha_0\int_0^l C\frac{\partial C_L}{\partial\alpha}\mathrm{d}y+q\int_0^l C\frac{\partial C_L}{\partial\alpha}\theta\mathrm{d}y=\frac{1}{2}NW \tag{4.37}$$

式中，W 是飞机总质量。将式(4.33)代入式(4.37)，则可得

$$N=\frac{\alpha_0\dfrac{\partial C_L}{\partial\alpha}\dfrac{\tan\lambda l}{\lambda l}+\dfrac{C}{e}C_{m_0}\left(\dfrac{\tan\lambda l}{\lambda l}-1\right)}{\dfrac{\dfrac{W}{2l}-\dfrac{mgd}{e}\left(1-\dfrac{\tan\lambda l}{\lambda l}\right)}{qC}} \tag{4.38}$$

这样，就可按式(4.33)得到 $\theta(y)$。于是可计算出载荷分布为

$$L=\frac{\partial C_L}{\partial\alpha}[\alpha_0+\theta(y)]qC$$

应当指出，载荷重新分布问题通常分两种情况：一种是寻求保持飞机在一定攻角 α_0 下的过载系数 N 和相应的载荷分布，这种情况就是前面所假定的情况；另一种是寻求保持飞机在过载一定(即总升力一定)条件下的载荷分布及相应的飞机攻角 α_0。但不论哪一种情况，为了求得 N 或 α_0，都可按不同情况附加不同平衡条件，从而使问题得到解决。

图 4.5 和图 4.6 中的两组曲线分别是对应两种不同情况给出的载荷重新分布。

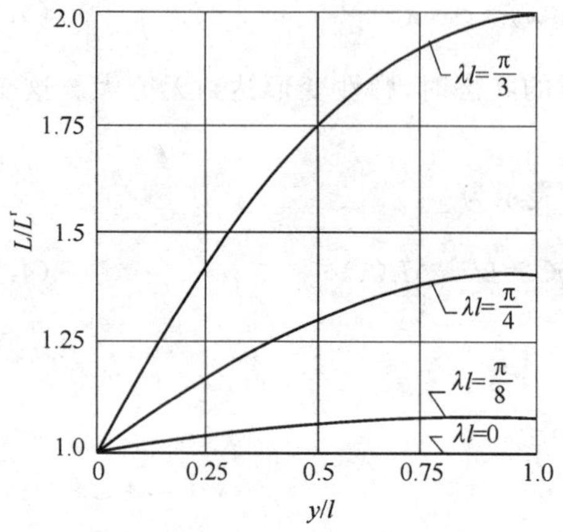

图 4.5 均匀机翼的升力重新分布(攻角一定)

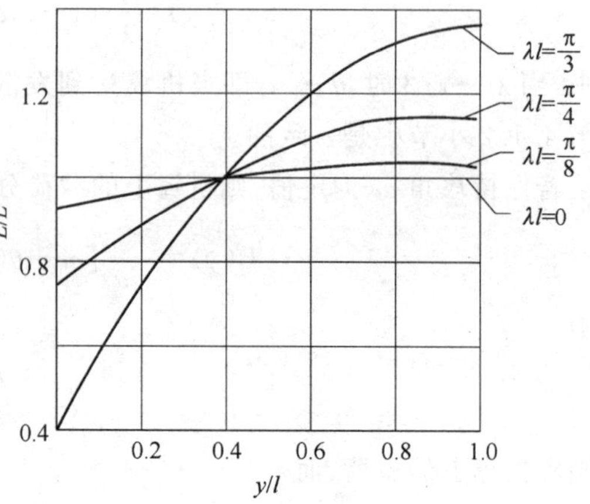

图 4.6 均匀机翼的升力重新分布(总升力一定)

图 4.5 表示了第一种情况下的载荷分布。由图可见，随着 λl(它反映了动压 q)的提高，弹性影响不断增加，不仅载荷加大，而且压力中心向翼尖移动，使翼根弯矩增大。

图 4.6 表示了第二种情况下的载荷分布。同样可以看出，动压增高，弹性影响增加，压力中心也向翼尖移动。不同的是翼根处的载荷反而减小一点，这是因为在第二种情况下为保持机翼总升力不变所致。因此，总的来说，在翼面设计时，弹性影响所引起的载荷重新分布问题是具有重要意义的，如果按刚硬机翼上的载荷来进行设计可能是不安全的。

4.2.3 载荷重新分布的工程分析方法

在对飞机进行飞行载荷分析时，结构分析方法一般采用线性有限元方法提供刚度和质量矩阵(为了简化气动和结构分析模块之间的界面，往往还采用模态法)，而气动力分析方法则有线性和非线性两类。在选用气动力分析方法时，一般在概念设计阶段和初步设计阶段使用线性气动力面元法提供线性气动力数据，而在详细设计阶段则使用非线性气动力方法(如 CFD)或风洞测压试验提供非线性气动力数据。

在飞行载荷分析中考虑结构弹性变形对气动力的影响一般有两种方法：柔度法和模态法。柔度法通常基于有限元方法获得柔度矩阵或刚度矩阵，具有较高的精度，但对于复杂结构的飞机，求解矩阵会变得庞大，计算耗费也随之变大。模态法采用模态降阶方法，通常取前若干阶模态来表示结构的刚度和质量特性，相比柔度法来说，计算耗费较小。此外，使用模态法进行分析时不需要有具体的结构模型，而只需要结构模态，这有利于专业技术部门之间的协调和数据传递。这里重点对使用模态法和面元法的飞行载荷分析方法进行介绍。

1. 静气动弹性响应分析

在给定的飞行条件下，飞行载荷可表示为气动力与惯性载荷之差，即

$$\boldsymbol{K}\boldsymbol{u}=\boldsymbol{F}_{\mathrm{A}}-\boldsymbol{F}_{\mathrm{I}} \tag{4.39}$$

式中，$\boldsymbol{K}$ 为结构刚度矩阵；$\boldsymbol{u}$ 为结构位移矢量；$\boldsymbol{F}_{\mathrm{A}}$ 与 $\boldsymbol{F}_{\mathrm{I}}$ 分别为气动力载荷矢量和惯性载荷矢量。

$\boldsymbol{K}\boldsymbol{u}$ 代表结构内应力，气动力 $\boldsymbol{F}_{\mathrm{A}}$ 可分为两部分：飞机刚体气动力 $\boldsymbol{F}_{\mathrm{AR}}$ 和结构变形引起的附加弹性气动力 $\boldsymbol{F}_{\mathrm{AE}}$，表示为

$$\boldsymbol{F}_{\mathrm{A}}=\boldsymbol{F}_{\mathrm{AR}}+\boldsymbol{F}_{\mathrm{AE}} \tag{4.40}$$

飞机刚体气动力可表示为配平变量的函数形式，即

$$\boldsymbol{F}_{\mathrm{AR}}=\boldsymbol{F}_{\mathrm{AR}}(\alpha,\beta,p,q,r,\delta_i,\cdots) \tag{4.41}$$

式中，α 为攻角；β 为侧滑角；p，q 和 r 分别为滚转速率、俯仰速率和侧滑速率；δ_i 代表第 i 个控制面的偏转角。

结构弹性变形引起的附加气动力可以由气动力影响系数矩阵表示为

$$\boldsymbol{F}_{\mathrm{AE}}=q_\infty\boldsymbol{G}^{\mathrm{T}}\boldsymbol{A}\boldsymbol{G}\boldsymbol{u}=q_\infty\overline{\boldsymbol{A}}\,\boldsymbol{u} \tag{4.42}$$

式中，q_∞ 为动压；$\boldsymbol{G}$ 为结构结点与气动结点之间的位移插值矩阵；$\boldsymbol{A}$ 为气动力影响系数矩阵；$\overline{\boldsymbol{A}}$ 为 $\boldsymbol{A}$ 定义在结构结点的气动力影响系数矩阵。

惯性力由飞机的加速度产生，即

$$\boldsymbol{F}_{\mathrm{I}}=\boldsymbol{M}\ddot{\boldsymbol{u}} \tag{4.43}$$

式中，$\boldsymbol{M}$ 为结构质量矩阵；$\ddot{\boldsymbol{u}}$ 为包含结构变形加速度向量和刚体加速度向量的加速度向量。

相比刚体机动加速度，可以忽略结构弹性变形加速度，故由结构弹性变形产生的惯性力可以忽略。由刚体运动加速度引起的惯性力可由飞机的刚体模态表示为

$$\boldsymbol{F}_{\mathrm{I}}=\boldsymbol{M}\boldsymbol{\phi}_{\mathrm{R}}\ddot{\boldsymbol{u}}_{\mathrm{R}} \tag{4.44}$$

式中，$\boldsymbol{\phi}_{\mathrm{R}}$ 为刚体模态；$\ddot{\boldsymbol{u}}_{\mathrm{R}}$ 为刚体运动的加速度，表示为

$$\ddot{\boldsymbol{u}}_{\mathrm{R}}=\begin{bmatrix}\ddot{x}\\ \ddot{y}\\ \ddot{z}\\ \dot{p}\\ \dot{q}\\ \dot{r}\end{bmatrix} \tag{4.45}$$

式中，$\ddot{x}$，$\ddot{y}$ 和 $\ddot{z}$ 分别为 x，y 和 z 方向的运动加速度；$\dot{p}$，$\dot{q}$ 和 $\dot{r}$ 分别为 x，y 和 z 方向的角加速度。

综上所述，飞机静气动弹性响应方程可表示为

$$\boldsymbol{K}\boldsymbol{u}+\boldsymbol{M}\boldsymbol{\phi}_{\mathrm{R}}\ddot{\boldsymbol{u}}_{\mathrm{R}}=\boldsymbol{F}_{\mathrm{AR}}+\boldsymbol{F}_{\mathrm{AE}} \tag{4.46}$$

2. 结构分析模态法

在模态法中，结构位移可写成飞机刚体模态 $\boldsymbol{\phi}_{\mathrm{R}}$ 和弹性模态 $\boldsymbol{\phi}_{\mathrm{E}}$ 的线性组合，即

$$\boldsymbol{u}=[\boldsymbol{\phi}_{\mathrm{R}}\quad\boldsymbol{\phi}_{\mathrm{E}}]\begin{bmatrix}\boldsymbol{\xi}_{\mathrm{R}}\\ \boldsymbol{\xi}_{\mathrm{E}}\end{bmatrix} \tag{4.47}$$

式中，$\boldsymbol{\xi}_{\mathrm{R}}$ 和 $\boldsymbol{\xi}_{\mathrm{E}}$ 分别为刚体和弹性广义位移，弹性模态在配平分析中占有一定数量。

在广义坐标系下，式(4.46)可写为

$$\begin{bmatrix} \boldsymbol{K}_{RR} & \boldsymbol{K}_{RE} \\ \boldsymbol{K}_{ER} & \boldsymbol{K}_{EE} \end{bmatrix}\begin{bmatrix} \boldsymbol{\xi}_R \\ \boldsymbol{\xi}_E \end{bmatrix} + \begin{bmatrix} \boldsymbol{M}_{RR} & \boldsymbol{M}_{RE} \\ \boldsymbol{M}_{ER} & \boldsymbol{M}_{EE} \end{bmatrix}\begin{bmatrix} \ddot{\boldsymbol{\xi}}_R \\ \ddot{\boldsymbol{\xi}}_E \end{bmatrix} = \begin{bmatrix} \overline{\boldsymbol{F}}_{AR} \\ \overline{\boldsymbol{F}}_{AE} \end{bmatrix} \tag{4.48}$$

式中

$$\boldsymbol{M}_{RR} = \boldsymbol{\phi}_R^T \boldsymbol{M} \boldsymbol{\phi}_R, \quad \boldsymbol{M}_{EE} = \boldsymbol{\phi}_E^T \boldsymbol{M} \boldsymbol{\phi}_E, \quad \boldsymbol{M}_{ER} = \boldsymbol{M}_{RE}^T = \boldsymbol{\phi}_E^T \boldsymbol{M} \boldsymbol{\phi}_R$$

$$\boldsymbol{K}_{RR} = \boldsymbol{\phi}_R^T \boldsymbol{K} \boldsymbol{\phi}_R, \quad \boldsymbol{K}_{EE} = \boldsymbol{\phi}_E^T \boldsymbol{K} \boldsymbol{\phi}_E, \quad \boldsymbol{K}_{ER} = \boldsymbol{K}_{RE}^T = \boldsymbol{\phi}_E^T \boldsymbol{K} \boldsymbol{\phi}_R$$

$$\overline{\boldsymbol{F}}_{AR} = \boldsymbol{\phi}_R^T \boldsymbol{F}_A, \quad \overline{\boldsymbol{F}}_{AE} = \boldsymbol{\phi}_E^T \boldsymbol{F}_A \tag{4.49}$$

由于飞机的刚体运动与弹性模态存在正交性，即 $\boldsymbol{M}_{ER} = \boldsymbol{M}_{RE}^T = \boldsymbol{0}$，$\boldsymbol{K}_{RR} = \boldsymbol{0}$，$\boldsymbol{K}_{ER} = \boldsymbol{K}_{RE}^T = \boldsymbol{0}$；同时相比刚体机动加速度可以忽略弹性加速度，即 $\boldsymbol{M}_{EE}\ddot{\boldsymbol{\xi}}_E = \boldsymbol{0}$，因此，飞机的静气动弹性平衡方程可写为两个独立的等式方程，一个是关于刚体运动，另一个是关于弹性运动，即

$$\boldsymbol{M}_{RR}\ddot{\boldsymbol{\xi}}_R = \overline{\boldsymbol{F}}_{AR} \tag{4.50}$$

$$\boldsymbol{K}_{EE}\boldsymbol{\xi}_E = \overline{\boldsymbol{F}}_{AE} \tag{4.51}$$

式(4.50)用来求解气动力配平参数，如攻角、侧滑角、控制面偏角和滚转速率。弹性变形的影响也包含在广义力矢量 $\overline{\boldsymbol{F}}_{AR}$ 中。式(4.51)用来求解相关气动力参数和设定飞行条件下的弹性变形。在进行分析时可以利用风洞试验数据进行修正以获得更精确的结果。

3. 定常气动力分析方法

气动力分析方法对分析结果的精确性具有较大影响，在动气动弹性分析中通常可以忽略弯度和厚度的影响，但在静气动弹性响应分析中就不能忽略弯度和厚度的影响。通常有以下几种定常气动力分析用于静气动弹性响应分析。

(1) 线性分析方法

基于线化气动力势能理论的面元法能够在亚声速和超声速情况下快速提供相对初步的气动力载荷。不过，如果把它们用于流场压缩效应显著的跨声速范围则得不到足够的求解精度。这类方法的优点是不仅计算耗费较小，而且能够很好地与结构有限元分析方法相结合，是在工程气动弹性分析中广为使用的一类方法。使用该方法只需求解线性方程组即可得到所需结果，而不需进行反复迭代。这类方法是目前国内外普遍使用的一类方法，已经应用于许多飞机型号的设计中。NASTRAN，ASTROS 和 FASTOP 等工程结构有限元分析软件的气动弹性模块都使用这类气动力分析方法。

以下仅就亚声速定常气动力分析面元法进行介绍。忽略时间相关项，可得到亚声速小扰动位势流方程

$$(1 - Ma_\infty^2)\frac{\partial^2 \phi}{\partial x^2} + \frac{\partial^2 \phi}{\partial y^2} + \frac{\partial^2 \phi}{\partial z^2} = 0 \tag{4.52}$$

式中，Ma_∞ 为无穷远处来流的马赫数，ϕ 为小扰动速度势函数。气动力分析坐标系如图 4.7 所示。

线性气动力计算方法可分为基于小扰动位势流理论的低阶面元法和高阶面元法。气动力计算模型可以为两种类型：平板气动力模型和三维实体气动力模型。对于平板气动力模型，低阶面元方法在压力点和控制点的分布位置上受到一定限制，分别分布在每个气动网格 1/4 和 3/4 弦线上。然而，高阶面元法不需要特定位置的奇点分布，压力点和控制点分布基于大量不同翼型和气流条件下的数值模拟。对于基于真实几何外形建立的三维气动力模型，在每个面

元和结点上分别分布连续点源和偶极子。这种线性的偶极子分布就是所谓的元素奇点分布，如图 4.8 所示。

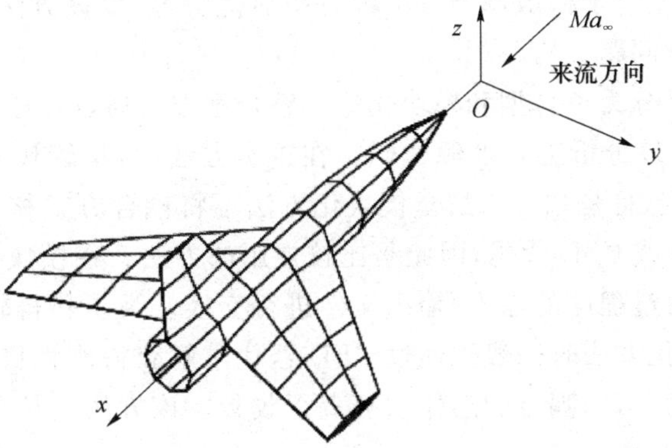

图 4.7　气动力分析坐标系

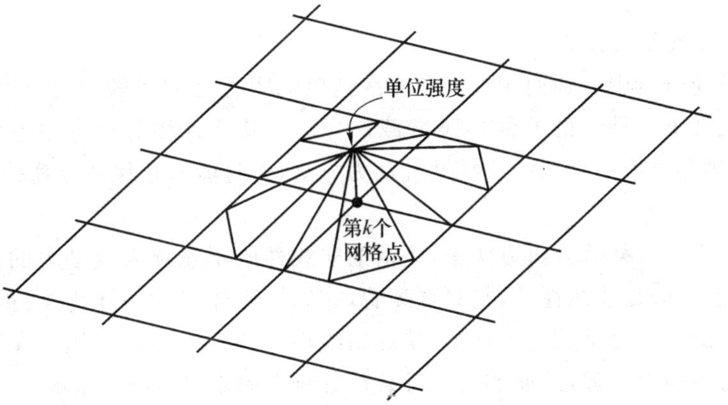

图 4.8　结点元素奇点分布

在每个面元上，定义两个边界条件来求解点源和偶极子强度：

① 诺伊曼边界条件

$$\frac{\partial \phi}{\partial n} = -\vec{V}_\infty \cdot \vec{n}$$

② 狄利克雷边界条件

$$\phi_L = 0$$

零力条件

$$\frac{\partial \phi}{\partial x} = 0$$

用来满足尾流影响。通过建立定常的边界条件可以得到气动压力和气动力导数等。

(2) 非线性气动力方法

采用线性气动力方法进行飞行载荷分析的适用范围是比较有限的。在气动力的非线性行为比较强烈的情况下（如亚声速情况和大攻角/大舵角情况，此时激波、旋涡、分离问题都非常突出），就必须采用非线性气动力方法，即将基于高精度 N－S 方程（适用于粘性流）或 Euler 方程（适用于非粘性流）的 CFD 方法和结构分析方法（简称 CSD）相结合求解。求解气动力为非线性的气动弹性耦合的方法通常分为两类：紧密耦合方法和松散耦合方法。

紧密耦合方法要求同时求解 CFD 和 CSD 方程，并需要对每个学科方程进行重新构造。由于计算量非常大，且相对于松散耦合方法没有明显优势，所以该方法较少应用，有关文献也仅限于解决简单的二维问题。

松散耦合方法又可分为整合型和模块化型。整合型方法通过在任何一个代码中引入耦合方案来改变 CSD 或 CFD 分析工具的源代码。在这类方法中，尽管代码是整合的，但 CFD 和 CSD 的方程并未被改变，且是独立求解。模块化方法不将耦合方案整合到 CFD 或 CSD 代码中，允许使用多种 CFD 或 CSD 代码，因此是比较常用的方法。在模块化方法中，CFD 和 CSD 代码之间的边界信息通过程序的输入/输出文件进行交换。为了获得较快的收敛速度和防止迭代发散，在使用模块化方法时一般先通过 CFD 迭代求解获得刚性稳态解，然后在此基础上引入结构耦合进行气动/结构耦合的迭代求解直至收敛。该方法比从自由流状态开始就进行气动/结构耦合的迭代要快得多。

基于非线性气动力的飞行载荷分析方法在国外使用较多，形成了一些比较成熟的分析体系和软件，有多种气动力分析方法可供使用。这类方法唯一的缺点是分析耗费非常大。

(3) 准非线性气动力方法

基于飞行载荷分析中分别使用线性和非线性气动力方法的优缺点，国外飞行载荷分析领域的研究人员发展了一种新的非线性飞行载荷分析方法。这类分析方法不仅能够在分析气动/结构之间的耦合时使用复杂的非线性气动力方法，而且能够在保证计算精度的前提下大大节省计算耗费。

在这种非线性飞行载荷分析方法中，所谓的非线性既不意味着气动力的计算方法是非线性的，也不意味着结构是非线性的，它只意味着，非线性刚体气动力作为飞行器的攻角和平尾偏度等飞行参数的非线性函数引入计算，并使用线性气动力影响系数矩阵在平衡状态下对刚性气动载荷进行弹性化处理，进而实现飞行载荷分析中的非线性配平求解。

4. 气动结构插值

在气动弹性分析中，力和位移通常以结构结点为基础进行表述，气动力则往往是基于气动力网格的，而结构结点和气动力网格的压力点通常是不重合的，需要通过插值方法将结构与气动力耦合在一起，即将结构的变形插值到气动力网格上，而将气动力映射到结构结点上。

结构结点的位移 $\boldsymbol{u}_{\mathrm{g}}$ 和气动力网格点的位移 $\boldsymbol{u}_{\mathrm{k}}$ 可用公式表示为

$$\boldsymbol{u}_{\mathrm{k}}=\boldsymbol{G}_{\mathrm{kg}}\boldsymbol{u}_{\mathrm{g}} \tag{4.53}$$

式中，$\boldsymbol{G}_{\mathrm{kg}}$ 为 $\boldsymbol{u}_{\mathrm{g}}$ 向 $\boldsymbol{u}_{\mathrm{k}}$ 的插值矩阵。

根据虚功原理，气动力 $\boldsymbol{F}_{\mathrm{k}}$ 和与之等效的作用在结构结点上的力 $\boldsymbol{F}_{\mathrm{g}}$，在各自的位移上所作的虚功相等，即

$$\delta\boldsymbol{u}_{\mathrm{k}}^{\mathrm{T}}\boldsymbol{F}_{\mathrm{k}}=\delta\boldsymbol{u}_{\mathrm{g}}^{\mathrm{T}}\boldsymbol{F}_{\mathrm{g}} \tag{4.54}$$

式中，$\delta\boldsymbol{u}_{\mathrm{k}}$ 和 $\delta\boldsymbol{u}_{\mathrm{g}}$ 为虚位移。

将式(4.53)代入式(4.54)，可以得到

$$\delta\boldsymbol{u}_{\mathrm{g}}^{\mathrm{T}}(\boldsymbol{G}_{\mathrm{kg}}^{\mathrm{T}}\boldsymbol{F}_{\mathrm{k}}-\boldsymbol{F}_{\mathrm{g}})=\boldsymbol{0} \tag{4.55}$$

从式(4.55)可以得到

$$\boldsymbol{F}_{\mathrm{g}}=\boldsymbol{G}_{\mathrm{kg}}^{\mathrm{T}}\boldsymbol{F}_{\mathrm{k}} \tag{4.56}$$

5. 气动力导数与气动力系数的关系

气动力导数与飞行力学性能和控制系统设计密切相关。在前面的静气动弹性响应即飞行载荷分析方程的基础上，可以通过定义单位攻角、单位侧滑角、单位舵偏角的方法求出气动力和气动力力矩对这些参数的导数。如果在分析中忽略弹性的影响，则所得到的为刚性气动力导数；如果考虑了弹性影响，则为弹性气动力导数。气动力导数通常是针对线性气动力而言的，在这种气动力情况下，气动力导数与攻角和舵偏角无关，且通常能在小攻角下得到满足。而在非线性气动力中，使用导数就很不方便，因为此时不同攻角和舵偏角情况下的气动力导数都不一样。

在飞行力学分析中通常使用如图 4.9 所示的体轴坐标系。空气动力系数的正方向与坐标轴相同，空气动力矩系数的正方向按右手法则确定。侧向力和法向力分别指 y 轴和 z 轴的空气力，这里不考虑沿 x 轴的气动力。滚转力矩、俯仰力矩和偏航力矩分别指绕 x，y 和 z 轴的空气动力矩。通常规定副翼偏角以左副翼后缘向下、右副翼后缘向上为正。方向舵偏角以后缘向右为正。升降舵偏角都以后缘向上为正。该坐标原点通常位于质心处，x 轴指向机头，与来流平行；y 轴沿翼展方向向右；z 轴垂直向下。

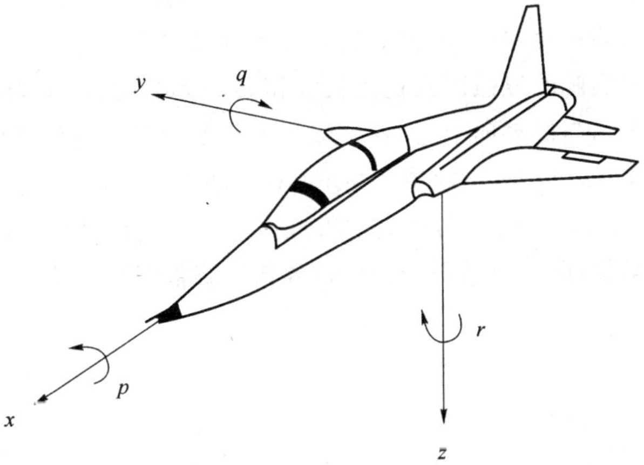

图 4.9 气动力分析体轴坐标系

对于结构对称的飞行器，在线性假设的条件（如小扰动、小变形、小攻角和小侧滑角等）下，纵向气动力导数与横、航向气动力导数之间可以认为是相互不耦合的。这样，在不考虑阻力系数和采用线性气动力的情况下，考虑弹性影响的飞行器的气动力系数、气动力矩系数和气动力导数之间的关系一般可用如下方程表示为

$$C_z = C_{z_0} + C_{z_\alpha}\alpha + C_{z_{\delta_e}}\delta_e + C_{z_{\frac{q\bar c}{2V}}}\frac{q\bar c}{2V} + C_{z_{\frac{\ddot z}{g}}}\frac{\ddot z}{g} + C_{z_{\frac{\dot q\bar c}{2g}}}\frac{\dot q\bar c}{2g} \tag{4.57}$$

$$C_m = C_{m_0} + C_{m_\alpha}\alpha + C_{m_{\delta_e}}\delta_e + C_{m_{\frac{q\bar c}{2V}}}\frac{q\bar c}{2V} + C_{m_{\frac{\ddot z}{g}}}\frac{\ddot z}{g} + C_{m_{\frac{\dot q\bar c}{2g}}}\frac{\dot q\bar c}{2g} \tag{4.58}$$

$$C_y = C_{y_\beta}\beta + C_{y_{\delta_a}}\delta_a + C_{y_{\delta_r}}\delta_r + C_{y_{\frac{pl}{2V}}}\frac{pl}{2V} + C_{y_{\frac{rl}{2V}}}\frac{rl}{2V} + C_{y_{\frac{\ddot y}{g}}}\frac{\ddot y}{g} + C_{y_{\frac{\dot p l}{2g}}}\frac{\dot p l}{2g} + C_{y_{\frac{\dot r l}{2g}}}\frac{\dot r l}{2g} \tag{4.59}$$

$$C_l = C_{l_\beta}\beta + C_{l_{\delta_a}}\delta_a + C_{l_{\delta_r}}\delta_r + C_{l_{\frac{pl}{2V}}}\frac{pl}{2V} + C_{l_{\frac{rl}{2V}}}\frac{rl}{2V} + C_{l_{\frac{\ddot y}{g}}}\frac{\ddot y}{g} + C_{l_{\frac{\dot p l}{2g}}}\frac{\dot p l}{2g} + C_{l_{\frac{\dot r l}{2g}}}\frac{\dot r l}{2g} \tag{4.60}$$

$$C_n = C_{n_\beta}\beta + C_{n_{\delta_a}}\delta_a + C_{n_{\delta_r}}\delta_r + C_{n_{\frac{pl}{2V}}}\frac{pl}{2V} + C_{n_{\frac{rl}{2V}}}\frac{rl}{2V} + C_{n_{\frac{\ddot{y}}{g}}}\frac{\ddot{y}}{g} + C_{n_{\frac{\dot{p}l}{2g}}}\frac{\dot{p}l}{2g} + C_{n_{\frac{\dot{r}l}{2g}}}\frac{\dot{r}l}{2g} \tag{4.61}$$

式中,式(4.57)为升力系数方程,式(4.58)为俯仰力矩系数方程,式(4.59)为侧力系数方程,式(4.60)为滚转力矩系数方程,式(4.61)为偏航力矩系数方程。这些公式的具体形式与气动力计算方法有关,通常可以忽略与加速度相关的项。

4.3 机翼掠角对静气动弹性的影响

在飞行器设计中,出于空气动力学上的考虑,常把飞机机翼设计成后掠翼。对于亚声速飞机来说,后掠翼可以提高机翼上出现激波的临界速度,从而推迟激波阻力的出现。此外,后掠翼可以减小有效厚度与弦长的比值。然而,对于前掠翼来说,也具有另外一些优点,例如,气流分离首先发生在翼根附近,因而保持了翼尖副翼的操纵效率。但由于前掠翼的静气动弹性特性,尤其是前掠翼对发散速度的影响,导致很少有飞机采用前掠翼。

为了说明掠角对柔性机翼的影响,考虑图4.10所示的矩形机翼,它们分别为无掠角、后掠角和前掠角。与机翼扭转相比,机翼弯曲对机翼有效攻角的影响更大,在这里只考虑机翼中弦线向上弯曲的情况。但实际的发散形式仍是机翼扭转。无掠角、后掠角和前掠角的顺气流方向分别为AC,AD和AB,当机翼向上弯曲时,顺气流片条的有效攻角变化为:对于无掠角情况(AC),机翼弯曲没有改变攻角;对于后掠角情况(AD),顺气流有效攻角减小,因为当向上弯曲时,D点的位移大于A点;对于前掠角情况(AB),由于当向上弯曲时,A点位移大于B点,故顺气流攻角增大。结果是,前掠翼情况相比后掠翼情况降低了发散速度,而后掠翼提高了发散速度。

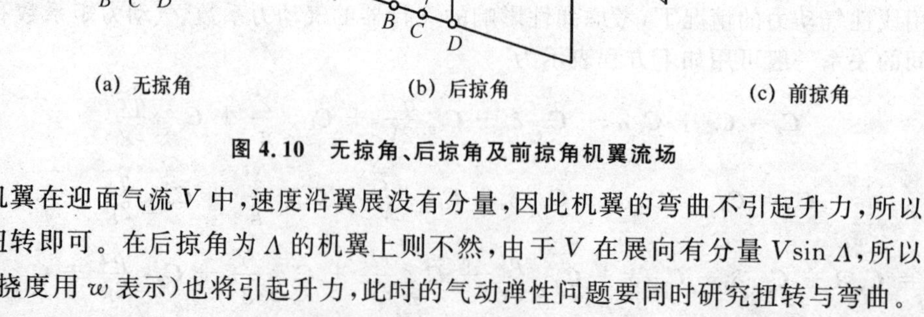

(a) 无掠角 (b) 后掠角 (c) 前掠角

图4.10 无掠角、后掠角及前掠角机翼流场

直机翼在迎面气流V中,速度沿翼展没有分量,因此机翼的弯曲不引起升力,所以只要考虑机翼扭转即可。在后掠角为Λ的机翼上则不然,由于V在展向有分量$V\sin\Lambda$,所以机翼的弯曲(其挠度用w表示)也将引起升力,此时的气动弹性问题要同时研究扭转与弯曲。

设飞机在对称面作曲线飞行,速度为V,过载系数为N。由于对称性,故只研究一个机翼,如图4.11所示。

假定机翼为细长悬臂梁,其刚轴记为$\bar{y}$,固支于机身,用有效根部表示。由于机翼转过一个后掠角Λ,对于$\bar{y}$方向的梁,其单位展长翼段(见图4.11的AB)的升力为

$$L(\bar{y})=\frac{1}{2}\rho(V\cos\Lambda)^2\bar{c}\frac{\partial\bar{C}_L}{\partial\alpha}\bar{\alpha}=q\bar{c}\frac{\partial\bar{C}_L}{\partial\alpha}\bar{\alpha}\cos^2\Lambda$$

式中，$q=\frac{1}{2}\rho V^2$；$\bar{\alpha}$ 为翼段（AB 方向）的有效攻角；$\frac{\partial\bar{C}_L}{\partial\alpha}$ 为沿 AB 方向翼型的气动力导数。

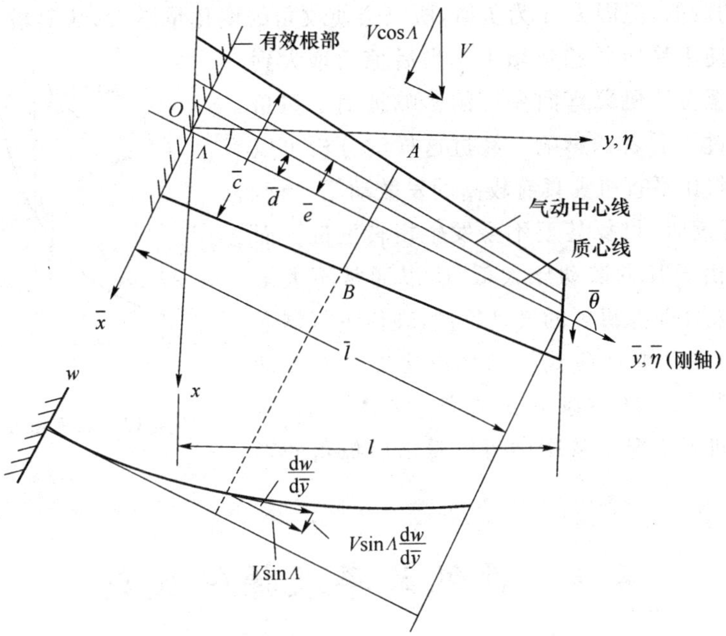

图 4.11　细长后掠机翼

当机翼没有弯曲时，有效攻角 $\bar{\alpha}$ 为

$$\bar{\alpha}=\bar{\theta}+\bar{\alpha}^r$$

若有弯曲，弯曲斜率用 $\mathrm{d}w/\mathrm{d}\bar{y}$ 表示，如图 4.12 所示，则气流引起下洗分量 $\frac{\mathrm{d}w}{\mathrm{d}\bar{y}}V\sin\Lambda$，于是

$$\bar{\alpha}=\bar{\alpha}^r+\bar{\theta}-\frac{\mathrm{d}w}{\mathrm{d}\bar{y}}V\sin\Lambda/(V\cos\Lambda)=\bar{\alpha}^r+\bar{\theta}-\frac{\mathrm{d}w}{\mathrm{d}\bar{y}}\tan\Lambda \tag{4.62}$$

式中，$\frac{\mathrm{d}w}{\mathrm{d}\bar{y}}\tan\Lambda=\bar{\alpha}_i$，从而得到单位长度上的升力为

$$L(\bar{y})=q\bar{c}\frac{\partial\bar{C}_L}{\partial\alpha}\left(\bar{\alpha}^r+\bar{\theta}-\frac{\mathrm{d}w}{\mathrm{d}\bar{y}}\tan\Lambda\right)\cos^2\Lambda \tag{4.63}$$

其作用点在气动中心上。此外，还有绕气动中心的力矩 $q\bar{C}_{m_0}\cos^2\Lambda$ 以及在质心线上的重力 $Ngm(\bar{y})$。

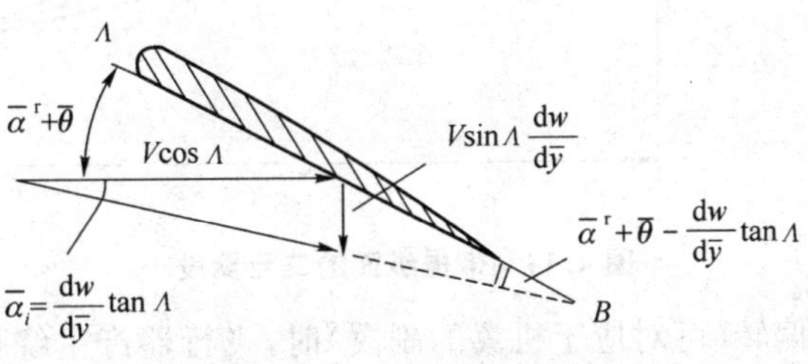

图 4.12　沿 AB 方向的有效攻角

后掠机翼在向上的升力作用下，不仅有扭转，而且有向上的弯曲变形，式(4.63)表明了有效攻角的减小，因此可以认为，弹性变形(包括弯曲)使总的攻角变化量减小$\frac{dw}{dy}\tan\Lambda$，这就减小了弹性变形附加的气动力，因此起到了稳定作用。相反，如果是前掠机翼，则向上的升力虽然也产生向上的弯曲，但因为Λ为负值，所以会使攻角的变化量增大，从而增大了弹性变形所附加的气动力，使不稳定的趋势增大。当后掠角增大到一定程度时，甚至会使机翼弯曲变形的影响抵消了扭角的影响，或者超过了后者的影响。经过这样的分析可以断定，后掠机翼将比平直机翼具有较高的发散动压，当后掠角大到一定程度时，机翼甚至不会发生扭转发散。而金属前掠机翼，由于其发散动压太低，所以通常不大采用。目前，为了发挥前掠机翼的气动特性，现代飞行器通常采用复合材料气动弹性剪裁技术来设法提高发散动压，甚至消除发散。q_D随后掠角Λ的变化如图4.13所示(为典型金属机翼情况)，从图中可以看出后掠角的影响是显著的。

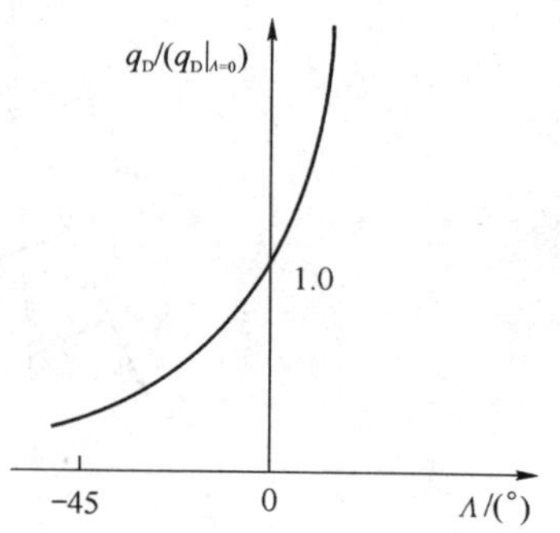

图4.13　后掠角Λ对q_D的影响

4.4　操纵效率及操纵反效

操纵效率和操纵反效直接反映飞机的操纵性能。气动弹性领域研究的操纵效率问题通常是指升力面结构弹性变形对舵面效率的影响。随着飞行速度的提高，翼面结构弹性变形加剧，通常会导致舵面操纵效率降低；当飞行速度进一步提高到一定值时，操纵效率甚至会变为零；超过该速度后，舵面操纵效果甚至会出现相反的现象，即操纵反效。

4.4.1　基本现象

这里仍旧使用二元翼段来研究操纵面效率的基本物理关系，可以利用一个带有操纵舵面的模型来阐明，如图4.14所示。

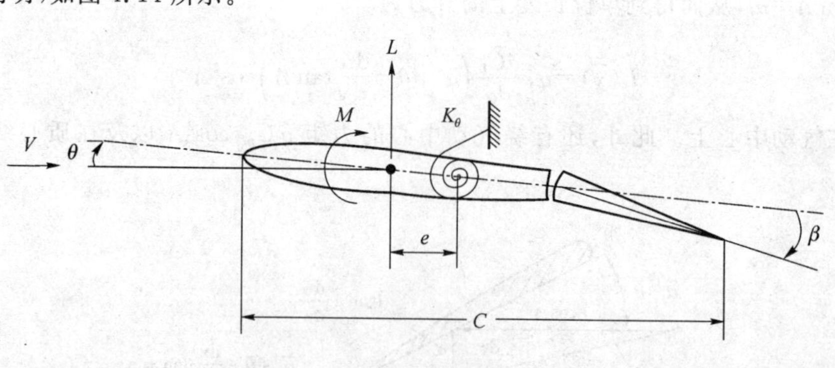

图4.14　带操纵面的二元翼段

这里将讨论操纵面偏转(可对应于机翼的副翼)时，飞行器产生绕机体轴滚转时所产生的气动弹性现象。仍然同以前一样，将二元翼段用弹簧支持在刚心上，使机翼攻角为零，并固定在风洞中。然后操纵面偏转 β 角，并开启风洞。此时偏转操纵面引起翼段上的气动力改变。例如，操纵面向下偏转，将使翼型弯度加大，从而使升力增大，这个增量可以表示为$(\partial C_L/\partial\beta)\beta qS$，其作用点一般均位于翼剖面气动中心的后面。如果把它移至气动中心上，则同时产生一个对气动中心的力矩，该力矩可用$(\partial C_{m_0}/\partial\beta)\beta qSC$ 来表示，C 为翼段弦长。通常这个力矩为低头力矩，也就是导数$\partial C_{m_0}/\partial\beta$为负值。这个低头力矩使翼段向减小攻角的方向产生弹性扭转变形，于是将附加一个向下的升力，使总升力减小。一般情况下，这个附加升力往往与操纵面偏转直接产生的升力方向相反，从而减小操纵面偏转的效率。随着动压的增大，效率会不断降低；当动压增大到某一临界值时，偏转角 β 将完全失去效用；如果再增大动压，则甚至会产生相反的效果，这种现象就是气动弹性操纵效率和操纵反效问题。

为了得出操纵反效的临界动压，以及观察操纵效率随动压的变化，这里列出如图 4.14 所示的翼段平衡方程。设操纵面未偏转之前的翼段攻角为零，这个假定对于所讨论的问题是没有影响的。假定翼段在扭转了角度 θ 后达到平衡位置，那么根据平衡条件，可得出对刚心的力矩平衡方程为

$$K_\theta\theta=\frac{\partial C_L}{\partial\beta}\beta qSe+\frac{\partial C_L}{\partial\alpha}\theta qSe+\frac{\partial C_{m_0}}{\partial\beta}\beta qSC$$

即

$$\left(K_\theta-\frac{\partial C_L}{\partial\alpha}qSe\right)\theta=qS\left(e\,\frac{\partial C_L}{\partial\beta}+C\,\frac{\partial C_{m_0}}{\partial\beta}\right)\beta \tag{4.64}$$

式(4.64)表明，该气动弹性系统在操纵面偏转 β 角后，在气动力与弹性力作用下产生的扭转变形为

$$\theta=\frac{qS\left(e\,\dfrac{\partial C_L}{\partial\beta}+C\,\dfrac{\partial C_{m_0}}{\partial\beta}\right)}{K_\theta-\dfrac{\partial C_L}{\partial\alpha}qSe}\beta \tag{4.65}$$

此时的升力系数由两部分组成，一部分由弹性扭角 θ 引起，另一部分由偏转角 β 直接引起。利用式(4.65)即可得到

$$C_L=\frac{\partial C_L}{\partial\alpha}\theta+\frac{\partial C_L}{\partial\beta}\beta=\frac{\left(\dfrac{\partial C_L}{\partial\alpha}\dfrac{\partial C_{m_0}}{\partial\beta}qSC+K_\theta\,\dfrac{\partial C_L}{\partial\beta}\right)}{K_\theta-\dfrac{\partial C_L}{\partial\alpha}qSe}\beta \tag{4.66}$$

在式(4.66)中，由于$\partial C_{m_0}/\partial\beta$通常为负，所以在动压尚未达到发散动压之前(即分母不为零)，如果动压 q 增大，则可导致分子为零。此时 $C_L=0$，说明在这一动压下，操纵面偏转不产生升力，操纵面失去了效用。这一动压称为操纵反效临界动压，记为 q_R。由式(4.66)分子为零的条件得

$$q_R SC\,\frac{\partial C_L}{\partial\alpha}\frac{\partial C_{m_0}}{\partial\beta}+K_\theta\,\frac{\partial C_L}{\partial\beta}=0 \tag{4.67}$$

可解得反效动压

$$q_{\mathrm{R}}=\frac{K_\theta\left(\dfrac{\dfrac{\partial C_L}{\partial \beta}}{\dfrac{\partial C_L}{\partial \alpha}}\right)}{-SC\dfrac{\partial C_{m_0}}{\partial \beta}} \tag{4.68}$$

或反效速度

$$V_{\mathrm{R}}=\sqrt{\frac{K_\theta\left(\dfrac{\dfrac{\partial C_L}{\partial \beta}}{\dfrac{\partial C_L}{\partial \alpha}}\right)}{-\dfrac{\rho}{2}SC\dfrac{\partial C_{m_0}}{\partial \beta}}} \tag{4.69}$$

由式(4.69)可见，反效的临界状态与距离 e 无关，即翼段刚心位置对操纵反效速度没有影响，这是因为当翼段处于反效临界状态时，升力为零，仅有纯力偶。另外，反效临界状态与初始攻角也没有关系。

假如翼段是刚硬支持的，显然，此时操纵面偏转角所产生的升力增量仅仅与 β 有关，把这个升力系数记为 C_L^{r}，即

$$C_L^{\mathrm{r}}=\frac{\partial C_L}{\partial \beta}\beta \tag{4.70}$$

当动压 $q<q_{\mathrm{R}}$ 时，虽然尚未达到操纵反效的极端情况，但由于气动弹性的影响，将使操纵效率降低，降低的程度可用比值 C_L/C_L^{r} 表示，这一比值称为操纵效率，记为 η。由式(4.66)和式(4.70)可得

$$\eta=\frac{C_L}{C_L^{\mathrm{r}}}=\frac{\left(\dfrac{\partial C_L}{\partial \alpha}\dfrac{\partial C_{m_0}}{\partial \beta}qSC+K_\theta\dfrac{\partial C_L}{\partial \beta}\right)}{\left(K_\theta-\dfrac{\partial C_L}{\partial \alpha}qSe\right)\dfrac{\partial C_L}{\partial \beta}}$$

即

$$\eta=\frac{\left(\dfrac{q\dfrac{Se}{K_\theta}\dfrac{\partial C_L}{\partial \alpha}\dfrac{C}{e}\dfrac{\partial C_{m_0}}{\partial \beta}}{\dfrac{\partial C_L}{\partial \beta}}\right)+1}{1-\dfrac{\partial C_L}{\partial \alpha}\dfrac{1}{K_\theta}qSe} \tag{4.71}$$

考虑到式(4.8)和式(4.68)，则式(4.71)变为

$$\eta=\frac{1-q/q_{\mathrm{R}}}{1-q/q_{\mathrm{D}}}=\frac{1-q/q_{\mathrm{R}}}{1-(q_{\mathrm{R}}/q_{\mathrm{D}})(q/q_{\mathrm{R}})} \tag{4.72}$$

可见，操纵效率 η 是随着飞行动压以及反效动压与发散动压之比 $q_{\mathrm{R}}/q_{\mathrm{D}}$ 变化的。对于 $q_{\mathrm{R}}<q_{\mathrm{D}}$ 的情况，当 $q\to q_{\mathrm{R}}$ 时，$\eta\to 0$。对于 $q_{\mathrm{R}}=q_{\mathrm{D}}$ 的情况，η 总为1，这说明使 $q_{\mathrm{R}}=q_{\mathrm{D}}$ 的设计可能获得弹性翼段的最佳操纵效率。至于 $q_{\mathrm{R}}>q_{\mathrm{D}}$ 的情况，当 $q\to q_{\mathrm{D}}$ 时，效率趋于无穷大。但如果 $q_{\mathrm{D}}<q<q_{\mathrm{R}}$，则效率成为负值，并且操纵已经反效，因此，这种情况下的 q_{D} 也成为一个临界的反效速度，也就是说，操纵反效在 q_{R} 或 q_{D} 时都会发生，但究竟在哪个动压下发生，要取 q_{R} 和 q_{D} 中

的较小者。总之，在飞行器设计中，一方面要尽可能提高发散动压和反效动压，另一方面还要通过设计参数来调整选择合适的 q_R/q_D，使在飞行范围内的操纵效率尽可能提高。

4.4.2　长直机翼的副翼效率及反效

飞机的机翼、尾翼及其他飞行器都有气动操纵面，它们的静气动弹性问题在性质上也是一致的，本小节仅以机翼的副翼偏转产生绕机身纵轴的滚转来说明操纵反效和操纵效率。在此将机身简化为一根轴，将平直机翼简化为一根垂直固支于机身的梁。与前述相仿，只考虑扭转变形的影响。

设副翼原先处于零攻角，且机翼采用对称翼型，副翼右翼下偏，左翼上偏，此时机翼受反对称载荷。由于副翼偏转，飞机可能绕机身轴线转动，产生滚转角速度 p，还可能产生角加速度 $\dot{p}$，各剖面的扭转变形为 $\theta(y)$，如图4.15所示。由于滚转角速度 p 在 y 处有下洗速度 py，故使攻角减小 py/V。又由于存在滚转角加速度 $\dot{p}$，故在 y 处还作用惯性力 $-m\dot{p}y$。如图4.15所示，该机翼半展长为 l，副翼在距翼根 l_1 处开始的翼尖部位。β 为副翼偏角，下偏为正。

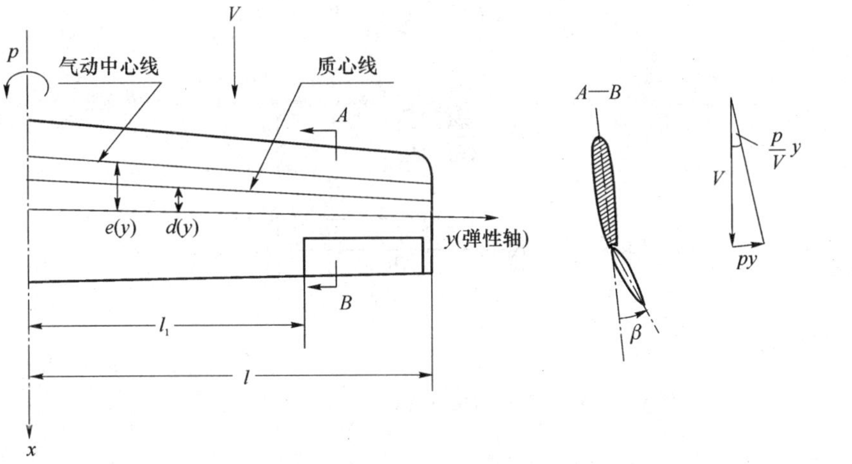

图4.15　带副翼的长直机翼

气动力仍采用片条理论，则扭转平衡方程为

$$\frac{\mathrm{d}}{\mathrm{d}y}\left(GJ\frac{\mathrm{d}\theta}{\mathrm{d}y}\right)+\frac{\partial C_L}{\partial\alpha}qCe\theta=-\left(qCe\frac{\partial C_L}{\partial\beta}\beta+qC^2\frac{\partial C_{m_0}}{\partial\beta}\beta-qCe\frac{\partial C_L}{\partial\alpha}\frac{py}{V}-m\dot{p}yd\right)\quad(y\geqslant l_1)\tag{4.73a}$$

$$\frac{\mathrm{d}}{\mathrm{d}y}\left(GJ\frac{\mathrm{d}\theta}{\mathrm{d}y}\right)+\frac{\partial C_L}{\partial\alpha}qCe\theta=qCe\frac{\partial C_L}{\partial\alpha}\frac{py}{V}+m\dot{p}yd\quad(y<l_1)\tag{4.73b}$$

边界条件为

$$\left.\begin{aligned}&y=0,\quad\theta=0\\&y=l,\quad\frac{\mathrm{d}\theta}{\mathrm{d}y}=0\end{aligned}\right\}\tag{4.74}$$

由式(4.73)求出的满足上述边界条件 $\theta(y)$ 的解，即是机翼的弹性扭角分布，有了扭角分布就不难确定升力的分布为

$$\left.\begin{aligned}L(y)&=qC\left\{\frac{\partial C_L}{\partial\beta}\beta+\frac{\partial C_L}{\partial\alpha}\left[\theta(y)-\frac{py}{V}\right]\right\} &(y\geqslant l_1)\\L(y)&=qC\,\frac{\partial C_L}{\partial\alpha}\left[\theta(y)-\frac{py}{V}\right] &(y<l_1)\end{aligned}\right\}\tag{4.75}$$

同时，还可以根据副翼偏转后的滚转情况写出滚转平衡方程，以此得到 β 与 p 或 $\dot{p}$ 的关系。设飞机绕其纵轴（x 轴）的滚转惯量为 I_x，则绕 x 轴的滚转力矩 M_x 可表示为

$$M_x = I_x\dot{p} = 2\int_0^l L(y)y\mathrm{d}y\tag{4.76}$$

例如对于匀速滚转，$\dot{p}=0$，则式（4.76）就等于零。对于均匀机翼可求得精确解。不失一般性，还可对问题作进一步简化，假定质心与刚心重合，并引入记号

$$1_a(y)=\begin{cases}1 & (y\geqslant l_1)\\0 & (y<l_1)\end{cases}\tag{4.77}$$

则式（4.73）的两式可以合并，写为

$$\frac{\mathrm{d}^2\theta}{\mathrm{d}y^2}+\lambda^2\theta=\lambda^2\,\frac{p}{V}y-K\lambda^2\beta 1_a(y)\tag{4.78}$$

式中

$$\left.\begin{aligned}\lambda^2&=\frac{qeC}{GJ}\frac{\partial C_L}{\partial\alpha}\\K&=\frac{\left(\dfrac{\partial C_L}{\partial\beta}+\dfrac{C}{e}\dfrac{\partial C_{m_0}}{\partial\beta}\right)}{\dfrac{\partial C_L}{\partial\alpha}}\end{aligned}\right\}\tag{4.79}$$

式（4.73）的通解是

$$\left.\begin{aligned}\theta(y)&=A\sin\lambda y+B\cos\lambda y+\frac{p}{V}y-K\beta &(y\geqslant l_1)\\\theta(y)&=F\sin\lambda y+D\cos\lambda y+\frac{p}{V}y &(y<l_1)\end{aligned}\right\}\tag{4.80}$$

利用边界条件式（4.74），并利用 $y=l_1$ 处边界的连续性，有：

- 当 $y=0$ 时，$\theta=0$，则

$$D=0$$

- 当 $y=0$ 时，$\mathrm{d}\theta/\mathrm{d}y=0$，则

$$\lambda A\cos\lambda l-\lambda B\sin\lambda l+\frac{p}{V}=0$$

- 当 $y=l_1$ 时，考虑 $\theta(y)$ 连续，则

$$A\sin\lambda l_1+B\cos\lambda l_1+\frac{p}{V}l_1-K\beta=F\sin\lambda l_1+\frac{p}{V}l_1$$

- 当 $y=l_1$ 时，考虑在 l_1 处无集中扭矩，则

$$\lambda A\cos\lambda l_1-\lambda B\sin\lambda l_1+\frac{p}{V}=\lambda F\cos\lambda l_1+\frac{p}{V}$$

由此解出

$$\left.\begin{aligned}&A=-\frac{p}{V}\frac{1}{\lambda\cos\lambda l}+K\beta\cos\lambda l_1\tan\lambda l\\&B=K\beta\cos\lambda l_1\\&F=A-K\beta\sin\lambda l_1\\&D=0\end{aligned}\right\}\tag{4.81}$$

把式(4.81)中的这些常数代入式(4.80),经过整理,得

$$\theta(y)=\frac{pl}{V}C_2(y)+\beta C_1(y)\tag{4.82}$$

式中

$$C_1(y)=-K\left\{1_a(y)[1-\cos\lambda(y-l_1)]-\frac{\sin\lambda(l-l_1)}{\cos\lambda l}\sin\lambda y\right\}$$

$$C_2(y)=\frac{y}{l}-\frac{\sin\lambda y}{\lambda l\cos\lambda l}$$

将式(4.82)代入式(4.76),可得副翼偏角 β 与滚转角速度 p 的关系。当 p 为稳定值($\dot{p}=0$)时,则有

$$M_x=2\int_0^l L(y)y\mathrm{d}y=2\int_0^l qC\left\{\frac{\partial C_L}{\partial\alpha}\left[\frac{pl}{V}C_2(y)+\beta C_1(y)-\frac{py}{V}\right]+\frac{\partial C_L}{\partial\beta}\beta 1_a(y)\right\}y\mathrm{d}y=$$

$$2\int_0^l qC\frac{\partial C_L}{\partial\alpha}\frac{pl}{V}\left[C_2(y)-\frac{y}{l}\right]y\mathrm{d}y+2\int_0^l qC\frac{\partial C_L}{\partial\alpha}\beta\left[C_1(y)+\frac{\partial C_L/\partial\beta}{\partial C_L/\partial\alpha}1_a(y)\right]y\mathrm{d}y=0\tag{4.83}$$

这里副翼的操纵效率用$\partial(pl/V)/\partial\beta$来衡量,$pl/V$ 表示飞机作等速滚转时的翼尖螺旋角。$(pl/V)/\beta$就是单位副翼偏角所引起的翼尖螺旋角。依据式(4.83),假定 C 为常值,可得副翼操纵效率为

$$\eta_a=\frac{\partial\left(\dfrac{pl}{V}\right)}{\partial\beta}=\frac{\displaystyle\int_0^l\left[C_1(y)+\frac{\dfrac{\partial C_L}{\partial\beta}}{\dfrac{\partial C_L}{\partial\alpha}}1_a(y)\right]y\mathrm{d}y}{\displaystyle-\int_0^l\left[C_2(y)-\frac{y}{l}\right]y\mathrm{d}y}\tag{4.84}$$

由式(4.84)可得,当机翼(含副翼)的构造及气动参数确定后,操纵效率 η_a 将随 λl(它显含于 $C_1(y)$ 和 $C_2(y)$ 中)变化,而 λl 的变化即反映了动压的变化。图 4.16 表示了这种关系,图中假定

$$\left(\frac{\dfrac{\partial C_L}{\partial\beta}}{\dfrac{\partial C_L}{\partial\alpha}}\right)=0.5,\quad\left(\frac{C}{e}\right)\left(\frac{\dfrac{\partial C_{m_0}}{\partial\beta}}{\dfrac{\partial C_L}{\partial\alpha}}\right)=-0.6,\quad\frac{l_1}{l}=0.6$$

图 4.16 表明:若 λl(动压)增大,则由弹性变形而产生的负滚转力矩将逐渐加大,所以净滚转力矩势必减小。当动压增大到某个临界值 q_R 时,净滚转力矩降至零。若动压再增大,则净滚转力矩转化为负值,使飞机出现操纵反效现象。当动压 $q=q_R$ 时,效率 $\eta_a=0$。从图 4.16 可以确定,当 $\lambda l=1.44$ 时,$\eta_a=0$,由此求得 q_R。

令式(4.84)的分子为零,并利用式(4.82),则有

$$\int_0^l \left[C_1(y)+\frac{\frac{\partial C_L}{\partial\beta}}{\frac{\partial C_L}{\partial\alpha}}1_a(y)\right]y\mathrm{d}y=\frac{\partial C_L}{\partial\beta}\left(\frac{\cos\lambda l_1}{\cos\lambda l}-1\right)+\frac{C}{e}\frac{\partial C_{m_0}}{\partial\beta}\left(\frac{\cos\lambda l_1}{\cos\lambda l}-1-\frac{\lambda^2 l^2-\lambda^2 l_1^2}{2}\right)=0$$

即

$$\left(\frac{\partial C_L}{\partial\beta}+\frac{C}{e}\frac{\partial C_{m_0}}{\partial\beta}\right)(\cos\lambda l-\cos\lambda l_1)+\frac{\lambda^2 l^2-\lambda^2 l_1^2}{2}\frac{C}{e}\frac{\partial C_{m_0}}{\partial\beta}\cos\lambda l=0 \tag{4.85}$$

这是一个超越方程。求得满足式(4.85)的最小 λl 并记为 $\lambda_R l$,然后再由式(4.79)求出反效动压

$$q_R=\frac{GJ}{eC\frac{\partial C_L}{\partial\alpha}}\lambda_R^2 \tag{4.86}$$

因为从式(4.76)导出 η_a 时引用了条件 $\dot{p}=0$,而后又由 $\eta_a=0$ 导出反效动压 q_R时,实际又必定是 $p=0$。所以总的来说,可以认为操纵反效的条件是

$$p=0,\quad \dot{p}=0 \tag{4.87}$$

应当指出,对于较复杂的机翼,求出解析解是不可能的,一般需借助数值方法求解。

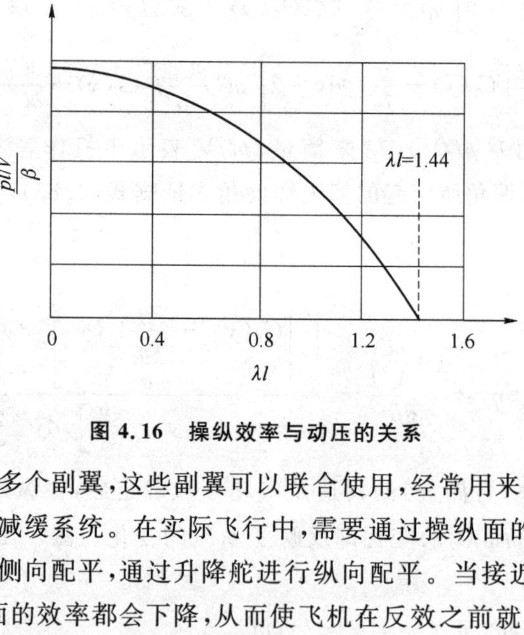

图 4.16 操纵效率与动压的关系

实际上,飞机通常有多个副翼,这些副翼可以联合使用,经常用来减少机动飞行时的翼根弯矩,也可用于阵风载荷减缓系统。在实际飞行中,需要通过操纵面的小调整来维持平衡,即通过副翼/方向舵进行横侧向配平,通过升降舵进行纵向配平。当接近反效速度时,操纵面在操纵飞机和调整配平方面的效率都会下降,从而使飞机在反效之前就失去了配平能力。使用多操纵面就意味着当一个操纵面达到反效时,所有操纵面的联合还会有一定的效率。

4.4.3 操纵效率的一般表述方式

操纵效率通常用偏转舵面所产生的气动力矩随动压的变化来表示。如副翼效率通常用偏转副翼所产生的滚转力矩随动压的变化来表示,平尾效率通常用偏转平尾或升降舵所产生的俯仰力矩随动压的变化来表示。实践证明,操纵效率不仅与动压有关,而且往往还与攻角和舵偏角有关,通常会随这几个参数的增加而减小。

用于表示操纵效率的公式有多种形式,以下列出副翼效率和平尾效率的常用公式。

定义副翼效率为

$$\eta_{\mathrm{a}}=\frac{\left(\dfrac{\partial C_l}{\partial \delta_{\mathrm{a}}}\right)_{\mathrm{e}}}{\left(\dfrac{\partial C_l}{\partial \delta_{\mathrm{a}}}\right)_{\mathrm{r}}} \tag{4.88}$$

式中，C_l 为飞机滚转力矩系数，δ_{a} 为副翼偏度，下标"e"表示弹性，下标"r"表示刚性。

定义平尾效率为

$$\eta_{\mathrm{e}}=\frac{\left(\dfrac{\partial C_m}{\partial \delta_{\mathrm{e}}}\right)_{\mathrm{e}}}{\left(\dfrac{\partial C_m}{\partial \delta_{\mathrm{e}}}\right)_{\mathrm{r}}} \tag{4.89}$$

式中，C_m 为飞机俯仰力矩系数，δ_{e} 为升降舵偏度。

4.5　热效应对气动弹性的影响

当飞行器以超声速或高超声速飞行时，空气受到强烈压缩和剧烈的摩擦作用，大部分动能转化为热能，致使飞行器周围的空气温度急剧升高。此高温气体与飞行器表面之间产生很大温差，部分热能迅速向物面传递，这种热能传递方式称为气动加热。当飞行马赫数超过 3.0 以后，热效应随着马赫数的增大而加剧。在进行气动弹性分析中需要考虑热效应的影响，这一点对于高超声速飞行器这类气动加热比较严重的飞行器来说尤为重要，热气动弹性问题直接影响飞行器的总体性能甚至是飞行的成败，因此，需要开展气动热和气动弹性的耦合分析。

4.5.1　气动热与气动弹性的耦合关系

气动热与气动弹性之间的耦合通常用图 4.17 表示，其中有些耦合认为是弱耦合，在分析求解中可以忽略；有些耦合认为是强耦合，在求解中需要加以考虑。气动热与气动弹性之间的这种强耦合主要有两个方面：

① 气动加热使得结构温度升高，并产生不均匀的温度场，这将一方面引起结构材料弹性模量的变化，另一方面引起结构内应力，从而导致结构刚度的变化。

② 结构在气动力和气动热的作用下产生变形，这种变形所引起的气动力分布的变化，也将引起气动热流的变化。

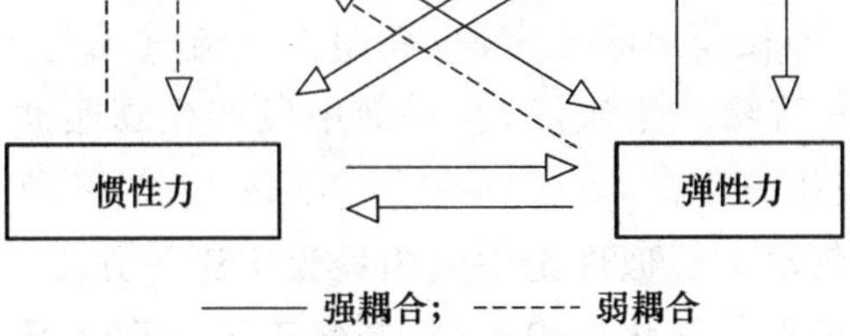

图 4.17　热气动弹性耦合关系

在求解气动热与气动弹性的上述耦合关系时，通常采用不同的方法进行。在初步分析中通常可以忽略结构变形对气动热的影响，而着重考虑气动热对结构的影响，即采用气动-热-结构三者单向耦合的分析方法。而在详细设计中则既要考虑气动热对结构的影响，又要考虑结构变形对气动热的影响，即采用气动-热-结构三者双向耦合的分析方法。

4.5.2 高超声速气动力分析方法

高超声速气动弹性首先需要解决的问题就是高超声速气动力的求解问题。高超声速气动力的求解主要分为两类：一类是工程计算方法，主要是基于一些气动力的近似求解方法，如激波-膨胀波理论、活塞理论、牛顿冲击流理论、统一升力面理论等；另一类是基于计算流体力学(CFD)的气动力数值求解方法。在分析求解中，选用何种分析方法直接影响着分析的精度和效率，所以需要加以综合考虑。

1. 气动力工程计算方法

在高超声速气动弹性问题的求解中，气动力工程计算方法中得到广泛应用的主要是活塞理论和牛顿冲击流理论，此外 D. D. Liu 等人提出了统一升力面理论。这些气动力的工程计算方法在高超声速飞行器气动弹性问题的工程分析中得到了广泛应用，其各自的适用范围如图 4.18 所示。

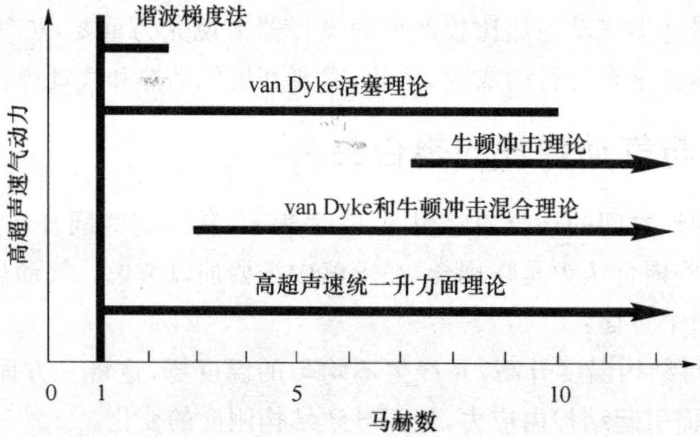

图 4.18 高超声速气动弹性计算用气动力工程分析理论

在高超声速飞行器气动弹性问题的求解中，对于低超声速可以采用谐波梯度法，该方法考虑了下洗速度的影响，但没有考虑翼型厚度的影响，它的适用范围较窄，马赫数主要在 1.2～2.5 之间。

激波-膨胀波理论是一种较简单的超声速/高超声速流气动力计算方法，适用于二维尖前缘翼型，认为在翼面前缘和后缘产生激波，在翼面中段产生膨胀波。该理论基于等熵流动假设，并认为气流与翼面不发生分离。

活塞理论是高超声速气动力近似理论中应用最为广泛的方法。该理论是通过在小扰动速度势方程的基础上考虑物面形状简化而得出的，经修正可适用于马赫数为 2.5～10 的气动力近似计算，其假设条件是：薄翼型、高飞行马赫数($Ma \gg 1.0$)。活塞理论认为机翼上某一点的扰动对其他点的影响很小，该点受到的压力只与当地下洗速度有关。活塞理论不考虑三维效应的影响，但考虑了厚度的影响。活塞理论有多种，根据精度划分，活塞理论目前有一阶理论、二阶理论和三阶理论。

牛顿冲击流理论是一种适合计算高马赫数和大攻角情况下高超声速气动力的近似方法，其基本假设为：流动介质由一系列均匀分布、彼此无关的运动质点组成；质点与物面碰撞后相对于物面的法向动量损失转换为对物体的作用，而切向动量不变。一般认为，牛顿冲击流理论通常适合马赫数大于 7 情况的气动力近似计算。

统一升力面理论综合了活塞理论和升力面理论的优点，既考虑了厚度的影响，同时又考虑了上洗流的影响，而且受马赫数的限制较小。该方法目前正在工程上逐步应用。

采用工程方法计算气动力具有计算速度快、计算效率高的特点；但每种近似方法均有其限定的适用范围，特别是与基于 CFD 技术的气动力计算方法相比，工程方法无法考虑高超声速流的粘性效应和真实气体效应，同时也不能适用于构型较复杂的飞行器。然而通过选择适当的工程气动力计算方法，可以满足一般情况下小攻角等弱非线性问题的分析需求，因而上述诸多工程方法已广泛应用于高超声速飞行器设计的各个阶段。

2. 气动力数值计算方法

近年来随着计算机技术的发展，基于 Euler 和 N－S 方程直接求解的 CFD 技术越来越多地应用到高超声速气动力计算中。通常认为，随着马赫数的增高，非线性效应的影响增大，线性分析方法已经不能提供足够的精度，需要采用 CFD 分析技术，并考虑粘性的影响。然而，CFD 分析方法的计算效率较低，尤其是与结构进行耦合求解的效率更低，这直接制约了其工程应用。

4.5.3 高超声速气动热计算方法

气动加热现象极为复杂，它既与飞行器的飞行速度和高度以及大气粘性有关，又牵涉到激波与粘性的干扰、激波与激波的干扰等问题。物理现象的复杂性使得预测气动热成为一个极其困难的问题。

对于气动热的计算，与气动力计算一样，可以分为数值计算方法和工程估算方法两大类。

对于数值计算方法，通常采用隐式时间推进求解 N－S 方程，且已在飞行器设计中取得了许多满意的结果。

而工程估算方法在求解简单外形气动热方面具有很大优势，其计算效率很高，精确度也有一定保证，往往能够得到工程上的满意结果。其中对边界层外气流参数的计算，可采用无粘流数值求解和工程方法求解两类；而对边界层内气流参数的计算，则均采用工程方法，其中参考焓与雷诺比拟是最为常见的方法。

思考题及练习题

4.1 简述发散工程分析方法的基本求解思路。

4.2 简述载荷重新分布和气动导数弹性修正的基本求解思路。

4.3 试证明文中三种发散分析方法的一致性。

4.4 试分析定常气动力在静气动弹性分析中的作用，并分析不同气动力的差异及其对静气动弹性特性的影响。

4.5 试分析有安定面支持的舵面与全动舵面的操纵效率的异同。

4.6 简述热效应对气动弹性特性影响的基本求解思路。

4.7 简述高超声速气动力常用的不同分析方法的特点和区别。

参考文献

[1] 陈桂彬，杨超，邹丛青．气动弹性设计基础．2版．北京：北京航空航天大学出版社，2010.

[2] 管德．飞机气动弹性力学手册．北京：航空工业出版社，1994.

[3] 伏欣 H W．气动弹性力学原理．沈克扬，译．上海：上海科学技术文献出版社，1982.

[4] Bisplinghoff R L, Ashley H, Halfman R L. Aeroelasticity. New York: Addison-Wesley Publishing Company, Inc., 1956.

[5] Rodden W P, Johnson E H. MSC Nastran aeroelastic analysis user's guide V68. Los Angeles: MSC Software Corporation, 1994.

[6] MSC Software Corporation. MSC Flight loads and dynamics version 2001 user's guide. Los Angeles: MSC Software Corporation, 2001.

[7] Raveh D E, Karpel M. Structural optimization of flight vehicles with nonlinear aerodynamic loads. AIAA-98-4832, 1998.

[8] Raveh D E. Maneuver load analysis of overdetermined trim systems. Journal of Aircraft, 2008, 45(1): 119-129.

[9] ZONA Technology, Inc. ZONAIR users manual. Scottsdale, AZ: ZONA Technology, Inc., 2010.

[10] ZONA Technology, Inc. ZAERO Version 8.2 Theoretical Manual. Scottsdale, AZ: ZONA Technology, Inc., 2008.

[11] Harder R L, Desmarais R N. Interpolation using surface spline. Journal of Aircraft, 1972, 9(2): 189-191.

[12] 万志强，邓立东，杨超，等．基于非线性试验气动力的飞机静气动弹性响应分析．航空学报，2005，26(4)：439-445.

[13] 万志强，唐长红，邹丛青．柔性复合材料前掠翼飞机静气动弹性分析．复合材料学报，2002，19(5)：118-124.

[14] 严德，杨超．基于试验气动力的纵向机动飞行载荷分析．北京航空航天大学学报，2007，33(3)：253-256.

[15] 邓立东，李天，薛晓春．飞机非线性飞行载荷计算方法研究．航空学报，2002，23(4)：317-320.

[16] 邓立东，李天．柔性飞机的非线性飞行载荷计算研究．飞行力学，2004，22(4)：85-88.

[17] 万志强，唐长红，杨超．三种静气动弹性发散方法的一致性分析和验证．航空学报，2002，23(4)：342- 345.

[18] 邵珂，万志强，杨超．基于试验气动力的弹性飞机舵面效率分析．航空学报，2009，30(9)：1612-1617.

[19] 严德，杨超，万志强．应用气动力修正技术的静气动弹性发散计算．北京航空航天大学学报，2007，33(10)：1146-1149.

第5章　气动弹性动稳定性

在气动弹性动力学的领域内,最令人关注的问题就是颤振。由于颤振在工程实践中所具有的重要意义,促进了围绕颤振问题在各方面研究的开展。研究颤振的主要难点之一是它具有多种形态,其中的物理关系有时是相当深奥的。

从空气动力学的角度去看,可以把颤振问题分为两类:第一类颤振的特征是它发生在势流中,流动分离和边界层效应对颤振过程没有重要影响。这类颤振主要发生在飞机结构的流线型剖面升力系统中,并通常把这类颤振称为"经典颤振",这也是本章要讨论的重点内容。第二类颤振主要与流动分离和旋涡形成有直接关系。这类颤振主要发生在旋转机械上,例如,螺旋桨和涡轮叶片等,这些机械有时会在接近失速攻角状态下工作。这类颤振还特别会发生在具有典型非流线型剖面的结构上。通常把这类颤振统称为"失速颤振"。对于飞行器的升力面,遇到失速颤振的机会很少。本章仅对它进行简要介绍。

计算颤振临界速度的问题,实际上是一个研究振动运动稳定性的问题,即在什么条件下飞机或其部件的振动变成是简谐的。注意到这一点特别重要,因为它可以简化颤振分析的复杂性。此外,通常在飞机部件作微幅振动时,如果是动力稳定的,那么在作大振幅振动时,也会是稳定的。在操纵面的颤振中有时存在这种情况:当超过临界速度后,开始发生颤振,但当振幅增大到一定幅度后就停止增长作等幅振动。这种非线性作用的确切性质并不很清楚。所以在一般颤振分析中,往往只限于研究微幅振动运动的稳定性。在这个前提下,就可以应用线化理论。

颤振分析包括两个基础问题:一个是研究气动力作用下飞机及其部件振动的稳定性问题;另一个则是确定机翼等升力面在气流中作振动运动时所产生的附加气动力。本章将着重讨论第一类问题。

考虑到本章所讨论的经典颤振的复杂性,还将从颤振的最基本概念出发,在5.1节中阐述颤振的机理,对颤振的起因进行一些基本讨论,从而加深对颤振现象物理本质的认识。然后,在5.2节中讨论典型翼段的颤振理论,并展示基于不同气动力理论下的颤振分析。5.3节和5.4节分别讨论颤振行列式的求解及影响颤振稳定性的参数。5.5节和5.6节分别讨论大展弦比和小展弦比翼面的颤振分析。5.7节讨论非经典颤振。5.8节讨论防颤振设计。

5.1　颤振的机理

颤振是弹性结构动力学与非定常气动力耦合引发的气动弹性动不稳定。对颤振机理的理解有助于抓住问题的本质,建立准确的颤振分析方法,并提出有效的防颤振措施。从不同的角度对颤振机理的认识会有所不同。为了全面深入地认识颤振的机理,下面分别从振动、数学、能量和反馈这四个角度来进行讨论。

为了清楚地说明问题，这里以一个具有俯仰和沉浮两个自由度的典型翼段为例来开展定性和定量的说明。典型翼段力学模型如图 5.1 所示，根据第 2 章的推导，当不考虑外力干扰的情况下，其气动弹性运动方程为

$$\left.\begin{aligned} m\ddot{h}+S_\alpha\ddot{\alpha}+C_h\dot{h}+K_h h=Q_h \\ S_\alpha\ddot{h}+I_\alpha\ddot{\alpha}+C_\alpha\dot{\alpha}+K_\alpha\alpha=Q_\alpha \end{aligned}\right\} \tag{5.1}$$

式中，h 表示翼段的沉浮运动位移，向下为正；α 表示翼段绕刚心 E 的俯仰角，抬头为正；m 为翼段质量；I_α 为翼段绕 E 的转动惯量；S_α 为翼段的质量静矩，其值为 $S_\alpha=mx_\alpha$，质心 G 位于 E 之后时为正；C_h 和 C_α 分别为翼段的沉浮和俯仰阻尼系数；K_h 和 K_α 分别为翼段的沉浮和俯仰刚度；Q_h 和 Q_α 分别为对应的广义非定常气动力，采用 Grossman 准定常理论，表达式为

$$Q_h=-\rho V^2 bLC_L^\alpha\left[\alpha+\frac{\dot{h}}{V}+\left(\frac{1}{2}-\bar{a}\right)b\frac{\dot{\alpha}}{V}\right] \tag{5.2}$$

$$Q_\alpha=\left(\frac{1}{2}+\bar{a}\right)\rho V^2 b^2 LC_L^\alpha\left[\alpha+\frac{\dot{h}}{V}+\left(\frac{1}{2}-\bar{a}\right)b\frac{\dot{\alpha}}{V}\right]-\frac{1}{2}\pi\rho Vb^3 L\dot{\alpha} \tag{5.3}$$

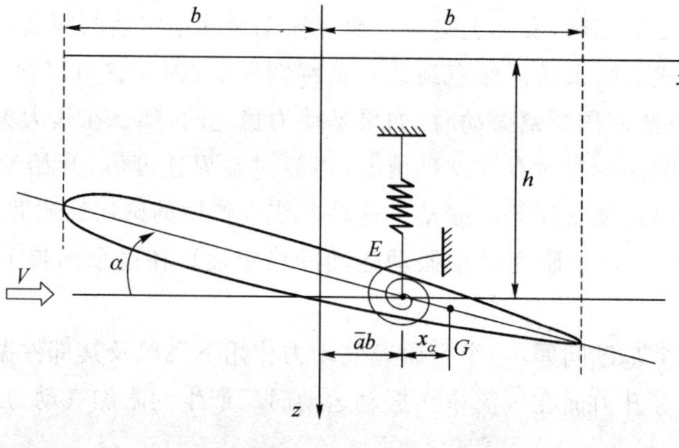

图 5.1 具有俯仰和沉浮的典型翼段力学模型

典型翼段的基本参数如表 5.1 所列。

表 5.1 典型翼段基本参数

物理量	符 号	值	物理量	符 号	值
翼段半弦长	b	0.1 m	翼段展长	L	0.4 m
总质量	m	2.90 kg	绕刚心转动惯量	I_α	0.024 kg·m²
质心与刚心距离	x_α	0.01 m	刚心与翼段中心距离	$\bar{a}b$	−0.025 m
沉浮刚度系数	K_h	2 372 N/m	俯仰刚度系数	K_α	35.5 N·m/rad
沉浮阻尼系数	C_h	3.32 kg/s	俯仰阻尼系数	C_α	0.04 N·m·s
大气密度	ρ	1.225 kg/m³	升力系数斜率	C_L^α	6.283

5.1.1　振动的观点

式(5.1)描述的是一个两自由度动力学系统，它可以简记为矩阵形式

$$\boldsymbol{M}\ddot{\boldsymbol{q}}+\boldsymbol{C}\dot{\boldsymbol{q}}+\boldsymbol{K}\boldsymbol{q}=\boldsymbol{f}(\boldsymbol{q},\dot{\boldsymbol{q}}) \tag{5.4}$$

式中

$$\boldsymbol{M}=\begin{bmatrix} m & S_\alpha \\ S_\alpha & I_\alpha \end{bmatrix},\quad \boldsymbol{C}=\begin{bmatrix} C_h & 0 \\ 0 & C_\alpha \end{bmatrix},\quad \boldsymbol{K}=\begin{bmatrix} K_h & 0 \\ 0 & K_\alpha \end{bmatrix}$$

式中，$\boldsymbol{q}=[h\ \alpha]^{\mathrm{T}}$ 表示系统的坐标；$\boldsymbol{M}$,$\boldsymbol{C}$ 和 $\boldsymbol{K}$ 分别为结构的质量、阻尼和刚度矩阵；$\boldsymbol{f}=[Q_h\ Q_\alpha]^{\mathrm{T}}$ 表示广义非定常气动力，与系统的运动有关。按照振动的分类，式(5.4)表示的力学问题实际上是一种自激振动。

根据 Grossman 准定常理论，非定常气动力可以表示为位移和速度的线性形式，即

$$\boldsymbol{f}=\rho V\boldsymbol{A}_{\mathrm{C}}\dot{\boldsymbol{q}}+\rho V^2\boldsymbol{A}_{\mathrm{K}}\boldsymbol{q} \tag{5.5}$$

式中

$$\boldsymbol{A}_{\mathrm{C}}=\begin{bmatrix} -bLC_L^\alpha & -\left(\dfrac{1}{2}-\bar{a}\right)b^2LC_L^\alpha \\ \left(\dfrac{1}{2}+\bar{a}\right)b^2LC_L^\alpha & \left[\left(\dfrac{1}{4}-\bar{a}^2\right)C_L^\alpha-\dfrac{\pi}{2}\right]b^3L \end{bmatrix},\quad \boldsymbol{A}_{\mathrm{K}}=\begin{bmatrix} 0 & -bLC_L^\alpha \\ 0 & \left(\dfrac{1}{2}+\bar{a}\right)b^2LC_L^\alpha \end{bmatrix}$$

将式(5.5)代入式(5.4)中，整理得到

$$\boldsymbol{M}\ddot{\boldsymbol{q}}+(\boldsymbol{C}-\rho V\boldsymbol{A}_{\mathrm{C}})\dot{\boldsymbol{q}}+(\boldsymbol{K}-\rho V^2\boldsymbol{A}_{\mathrm{K}})\boldsymbol{q}=\boldsymbol{0} \tag{5.6}$$

可以看出，非定常气动力在振动中起了两种作用，一部分是阻尼作用，另一部分是刚度作用，且阻尼和刚度的大小与风速或动压有关。当风速为零时，此时翼段为保守系统，是动力学稳定的；随着风速的增大，系统的阻尼和刚度特性发生变化，在一定范围内，气动阻尼的作用是使振动衰减；当风速超过某一临界值时，气动阻尼使振动响应发散，引起颤振。下面来看看定量分析的结果。

【例 5.1】在初始时刻给定典型翼段的俯仰角为 0.1 rad，然后自由释放，研究翼段在不同风速情况下的振动响应。图 5.2 显示了风速 V 分别为 16.0 m/s，20.7 m/s 和 24.0 m/s 情况下翼段沉浮位移和俯仰角的响应曲线。在较小风速下（如 $V=16.0$ m/s），翼段的振动响应是衰减的，这说明整个气动弹性系统的阻尼为正值，随着时间的增加，振动幅值趋于零，系统是稳定的。在 $V=20.7$ m/s 时，翼段振动响应变成等幅的简谐运动，此时阻尼值为零，系统处于临界稳定状态。当风速超过该临界值后（如 $V=24.0$ m/s），翼段的振动响应随时间的增加呈振荡发散，系统失去稳定性。

因此，从振动的观点看，颤振是一种自激振动，非定常气动力在振动中起了两种作用，一部分是阻尼作用，另一部分是刚度作用，且阻尼和刚度的大小与风速或动压有关。当风速为零时，此时翼段为保守系统，是动力学稳定的；随着风速的增大，系统的阻尼和刚度特性发生变化，在一定范围内，气动阻尼和气动刚度的作用是使振动衰减；当风速超过某一临界值时，气动阻尼和气动刚度使振动响应发散，引起颤振。

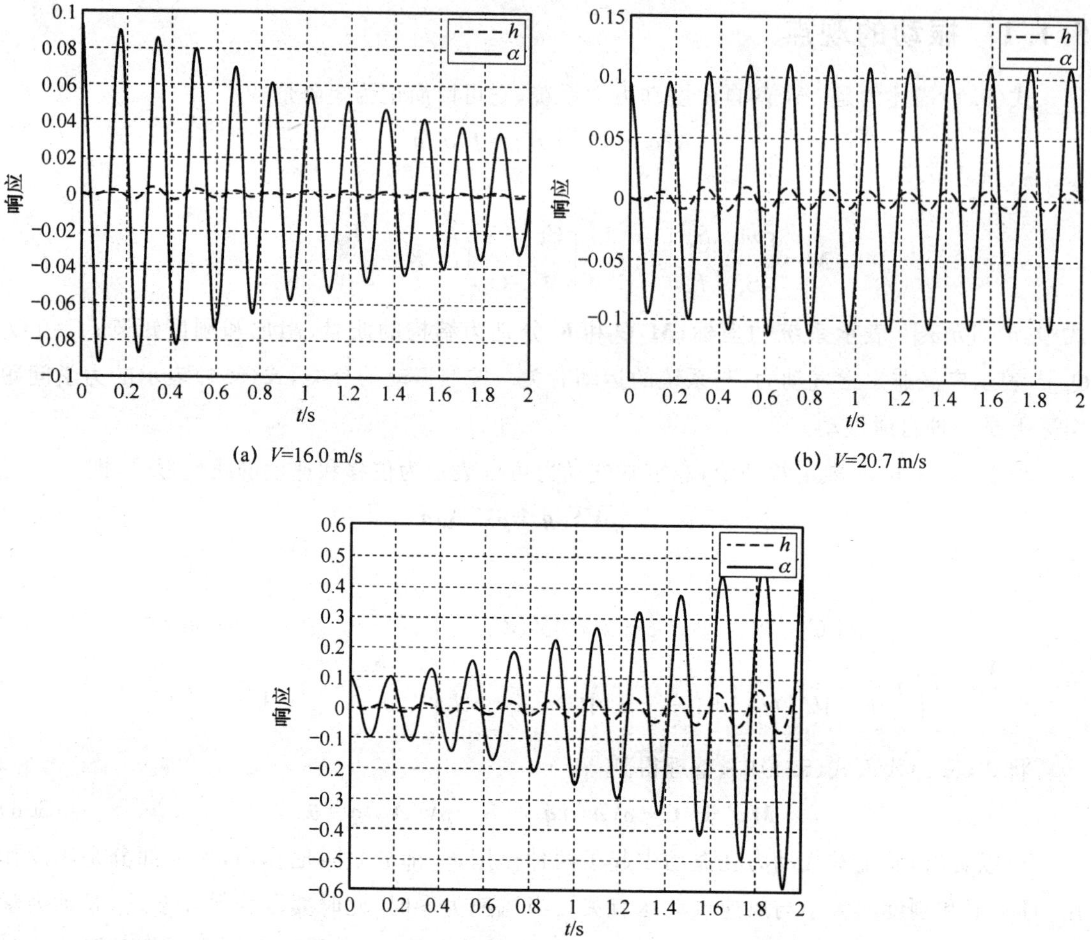

(a) V=16.0 m/s (b) V=20.7 m/s

(c) V=24.0 m/s

图 5.2 不同风速下的翼段自由释放振动响应

5.1.2 数学的观点

典型翼段动力学系统的数学描述由运动方程(5.4)和气动力表达式(5.5)构成，这里将其表示为状态空间形式

$$\begin{bmatrix} \dot{\boldsymbol{q}} \\ \ddot{\boldsymbol{q}} \end{bmatrix} = \begin{bmatrix} \boldsymbol{0} & \boldsymbol{I} \\ \boldsymbol{M}^{-1}(\rho V \boldsymbol{A}_{\mathrm{K}} - \boldsymbol{K}) & \boldsymbol{M}^{-1}(\rho V \boldsymbol{A}_{\mathrm{C}} - \boldsymbol{C}) \end{bmatrix} \begin{bmatrix} \boldsymbol{q} \\ \dot{\boldsymbol{q}} \end{bmatrix} \tag{5.7}$$

即

$$\dot{\boldsymbol{x}} = \boldsymbol{A}\boldsymbol{x} \tag{5.8}$$

式中

$$\boldsymbol{x} = [h \quad \alpha \quad \dot{h} \quad \dot{\alpha}]^{\mathrm{T}}$$

表示系统的状态向量，式(5.7)表示的是一个线性状态空间方程。根据线性系统理论，线性时不变系统渐近稳定的充分必要条件是：系统状态矩阵 $\boldsymbol{A}$ 的全部特征值均位于复平面左半部，即

$$\mathrm{Re}[\lambda_j(\boldsymbol{A})]<0 \quad (j=1,2,\cdots,n) \tag{5.9}$$

这说明气动弹性系统的稳定性可以根据状态矩阵 **A** 的特征值来判定。注意到矩阵 **A** 中的元素与风速 V 有关,因此可以判断,在不同风速 V 的情况下,系统的稳定性可能发生变化。

【例 5.2】研究不同风速情况下的翼段气动弹性系统状态矩阵的特征值。将不同速度下的特征值绘制在同一个复平面上,由此构成根轨迹图,如图 5.3 所示。这里的状态矩阵为 4×4 的实矩阵,因此有 2 对共轭复根,为清楚起见,这里只显示了 2 个虚部为正的特征根的轨迹。图 5.3 表明:在较小风速下,系统特征值均位于复平面左半部,系统是稳定的;在 $V=20.7$ m/s 时,有一个特征根变成纯虚根 35.31i,这正对应于频率为 5.62 Hz 的简谐运动,此时系统处于临界稳定状态;当风速超过该临界值后,系统失去稳定性。

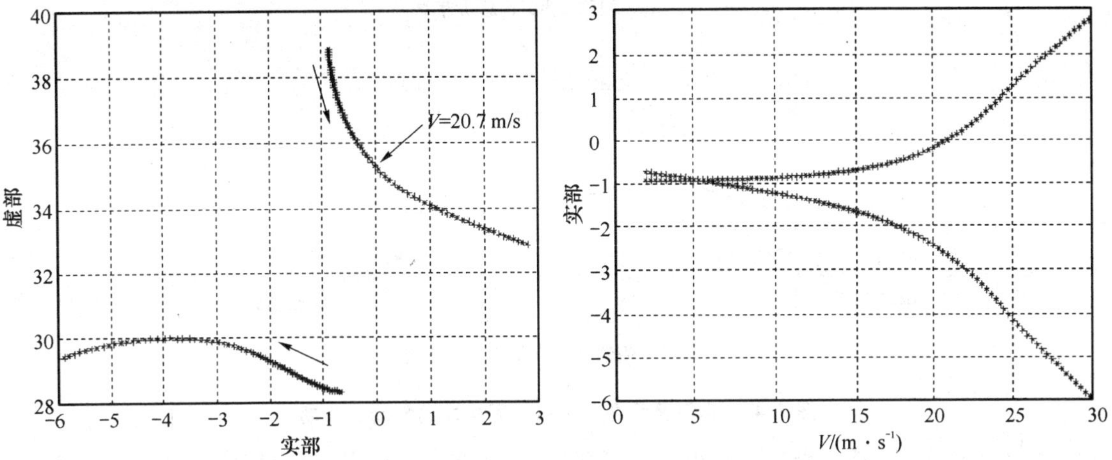

图 5.3　翼段系统特征值随风速的变化

从数学的观点看,颤振是一种动力学系统的失稳,对线性气动弹性系统而言,颤振即表明系统状态矩阵的特征根至少有一个不在复平面左半部。若以风速为参数,则颤振问题可以看做是变参矩阵的特征值问题。当风速由小增大到一定值时,出现一个系统特征根的实部由负变正,当特征根实部为零时为临界状态,此时对应的风速为颤振速度,特征根的虚部即为简谐振动的圆频率,称为颤振频率。

5.1.3　能量的观点

这里以翼段结构为研究对象,分析其能量在振动过程中的变化。翼段的能量包括动能和势能,当不考虑结构阻尼引起的能量耗散,且没有外力作功时,系统是一个保守系统,其动能与势能之和为常值。若考虑结构阻尼引起的能量耗散,则翼段能量在振动过程中会逐渐降低为零,因此系统是稳定的。若气动力对翼段结构作正功,且大于阻尼耗损的能量,则翼段能量就会在振动过程中逐渐累积,导致振动响应的无限扩大,从而引发失稳。

首先,以一个简单的模型来定性说明翼段在振动过程中的能量变化。如图 5.4(a)所示,在一个振动周期内,翼段的沉浮运动与俯仰运动具有相同的相位。为简单起见,图中的气动力仅考虑了由攻角引起的升力。通过分析可知,在一个周期内气动力对翼段所作的总功为零,因此在这种情况下不可能引起振动响应的发散。图 5.4(b)显示的情况有所不同,此时翼段沉浮运动与俯仰运动的相位差为 90°。在这种情况下,气动力始终对翼段作正功,若该正功大于结构阻尼的耗散能，则翼段能量就会随着振动无限增加，即发生颤振失稳。

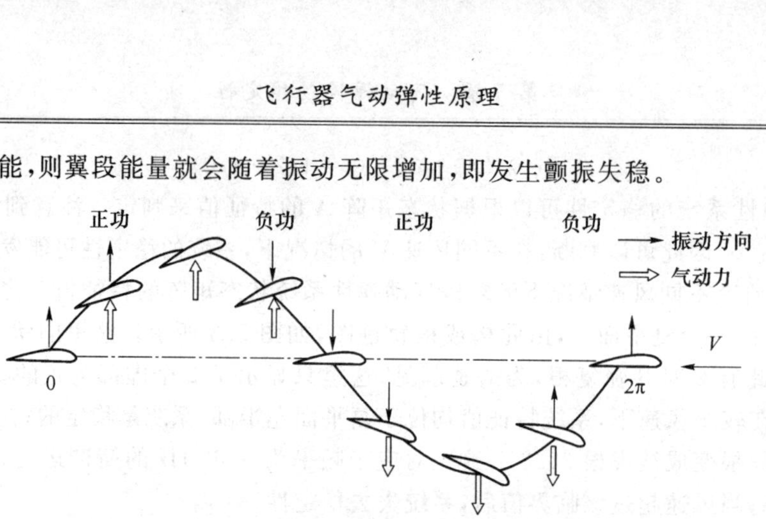

(a) 相位差为0°，总功为零

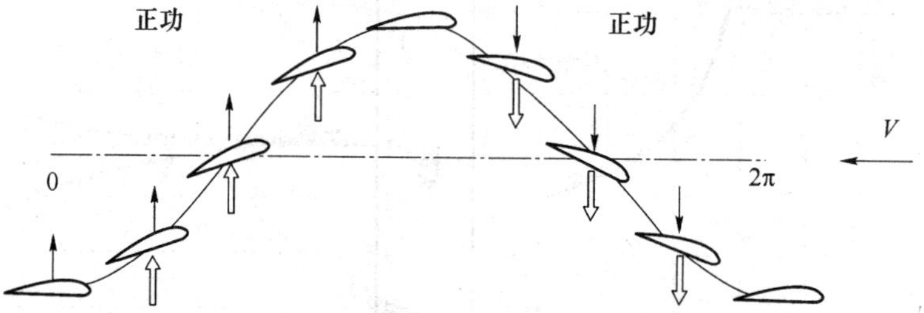

(b) 相位差为90°，总功为正值

图 5.4　典型翼段在一个振动周期内的气动力作功

以上定性分析说明，颤振与自由振动不同，它是在有气流输入能量情况下产生的。颤振与强迫振动也不同，它是由于翼段的沉浮运动与俯仰运动耦合而形成一种换能器，源源不断地将能量从空气转化到结构中。颤振一般需要系统具有两个或两个以上的自由度，且这些自由度之间应满足一定的相位差关系。

下面来定量地讨论翼段发生颤振的沉浮和俯仰自由度的相位差关系。设翼段以圆频率 ω 作简谐运动，即

$$h=\bar{h}_0 b\sin\omega t \tag{5.10}$$

$$\alpha=\bar{\alpha}_0\sin(\omega t+\varphi) \tag{5.11}$$

式中，ϕ 表示沉浮和俯仰自由度的相位差。

空气动力在一个振动周期 T 内对翼段的作功为

$$W_{\mathrm{A}}=\int_t^{t+T}(Q_h\dot{h}+Q_\alpha\dot{\alpha})\mathrm{d}t \tag{5.12}$$

采用如式(5.2)和式(5.3)所示的 Grossman 气动力理论，并将式(5.10)和式(5.11)代入式(5.12)中，得到

$$W_{\mathrm{A}}=-\frac{1}{2}\rho V^3 bLC_L^\alpha k^2\bar{h}_0^2 T(1+\bar{v}\lambda\sin\phi+\bar{a}^2\lambda^2-2\bar{a}\lambda\cos\phi) \tag{5.13}$$

式中，$k=\omega b/V$ 表示无量纲频率，$\bar{v}=1/k=V/(\omega b)$ 表示无量纲速度，$\lambda=\bar{\alpha}_0/\bar{h}_0$ 表示俯仰与沉浮的振幅比。

若不考虑结构阻尼引起的能量耗散，则颤振的条件为空气动力对翼段作正功，即

$$W_{\mathrm{A}}>0 \tag{5.14}$$

根据式(5.13)，颤振条件即化为

$$1+\bar{v}\lambda\sin\phi+\bar{a}^2\lambda^2-2\bar{a}\lambda\cos\phi<0 \tag{5.15}$$

令

$$x=\lambda\cos\phi \tag{5.16}$$

$$y=\lambda\sin\phi \tag{5.17}$$

则式(5.15)可化为

$$\left(x-\frac{1}{a}\right)^2+\left(y+\frac{\bar{v}}{2a^2}\right)^2<\left(\frac{\bar{v}}{2a^2}\right)^2 \tag{5.18}$$

式(5.18)表示颤振区域是一个圆。从该式可以看出，颤振区域与无量纲速度相关。事实上，随着速度的变化，俯仰运动与沉浮运动的振幅比和相位差也发生变化。

【例 5.3】对于表 5.1 所列的翼段模型，当 $\bar{v}=5$ 时，在相平面上将颤振区域绘制出来，如图 5.5所示。

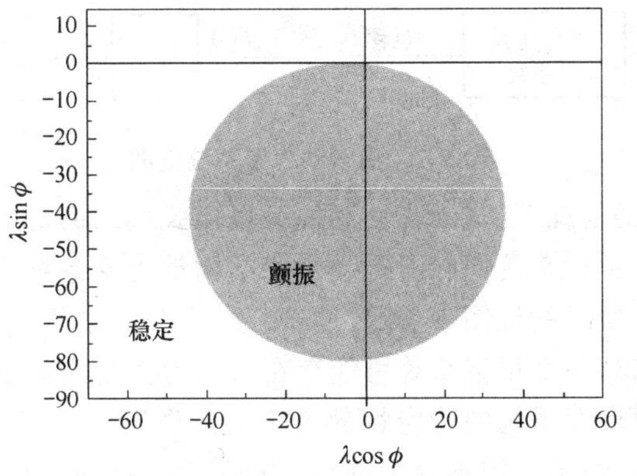

图 5.5　典型翼段颤振区域($\bar{v}=5$)

5.1.4　反馈的观点

气动弹性系统可以看做是结构动力子系统与空气动力子系统耦合作用而成。根据式(5.4)，结构动力子系统的方程可表示为

$$\boldsymbol{M}\ddot{\boldsymbol{q}}+\boldsymbol{C}\dot{\boldsymbol{q}}+\boldsymbol{K}\boldsymbol{q}=\boldsymbol{f} \tag{5.19}$$

对式(5.19)进行 Laplace 变换，得到

$$[s^2\boldsymbol{M}+s\boldsymbol{C}+\boldsymbol{K}]\boldsymbol{q}(s)=\boldsymbol{f}(s) \tag{5.20}$$

进一步有

$$\boldsymbol{q}(s)=\boldsymbol{E}(s)\boldsymbol{f}(s) \tag{5.21}$$

式中

$$\boldsymbol{E}(s)=[s^2\boldsymbol{M}+s\boldsymbol{C}+\boldsymbol{K}]^{-1} \tag{5.22}$$

根据式(5.21)可知，结构动力子系统可以看做是一个线性系统，其输入为力 $\boldsymbol{f}$，输出为位移 $\boldsymbol{q}$，$\boldsymbol{E}(s)$表示结构动力子系统的传递函数，该子系统可以采用如图 5.6 所示的框图来表示。

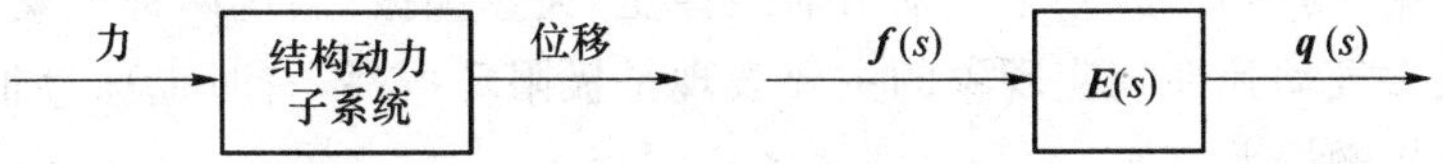

图 5.6　结构动力子系统框图

对于空气动力子系统，若采用 Grossman 准定常理论，则其方程表述为

$$\boldsymbol{f}=\rho V\boldsymbol{A}_{\mathrm{C}}\dot{\boldsymbol{q}}+\rho V^{2}\boldsymbol{A}_{\mathrm{K}}\boldsymbol{q} \tag{5.23}$$

对式(5.23)进行 Laplace 变换，得到

$$\boldsymbol{f}(s)=\rho V^{2}\left(\frac{s}{V}\boldsymbol{A}_{\mathrm{C}}+\boldsymbol{A}_{\mathrm{K}}\right)\boldsymbol{q}(s) \tag{5.24}$$

可简记为

$$\boldsymbol{f}(s)=\rho V^{2}\boldsymbol{A}(s)\boldsymbol{q}(s) \tag{5.25}$$

式中

$$\boldsymbol{A}(s)=\frac{s}{V}\boldsymbol{A}_{\mathrm{C}}+\boldsymbol{A}_{\mathrm{K}} \tag{5.26}$$

根据式(5.25)可知，空气动力子系统也是一个线性系统，其输入为位移 $\boldsymbol{q}$，输出为力 $\boldsymbol{f}$，$\boldsymbol{A}(s)$表示空气动力子系统的传递函数，该子系统可以采用如图 5.7 所示的框图来表示。

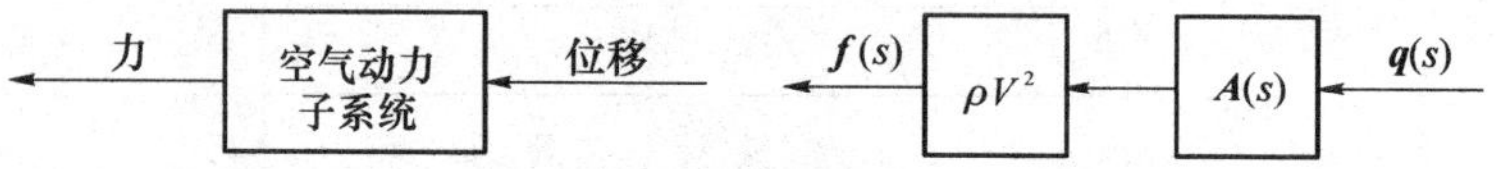

图 5.7 空气动力子系统框图

在不考虑其他外力的情况下，气动弹性系统可以用式(5.19)和式(5.23)联立表示。根据子系统耦合的关系，气动弹性系统实际上是一个由结构动力子系统和空气动力子系统组成的反馈系统，可用如图 5.8 所示的框图来表示。

根据控制理论的知识，一个反馈系统可能存在着动力失稳的问题。在图 5.8 中，ρV^2可以看做是一个反馈增益，对反馈系统的稳定性起着重要的作用。当 ρV^2为零时，表示系统开环，结构动力子系统与空气动力子系统不发生耦合；当 ρV^2在一定范围内时，系统可保持稳定；而当 ρV^2超过某一临界值时，反馈系统可能发生失稳。因此从反馈的观点看，颤振就是由结构动力子系统和空气动力子系统组成的反馈系统在一定反馈增益作用下发生的动力失稳。

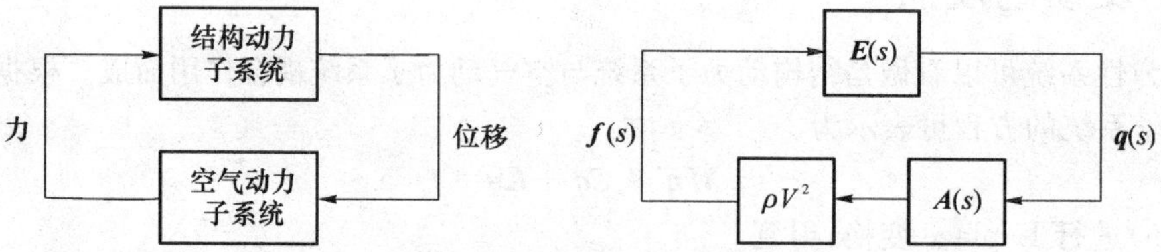

图 5.8 气动弹性系统框图

最后要提及的是关于气动弹性的非线性效应。本书中所讨论的气动弹性模型都是基于线性假设的，而实际上，非线性特性有可能在气动弹性系统的结构、气动力和控制系统中存在。结构非线性主要表现为非均匀的刚度效应(例如挂架的根部连接和操纵面的间隙等)，以及大柔性飞机可能出现大变形而表现出的几何非线性。气动力非线性主要发生在跨声速飞行区，在该飞行区，机翼或操纵面上会出现激波，而且激波位置随机翼的运动而变化，操纵面与激波的相互作用会产生“嗡鸣”。另一个气动力非线性是“失速颤振”。这两种现象将在本章最后作简略介绍。非线性气动弹性响应现象的主要表现是极限环振荡，有时也称为非线性颤振，可以把它当做一种有界颤振。

5.2　典型翼段的颤振理论

二元翼段颤振理论是研究飞行器颤振问题的重要基础。它能引导读者深入了解经典颤振问题的数学和物理关系，并进一步认识某些重要参数变化对颤振的影响。本节讨论的问题也将构成以后三元颤振问题讨论的基础。

二元翼段的模型可以看做是有限展长机翼上的一个典型剖面(例如，人们所关心的 75% 半翼展处的典型剖面)。此时，弹簧将分别模拟机翼结构的弯曲和扭转刚度，弹簧的作用点通常选择在机翼的弹性轴上。本节所讨论的模型示于图 5.1 中，其弦长为 $2b$，分别由一个线弹簧及盘旋弹簧支持于弹性轴 E 点，弹簧系数分别为 K_h 和 K_α。两个自由度分别为沉浮(弯曲) h(在弹性轴处测量，向下为正)及绕弹性轴的转动 α(前缘向上为正)。

引用拉格朗日方程，对于一个具有 n 个广义坐标的系统，有

$$\frac{\mathrm{d}}{\mathrm{d}t}\left(\frac{\partial T}{\partial \dot{q}_i}\right)-\frac{\partial T}{\partial q_i}+\frac{\partial U}{\partial q_i}=Q_i \quad (i=1,2,\cdots,n) \tag{5.27}$$

式中，T 为系统的动能；U 为势能；Q_i 为与 q_i 相应的广义力。应用拉格朗日方程，可得

$$\left.\begin{aligned} m\ddot{h}+S_\alpha\ddot{\alpha}+K_h h=Q_h \\ S_\alpha\ddot{h}+I_\alpha\ddot{\alpha}+K_\alpha\alpha=Q_\alpha \end{aligned}\right\} \tag{5.28}$$

式中，m 是单位展长翼段质量；S_α 是翼段对刚心的质量静矩；I_α 是翼段对刚心的惯性矩。

5.2.1　基于定常气动力理论的颤振计算

采用定常气动力理论，即假设升力只与每一时刻的实际攻角有关，删去一切气动惯性及气动阻尼项，只保留与各广义坐标成比例的气动刚度。按定常气动力理论有

$$L=\frac{1}{2}\rho V^2 S\,\frac{\partial C_L}{\partial \alpha}\alpha=qS\,\frac{\partial C_L}{\partial \alpha}\alpha \tag{5.29}$$

式中，S 为翼段的平面面积，q 为动压，有

$$q=\frac{1}{2}\rho V^2$$

则运动方程为

$$\left.\begin{aligned} m\ddot{h}+S_\alpha\ddot{\alpha}+K_h h+qS\,\frac{\partial C_L}{\partial \alpha}\alpha=0 \\ S_\alpha\ddot{h}+I_\alpha\ddot{\alpha}+K_\alpha\alpha-qSe\,\frac{\partial C_L}{\partial \alpha}\alpha=0 \end{aligned}\right\} \tag{5.30}$$

式中，e 为气动中心到刚心的距离。为求解式(5.30)，可设

$$\left.\begin{aligned} h=h_0\,\mathrm{e}^{\lambda t} \\ \alpha=\alpha_0\,\mathrm{e}^{\lambda t} \end{aligned}\right\} \tag{5.31}$$

式中，λ 是待求常数，可能是复数，$\lambda=\zeta+\mathrm{i}\omega$，其中 ζ 和 ω 都是实数。

现把式(5.31)代入式(5.30)，消去 $\mathrm{e}^{\lambda t}$，得

$$\begin{bmatrix} m\lambda^2+K_h & S_\alpha\lambda^2+qS\,\dfrac{\partial C_L}{\partial \alpha} \\ S_\alpha\lambda^2 & I_\alpha\lambda^2+K_\alpha-qSe\,\dfrac{\partial C_L}{\partial \alpha} \end{bmatrix}\begin{bmatrix} h_0 \\ \alpha_0 \end{bmatrix}=\mathbf{0} \tag{5.32}$$

由式(5.32)得到它的特征方程为

$$A\lambda^4+B\lambda^2+C=0 \tag{5.33}$$

式中

$$\left.\begin{aligned} A&=mI_\alpha-S_\alpha^2\\ B&=mK_\alpha+I_\alpha K_h-(me+S_\alpha)qS\frac{\partial C_L}{\partial\alpha}\\ C&=K_h\left(K_\alpha-qSe\frac{\partial C_L}{\partial\alpha}\right) \end{aligned}\right\} \tag{5.34}$$

由此可解得

$$\lambda^2=\frac{-B\pm\sqrt{B^2-4AC}}{2A} \tag{5.35}$$

通过对式(5.35)的分析可知,当翼段处于静止状态时,动压 $q=0$,则 $B>0$,$B^2-4AC>0$。式(5.35)算出的 λ^2 由两个负实数组成,$\lambda=\mathrm{i}\omega$ 是纯虚数,由此可求得翼段的两个固有频率。当有气流流过时,如果仍能满足 $B^2-4AC>0$,则还是两个振动频率。随着流速的增加,B^2-4AC 将愈来愈小,因而系统的固有频率差距也将减小,最后当 V 达到某一临界值时,$B^2-4AC=0$,于是两个固有频率重合一致。当 V 再进一步增加时,$B^2-4AC<0$,并开始出现复根,意味着系统将作发散性振动,即失去了稳定性。

由此可见,"频率一致"是系统由动力稳定变为动力不稳定的临界条件。根据这个条件可以确定颤振动压 q_F,即

$$Dq_F^2+Eq_F+F=0$$

$$q_F=\frac{-E\pm\sqrt{E^2-4DF}}{2D} \tag{5.36}$$

式中

$$D=\left[(me+S_\alpha)S\frac{\partial C_L}{\partial\alpha}\right]^2$$

$$E=\left[-2(me+S_\alpha)(mK_\alpha+K_hI_\alpha)+4(mI_\alpha-S_\alpha^2)eK_h\right]S\frac{\partial C_L}{\partial\alpha}$$

$$F=(mK_\alpha+K_hI_\alpha)^2-4(mI_\alpha-S_\alpha^2)K_hK_\alpha$$

由式(5.36)给出的颤振速度值一般都不可定量应用,但它却给出了一个重要的结论,即两个固有频率愈接近,颤振速度愈低。所以,飞机设计人员常应用该结论尽量使颤振的两个主模态的固有频率愈远离愈好,并称之为"频率分离"原则。

5.2.2 基于准定常气动力理论的颤振计算

为了定性地分析非定常效应,可使用准定常气动力理论进行颤振计算。准定常理论考虑了翼剖面运动以及该运动对气流方向和时变攻角的影响。

引用第3章的准定常气动力公式,L 及 M_E 可表示为

$$L=-2\pi\rho V^2b\left[\alpha+\frac{\dot h}{V}+\left(\frac{1}{2}-a\right)b\frac{\dot\alpha}{V}\right]$$

$$M_E=2\pi\rho V^2b^2\left(\frac{1}{2}+a\right)\left[\alpha+\frac{\dot h}{V}+\left(\frac{1}{2}-a\right)b\frac{\dot\alpha}{V}\right]-\frac{1}{2}\pi\rho Vb^3\dot\alpha$$

写成矩阵形式为

$$Q=\begin{bmatrix}L\\ M_E\end{bmatrix}=-2\pi\rho Vb\begin{bmatrix}V\alpha+\dot{h}+\left(\frac{1}{2}-a\right)b\dot{\alpha}\\ -\left(\frac{1}{2}+a\right)Vb\alpha-\left(\frac{1}{2}+a\right)b\dot{h}+a^2b^2\dot{\alpha}\end{bmatrix}=$$

$$-2\pi\rho Vb\left\{\begin{bmatrix}0 & V\\ 0 & -\left(\frac{1}{2}+a\right)bV\end{bmatrix}\begin{bmatrix}h\\ \alpha\end{bmatrix}+\begin{bmatrix}1 & \left(\frac{1}{2}-a\right)b\\ -\left(\frac{1}{2}+a\right)b & a^2b^2\end{bmatrix}\begin{bmatrix}\dot{h}\\ \dot{\alpha}\end{bmatrix}\right\}=$$

$$-Q_G q+Q_Z\dot{q} \tag{5.37}$$

式中，Q_G 称为气动刚度矩阵；Q_Z 称为气动阻尼矩阵。运动方程的矩阵形式是

$$M\ddot{q}+Q_Z\dot{q}+(K+Q_G)q=0 \tag{5.38}$$

考虑颤振临界状态，这时机翼作简谐运动，即

$$h=h_0e^{i\omega t}$$

$$\alpha=\alpha_0e^{i\omega t}$$

代入颤振运动方程(5.28)，经整理后得

$$\left.\begin{aligned}&-m\omega^2h_0-S_\alpha\omega^2\alpha_0+K_hh_0+2\pi\rho V^2b\left[\alpha_0+i\omega\frac{h_0}{V}+\left(\frac{1}{2}-a\right)bi\omega\frac{\alpha_0}{V}\right]=0\\ &-S_\alpha\omega^2h_0-I_\alpha\omega^2\alpha_0+K_\alpha\alpha_0-2\pi\rho V^2b^2\left(\frac{1}{2}+b\right)\left[\alpha_0+i\omega\frac{h_0}{V}+\left(\frac{1}{2}-a\right)bi\omega\frac{\alpha_0}{V}\right]+\frac{1}{2}\pi\rho Vb^3i\omega\alpha_0=0\end{aligned}\right\} \tag{5.39}$$

现引入以下符号

$$c_{11}=m,\quad c_{12}=c_{21}=-S_\alpha,\quad c_{22}=I_\alpha$$

$$a_{11}=K_h,\quad a_{22}=K_\alpha,\quad b_{12}=-2\pi\rho b,\quad b_{22}=-2\pi\rho b^2\left(\frac{1}{2}+a\right)$$

$$d_{11}=2\pi\rho b,\quad d_{12}=-2\pi\rho b^2\left(\frac{1}{2}-a\right),\quad d_{21}=2\pi\rho b^2\left(\frac{1}{2}+a\right),\quad d_{22}=2\pi\rho b^3a^2$$

代入式(5.39)，得

$$\left.\begin{aligned}&(a_{11}-c_{11}\omega^2+i\omega Vd_{11})h_0+(c_{12}\omega^2-b_{12}V^2-i\omega Vd_{12})\alpha_0=0\\ &(c_{21}\omega^2-i\omega Vd_{21})h_0+(a_{22}-c_{22}\omega^2+b_{22}V^2+i\omega Vd_{22})\alpha_0=0\end{aligned}\right\} \tag{5.40}$$

方程(5.40)具有非零解的条件是系数行列式等于零，即

$$\begin{vmatrix}a_{11}-c_{11}\omega^2+i\omega Vd_{11} & c_{12}\omega^2-b_{12}V^2-i\omega Vd_{12}\\ c_{21}\omega^2-i\omega Vd_{21} & a_{22}-c_{22}\omega^2+b_{22}V^2+i\omega Vd_{22}\end{vmatrix}=0 \tag{5.41}$$

行列式(5.41)称为“颤振行列式”。注意到，它和自由振动时的固有频率方程不同，式(5.41)是一个复数方程。展开后得到代数方程式，它包含实部和虚部两个方程，且仅含有频率 ω 及速度 V 两个未知数。

实部方程为

$$A_1\omega^4-(C_1+C_2V^2)\omega^2+(E_1+E_2V^2)=0 \tag{5.42}$$

虚部方程为

$$-B_1\omega^2+(D_1+D_2V^2)=0 \tag{5.43}$$

式中

$$\left.\begin{aligned}A_1&=c_{11}c_{22}-c_{12}c_{21}\\B_1&=d_{11}c_{22}+c_{11}d_{22}-c_{12}d_{21}-c_{21}d_{12}\\C_1&=a_{11}c_{22}+c_{11}a_{22}\\C_2&=c_{11}b_{22}-b_{12}c_{21}+d_{11}d_{22}-d_{12}d_{21}\\D_1&=d_{11}a_{22}+a_{11}d_{22}\\D_2&=d_{11}b_{22}-b_{12}d_{21}\\E_1&=a_{11}a_{22}\\E_2&=a_{11}b_{22}\end{aligned}\right\}\tag{5.44}$$

由虚部方程(5.43)解得

$$\omega^2=\frac{D_1+D_2V^2}{B_1}\tag{5.45}$$

代入实部方程(5.42),得

$$LV^4+MV^2+N=0\tag{5.46}$$

式中

$$\left.\begin{aligned}L&=D_2(B_1C_2-D_2A_1)\\M&=B_1C_2D_1+B_1C_1D_2-B_1^2E_2-2D_1D_2A_1\\N&=B_1C_1D_1-B_1^2E_1-D_1^2A_1\end{aligned}\right\}\tag{5.47}$$

对式(5.46)应用二次代数方程求根的公式,即求得颤振速度的封闭解

$$V_{\mathrm{F}}^2=\frac{-M\pm\sqrt{M^2-4LN}}{2L}\tag{5.48}$$

取两个根中较小的正实根,即为颤振速度 V_{F}。较大的正实根称为上临界速度,在这个速度下,机翼的运动又恢复稳定,它在工程上没有实际意义。在求得 V_{F} 之后,代回式(5.45),即可得到颤振频率 ω_{F}。在求得 V_{F} 及 ω_{F} 之后,代回式(5.40)中的任意一个方程,可得到颤振模态

$$\frac{h}{\alpha}=\frac{c_{12}\omega_{\mathrm{F}}^2-b_{12}V_{\mathrm{F}}-\mathrm{i}\,\omega_{\mathrm{F}}V_{\mathrm{F}}d_{12}}{a_{11}-c_{11}\omega_{\mathrm{F}}^2+\mathrm{i}\,\omega_{\mathrm{F}}V_{\mathrm{F}}d_{11}}\tag{5.49}$$

这个比值是复数,它表明 h 和 α 虽然都是简谐振动,但它们之间在颤振时存在相位差,与速度为零时翼段固有振动时的情况不同,二者有根本差异。

准定常气动力理论并不限于机翼作简谐振动的情况,所以也可以用来分析小于颤振速度的亚临界状态和大于颤振速度的超临界状态。

由准定常气动力理论可以得到比定常气动力理论更加精确的结果,但它对真实情况的描述还不够充分。例如,机翼的运动对气流有干扰,后缘的尾涡会脱落,该旋涡产生的下洗会影响机翼上的气流,这是准定常气动力所没有考虑的。

5.2.3 基于非定常气动力理论的颤振计算

在非定常气动力理论中,考虑了自由涡的作用。因此,在二元流动的范围内,非定常气动力理论是准确的理论。

关于机翼作简谐振动的情况,完整的解答首先是 Theodorson 发表在 NACA-TR-496 上的文章 *General Theory of Aerodynamic Instability and Mechanism of Flutter* 中给出的,这里将直接引用其结果并代入二元机翼的运动方程,可得

$$\left.\begin{aligned}&-m\omega^2 h+S_\alpha\omega^2\alpha+K_h h-\pi\rho b^3\omega^2\left\{L_h\frac{h}{b}+\left[L_\alpha-\left(\frac{1}{2}+a\right)L_h\right]\alpha\right\}=0\\&-S_\alpha\omega^2 h-I_\alpha\omega^2\alpha+K_\alpha\alpha-\pi\rho b^4\omega^2\left\{\left[M_h-\left(\frac{1}{2}+a\right)L_h\right]\frac{h}{b}+\right.\\&\qquad\left.\left[M_\alpha-\left(\frac{1}{2}+a\right)(L_\alpha+M_h)+\left(\frac{1}{2}+a\right)^2L_h\right]\alpha\right\}=0\end{aligned}\right\}\tag{5.50}$$

式中,L_h,L_α,M_h,M_α 都是无量纲频率 k 的函数,其随 k 值变化的情况都已制成表格,可供查用。但必须注意到,这些数值表的理论基础仅适用于简谐振动,因此它们只能用于临界颤振情况。

临界颤振时的简谐振动是 $h=h_0\mathrm{e}^{\mathrm{i}\omega t}$ 和 $\alpha=\alpha_0\mathrm{e}^{\mathrm{i}\omega t}$,把它们代入式(5.50),由于气动力及气动力矩都含有 h_0 和 α_0 项,故式(5.50)仍是齐次代数方程。h_0 和 α_0 有非零解的充分必要条件是系数行列式等于零,由此可得到颤振行列式

$$\begin{vmatrix}\dfrac{m}{\pi\rho b^2}\left[1-\left(\dfrac{\omega_h}{\omega_\alpha}\right)^2\left(\dfrac{\omega_\alpha}{\omega}\right)^2\right]+L_h & \dfrac{m}{\pi\rho b^2}x_\alpha+L_\alpha-\left(\dfrac{1}{2}+a\right)L_h\\ \dfrac{m}{\pi\rho b^2}x_\alpha+M_h-\left(\dfrac{1}{2}+a\right)L_h & \dfrac{m}{\pi\rho b^2}r_\alpha^2\left[1-\left(\dfrac{\omega_\alpha}{\omega}\right)^2\right]+M_\alpha-\left(\dfrac{1}{2}+a\right)(L_h+M_h)+\left(\dfrac{1}{2}+a\right)^2L_h\end{vmatrix}=0\tag{5.51}$$

式中

$$\omega_h^2=\frac{K_h}{m},\quad \omega_\alpha^2=\frac{K_\alpha}{I_\alpha},\quad S_\alpha=m(x_\alpha b),\quad I_\alpha=m(r_\alpha b)^2$$

x_α 和 r_α 都是无量纲几何参数。问题在于如何求解方程(5.51),以求出 ω_α/ω 及 k 所含的未知量。由于 k 隐含在各气动力系数中,而通常各气动力系数与 k 的关系是用数值表形式给出的,因此在这个复数方程中并没有表现出未知量的个数。以下将分别介绍两种应用最广的方法。

5.3　颤振行列式的求解

从 5.2 节的讨论可以看到,采用非定常气动力理论时,方程中不显含 V,而必须采用某种试凑的方法。在给定 $1/k=V/b\omega$ 的值后,才能找到对应的气动力系数 L_h 等的值。以下分别介绍 $V-g$ 法和 $p-k$ 法。

5.3.1　解颤振方程的 V－g 法

该方法引入了结构阻尼系数 g,该阻尼系数不同于实际的结构阻尼系数,称为人工阻尼系数。结构阻尼力,其大小与位移成正比,方向与速度相反。对于二元机翼的两个自由度弯曲和扭转,分别有相应的结构阻尼力的表达式 $-\mathrm{i}gK_h h$ 和 $-\mathrm{i}gK_\alpha\alpha$。

引入人工阻尼后,颤振行列式(5.51)变为

$$\begin{vmatrix}\dfrac{m}{\pi\rho b^2}\left[1-(1+\mathrm{i}g)\left(\dfrac{\omega_h}{\omega_\alpha}\right)^2\left(\dfrac{\omega_\alpha}{\omega}\right)^2\right]+L_h & \dfrac{m}{\pi\rho b^2}x_\alpha+L_\alpha-\left(\dfrac{1}{2}+a\right)L_h\\ \dfrac{m}{\pi\rho b^2}x_\alpha+M_h-\left(\dfrac{1}{2}+a\right)L_h & \begin{aligned}&\dfrac{m}{\pi\rho b^2}r_\alpha^2\left[1-(1+\mathrm{i}g)\left(\dfrac{\omega_\alpha}{\omega}\right)^2\right]+M_\alpha-\\&\left(\dfrac{1}{2}+a\right)(L_\alpha+M_h)+\left(\dfrac{1}{2}+a\right)^2L_h\end{aligned}\end{vmatrix}=0\tag{5.52}$$

引用复变量

$$Z=(1+\mathrm{i}g)\left(\frac{\omega_\alpha}{\omega}\right)^2 \tag{5.53}$$

则式(5.52)展开后就变成一个关于变量 Z 的复系数二次代数方程，求解后可解出两个根 $Z=Z_R+\mathrm{i}Z_I$。按照式(5.53)关于 Z 的定义，可得

$$Z_R=\left(\frac{\omega_\alpha}{\omega}\right)^2,\quad 即\quad \omega=\frac{\omega_\alpha}{\sqrt{Z_R}} \tag{5.54}$$

$$Z_I=g\left(\frac{\omega_\alpha}{\omega}\right)^2=gZ_R,\quad 即\quad g=\frac{Z_I}{Z_R} \tag{5.55}$$

在求解二次方程时，必须要有对应马赫数的非定常气动力系数 L_h，L_α，M_h 及 M_α 的数值，这就必须先要有减缩频率 k 的值，再由 k 值查到它们对应的数值。然后得到

$$V=\frac{\omega b}{k}=\frac{b}{k}\cdot\frac{\omega_\alpha}{\sqrt{Z_R}} \tag{5.56}$$

$V-g$ 法就是以关系式(5.56)为基础而制订出的试凑求解方法，其基本步骤如下：首先假设一组 n 个 k 值，针对每个假设的 k 值，都可查出对应的气动力系数 L_h 等，然后代入式(5.52)中，解出复系数代数方程的两个根，利用关系式(5.56)，可得两个解(ω_1，g_1，V_1)及(ω_2，g_2，V_2)。对所假设的一组 n 个 k 值的每一个 k 都重复上述步骤，就得到与所假设 k 值相应的一组解$(\omega_1, g_1, V_1)_n$ 及$(\omega_2, g_2, V_2)_n$，利用这组数据，可分别绘制 $V-\omega$ 图和 $V-g$ 图。在 $V-\omega$ 图上可以看到，对应每个 k 值的计算结果的两个点$(V_1,\omega_1)_{k_i}$ 和$(V_2,\omega_2)_{k_i}$，与原点 O 这三个点必然在一条直线上，且该直线的斜率是

$$\frac{\omega}{V}=\frac{1}{b}\cdot\frac{\omega b}{V}=\frac{1}{b}k_i$$

如图 5.9 所示，在 $V-g$ 图上，两条曲线都从原点出发，都向 g 为负值的方向延伸，其中一支转向 g 为正值的方向，穿越横轴，g 值由负变正，穿越点的 V 值就是颤振速度。

注意到，真实结构不可能有负阻尼，负阻尼意味着它不消耗能量，反而增加能量。在 $V-g$ 法中算出负值的 g，其含义是，为了在该速度下维持简谐振动，需要用负结构阻尼给系统增加能量，$V-g$ 图上的这种 g 称为“需用结构阻尼”。

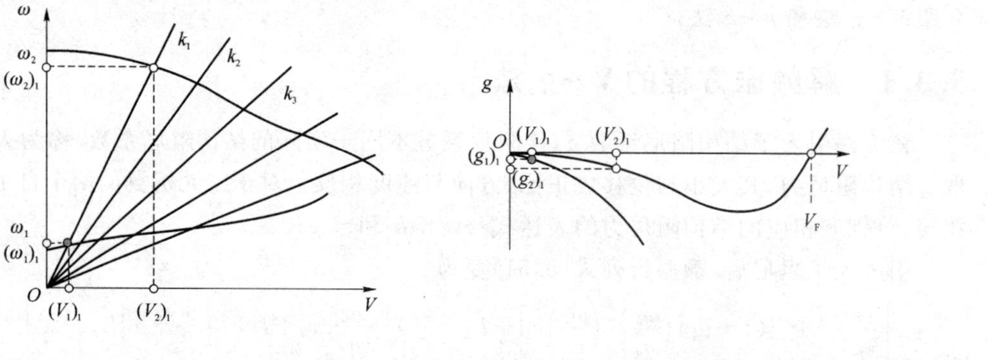

(a) $V-\omega$图　　(b) $V-g$图

图 5.9　V-g 方法

由于简谐运动假设贯穿始终，所以这些曲线在很大程度上只起到指示性作用。根据每个减缩频率 k_i 所得到的 g_i，可以将其解释为是为了得到简谐运动频率 ω_i 所需要的阻尼，这种阻

尼实际上是不存在的，只是为了产生预定运动而人为设置的阻尼。

$V-g$ 法为颤振分析提供了方便的条件，但在数学上并不是准确的公式，其理论基础不能认为是严格确切的。在 $V-g$ 图中，只在 $g=0$ 的点所描述的状态是正确的。对于 g 不等于零的情况，则不能正确描述系统的行为。

最后，要注意到 L_h，L_α，M_h 和 M_α 等气动力系数在理论上是减缩频率 k 的函数，它们同时也是马赫数 Ma 的函数，所以按上述 $V-g$ 法算出的颤振速度 V_F，与计算时所取的飞行高度的声速之比，不一定会与查表得到的 L_h 等的值的马赫数相一致。为了得到在马赫数上的前后一致性，还应有对马赫数进行一次试凑的过程。其步骤如下：选取一系列马赫数 Ma，查表取得与其对应的气动力系数 L_h 等；针对每组系数计算出一个颤振速度 V_F；把每个 Ma 与其对应的 V_F 画在一张图上，并连成一条曲线；然后过原点作一条斜率为在计算高度 H 上的声速值 c_H 的直线，该直线与上述曲线的交点就是最终所要求的颤振速度。试凑过程示于图 5.10 中。

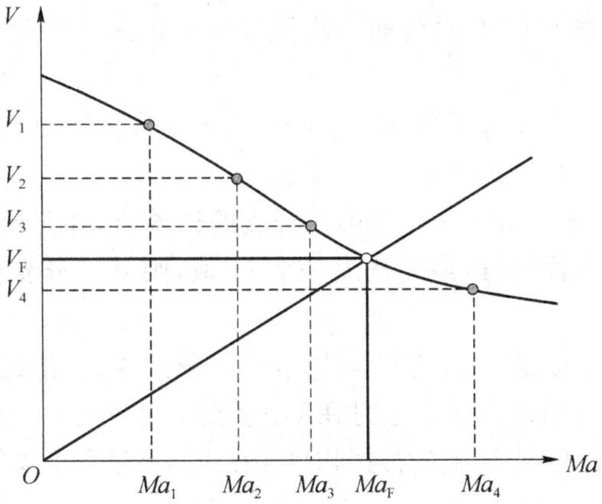

图 5.10　Ma 试凑图示

5.3.2　解颤振方程的 $p-k$ 法

在颤振分析中，引用非定常气动力理论只能求解机翼作简谐振动时的临界状态的速度，而不能了解亚临界时的颤振趋势，$p-k$ 法比起 $V-g$ 法能进一步说明亚临界自由振动的衰减程度。这时机翼不是作简谐运动，其运动可表述为

$$\left.\begin{aligned} h &= h_0 e^{(\gamma+i)\omega t} = h_0 e^{\bar{p} t} \\ \alpha &= \alpha_0 e^{(\gamma+i)\omega t} = \alpha_0 e^{\bar{p} t} \end{aligned}\right\} \tag{5.57}$$

$p-k$ 法的基本出发点是：认为在颤振临界的附近，自由振动虽不是简谐，但接近简谐，所以在计算气动力时，仍使用简谐振动机翼的非定常气动力表达式。表达式中用到的减缩频率 k 值就取自与式(5.57)中 ω 相应的值。

机翼作简谐运动时，有

$$\ddot{h} = -\omega^2 h$$

由式(5.57)，则有

$$\ddot{h} = d^2 h / dt^2 = \bar{p}^2 h$$

因而在非定常气动力表达式中，只要以 $\bar{p}^2$ 代替 $-\omega^2$ 即可得出翼段作任意运动的运动方程及颤振行列式。

取颤振行列式等于零，得到

$$\begin{vmatrix} \frac{m}{\pi\rho b^2}\left[p^2+\left(\frac{\omega_h}{\omega_\alpha}\right)^2\left(\frac{\omega_\alpha b}{V}\right)^2\right]-k^2L_h & \frac{m}{\pi\rho b^2}x_\alpha p^2-k^2\left[L_\alpha-\left(\frac{1}{2}+a\right)L_h\right] \\ \frac{m}{\pi\rho b^2}x_\alpha p^2-k^2\left[M_h-\left(\frac{1}{2}+a\right)L_h\right] & \frac{r_\alpha^2 m}{\pi\rho b^2}\left[p^2+\left(\frac{\omega_\alpha b}{V}\right)^2\right]-k^2\left[M_\alpha-\left(\frac{1}{2}+a\right)(L_h+M_h)+\left(\frac{1}{2}+a\right)^2L_h\right] \end{vmatrix}=0 \quad (5.58)$$

求解方程(5.58)的主要步骤是：

① 取一个飞行高度 H(即取一个大气密度值)及一个飞行速度 V，由此确定了马赫数 Ma。

② 在已确定的马赫数的基础上，选定一个初始迭代值 k，由此查表获得 L_h 等气动力系数值。

③ 求解式(5.58)，找出两个根 $p^{(1)}=\gamma^{(1)}k^{(1)}+\mathrm{i}k^{(1)}$ 及 $p^{(2)}=\gamma^{(2)}k^{(2)}+\mathrm{i}k^{(2)}$，与步骤②的 k 值比较，若 $k^{(1)}$ 接近初始值，则取 $k^{(1)}$ 作为下一轮试凑值 k。以此类推，进行 k 迭代过程。

④ 在迭代过程中，当解出的 k 值与前一步假设的 k 值之差小于预设指标 ε 时，停止迭代。此 k 值就是最终解，称之为 k_1。

至此，对于步骤①所取的飞行高度 H 及飞行速度 V，机翼在气流中自由振动的第一分支模态已经找出，其频率是 $\omega_1=k_1V/b$，衰减率是 γ_1。

仍使用选取的 ρ 和 V 值，求出 $k^{(2)}$ 作为第二分支的试凑值，并开始针对机翼在气流中自由振动的第二分支模态的 k 的迭代过程，最终找出一个 k_2 值，则第二分支模态的频率 $\omega_2=k_2V/b$ 及衰减率 γ_2 已求出。

以下要逐级增大飞行速度，把一系列相应的点(V,γ)及点(V,ω)都找出来，直到有一个点(V,γ)，其 γ 首先由负变正，这时计算就结束了。这时在 $V-\gamma$ 图上可见有一支曲线与横坐标轴相交，该交点处的 V 值就是在所述飞行高度 H 上的颤振临界速度 V_F，该过程可参阅图 5.11。

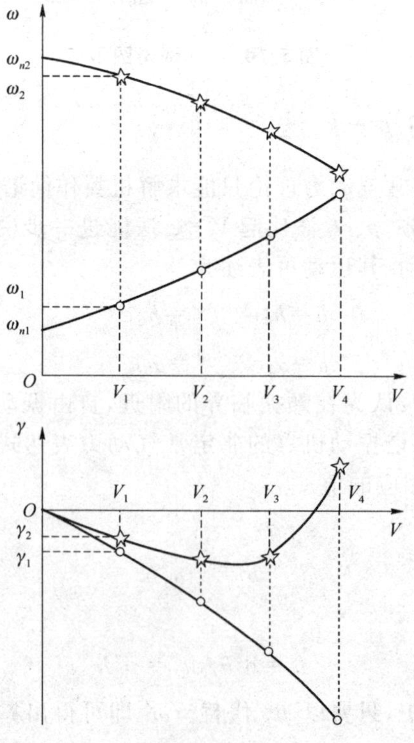

图 5.11 p-k 法

对于低于颤振临界速度 V_F 的情况，用 $p-k$ 法找出的 γ 值，可以认为就是亚临界飞行情况的真实衰减率，可用来与飞行颤振试验的实测值进行比较。此外，由于 $p-k$ 法找出的 V_F 值是与所述的飞行高度 H 上的飞行马赫数协调一致的，因此，$p-k$ 法不须像 $V-g$ 法那样，在一系列 k 迭代的基础上还要进行 Ma 迭代。

5.4　影响颤振稳定性的参数

在二元翼段颤振理论分析的基础上，为了进一步了解弹性系统的颤振特性，本节将简单分析在弹性升力面设计中影响颤振的因素。这些因素大多也适用于三元机翼的设计，所以具有一定的普遍意义。但由于所做假设的限制，诸如对流体不可压缩的假设等，所以也要注意以下的讨论（本节讨论的因素主要来自结构和气动力两方面）：

① 刚度及频率比的影响。在保持频率比不变的条件下，颤振速度与刚度的平方根成正比。但扭转刚度的单独变化，对颤振速度的影响更大。为了提高颤振速度，可以采取单独增加扭转刚度的办法。也可以认为机翼的弯曲刚度作用不显著。因而，在分析中即使存在较大偏差，也不会对颤振速度有太大影响。由图 5.12 可见，频率比的变化显著地影响颤振特性。当频率比增大时，V_F 将减小，且在 ω_h/ω_α 接近 1 时达到极小值。

② 质心位置的影响。由图 5.12 可知，对于工程实际的频率范围（ω_h/ω_α 在 1/3 左右），使质心前移，即减小 x_α 可使颤振速度提高，且越是在 x_α 接近于零的情况下，V_F 对 x_α 的变化也越敏感。当质心位置位于弯心前面时，甚至可以防止颤振发生。由于质心位置对颤振临界速度影响显著，所以在前缘放置配重使机翼质心前移来提高颤振速度，已成为工程上广泛采用的一种有效方法。

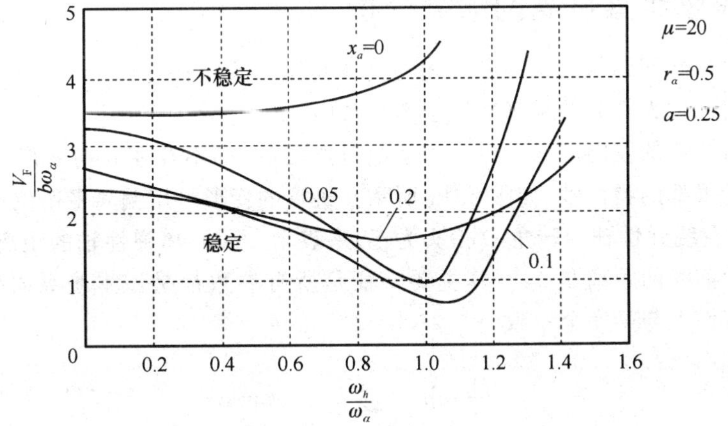

图 5.12　质心位置对颤振特性的影响

③ 弯心位置的影响。在保持质心位置不变的条件下，使弯心趋于气动中心，均可稍微提高颤振速度。

④ 在气动方面主要是空气密度（飞行高度）的影响和空气压缩性效应。前者主要指随着飞行高度的增加，大气密度 ρ 减小，而在速压相同的情况下，就有

$$V_{FH}=V_{F0}\sqrt{\frac{\rho_0}{\rho_H}} \tag{5.59}$$

式中，V_{F0} 是海平面上的颤振速度；ρ_0 是海平面上的大气密度。

空气压缩性的效应，大约在马赫数 $Ma>0.5$ 以后就会逐渐显现出来。但在亚声速和低超声速情况下，空气压缩性对颤振速度 V_F 的影响并不很大，一般从理论计算和试验的数据都表明，V_F 的变化大约在 10%～15%之间。如图 5.13 所示，当马赫数在 1 附近时，V_F 下降较多，并出现 V_F 的最小值，以后随着马赫数的增加，V_F 逐渐增加，这就是通常所说的跨声速凹坑。

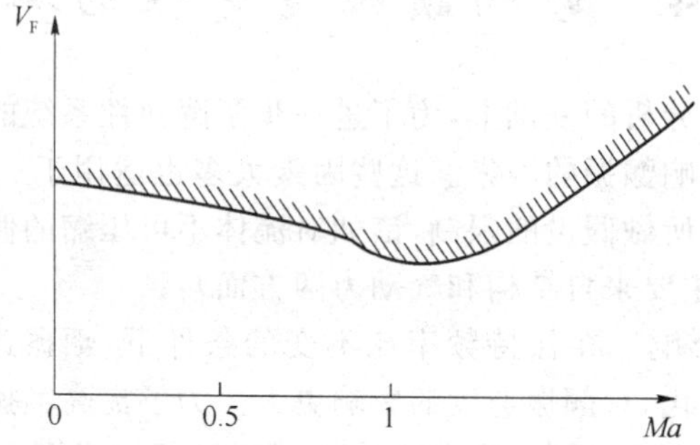

图 5.13 空气压缩性对颤振速度的影响

5.5 大展弦比机翼的颤振分析

对于一个弹性升力面来说，总会比典型翼段要复杂，因为它是一个连续弹性体，有无限多个自由度。因而，如何处理弹性连续系统的求解问题，将是本节和 5.6 节讨论的主要内容。

5.5.1 大展弦比直机翼的颤振分析

本小节所讨论的问题与 5.4 节所叙述的典型翼段的颤振在理论上没有本质区别，所以对于典型翼段所讨论的大部分结果都能用于本小节中。

大展弦比直机翼的弦向剖面可以认为是绝对刚硬的，即不存在弦向变形。通常它具有一根近似于垂直于根部的弹性轴，如图 5.14 所示。机翼的变形可用偏离平衡位置的弹性轴的位移 h（向上为正）及绕弹性轴的转角 α（抬头为正）来表示。质心离弹性轴的距离为 σ，质心在后时为正。弯心距前缘的距离是 x_0。其主要特征是所有参数都是该系统纵向坐标 y 的函数。在弹性力学的特性上与梁完全一致。

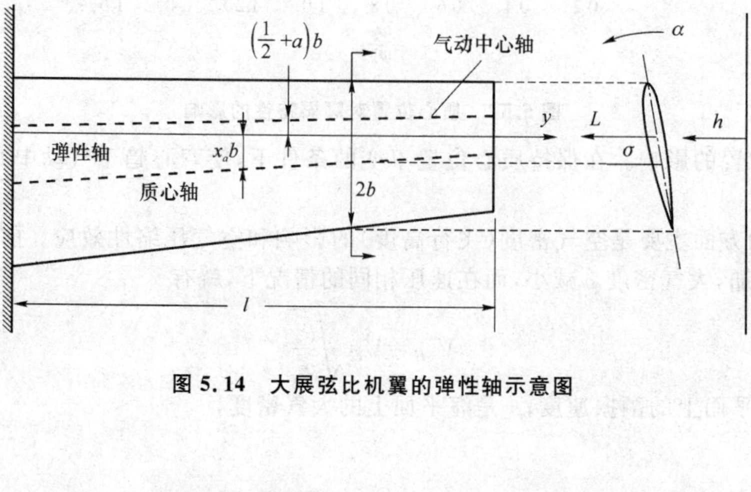

图 5.14 大展弦比机翼的弹性轴示意图

当采用准定常理论计算气动力时，得到运动方程

$$\left.\begin{aligned}&\frac{\partial^2}{\partial y^2}\left(EI\,\frac{\partial^2 h}{\partial y^2}\right)+m\,\frac{\partial^2 h}{\partial t^2}-mx_a b\,\frac{\partial^2 \alpha}{\partial t^2}-L=0\\&-\frac{\partial}{\partial y}\left(GJ\,\frac{\partial \alpha}{\partial y}\right)+I_a\,\frac{\partial^2 \alpha}{\partial t^2}-mx_a b\,\frac{\partial^2 h}{\partial t^2}-M_E=0\end{aligned}\right\}\tag{5.60}$$

式中，EI 为弯曲刚度；GJ 为扭转刚度；m 为机翼单位展长质量；I_a 为机翼单位展长绕弯心的转动惯量；L 为作用在单位展长机翼的举力；M_E 为作用在单位展长机翼绕刚轴的力矩。

边界条件是

$$\left.\begin{aligned}&h=\frac{\partial h}{\partial y}=\alpha=0\quad(y=0)\\&\frac{\partial^2 h}{\partial y^2}=\frac{\partial}{\partial y}\left(EI\,\frac{\partial^2 h}{\partial y^2}\right)=\frac{\partial \alpha}{\partial y}=0\quad(y=l)\end{aligned}\right\}\tag{5.61}$$

现在只须把非定常气动力表达式代入式(5.60)中。由于采用了片条理论，忽略了展向气动效应，所以只须代入 L 和 M 的二维关系，即可与边界条件联合求解出颤振稳定性。但要注意到，求解方程(5.60)精确解的必要条件是刚度 EI 和 GJ 的值，惯性项 m，I_a 和 S_a 以及翼弦的长度都要保持常值。这就使其在工程上失去了现实意义，而只能应用于估算和关于解的性质的研究。但最终必须依靠数值解。

由于大展弦比机翼有一根直的弹性轴，所以可以把它当做度量机翼挠度的参考线。展向某一剖面在时间 t 时的变形可表示为 $h(y,t)$ 和 $\alpha(y,t)$。如果需要完全描述任意函数，则需要一系列的广义坐标。但为了求解颤振速度，通常只用少量的广义坐标就足以描述颤振机翼，设

$$\begin{aligned}h(y,t)&=h_0(t)f(y)\\\alpha(y,t)&=\alpha_0(t)\varphi(y)\end{aligned}\tag{5.62}$$

式中，$f(y)$ 和 $\varphi(y)$ 是根据具体情况来确定的函数。例如，可以选取机翼自由振动的纯弯曲和纯扭转振型；也可以选择近似于纯弯曲和纯扭转振型；甚至于为了便捷而选取一些初等函数，但必须满足边界条件。

除了上述方法以外，更为可靠的方法是采用机翼自由振动的固有振型。固有振型是一个自然的广义坐标系。利用该坐标系可以写出一个弹性力学系统运动方程的广义形式。

采用固有振型为模态的广义坐标(主坐标)的颤振分析方法具有很多优点，它不仅反映了机翼的质量和刚度特性，还在方程中的广义质量和广义刚度矩阵中表现出对角矩阵的特点。更重要的是，对于没有明显弹性轴的复杂机翼，这就是唯一的分析方法。

大展弦比直机翼，可采用气动力的“片条理论”，即在机翼任一弦向剖面的气动力可按二元机翼理论计算。假设已知按二元理论计算的单位展长机翼上的升力为 $L(y,t)$ 及对弹性轴的力矩为 $M(y,t)$，则由广义力的定义，当有虚位移 δh 时，气动力所作的虚功为

$$\delta W_e=\int_0^l L(y,t)f(y)\delta h\mathrm{d}y=Q_h\cdot\delta h$$

式中

$$Q_h=\int_0^l L(y,t)f(y)\mathrm{d}y\tag{5.63}$$

依同理可得

$$Q_a=\int_0^l M(y,t)\varphi(y)\mathrm{d}y\tag{5.64}$$

以上可以根据实际情况，选择二元准定常气动力理论或二元非定常气动力理论来计算广义气动力。

5.5.2 大展弦比后掠机翼的颤振分析

对于后掠机翼的颤振分析，一般仍可假设它具有一根直的弹性轴的梁，该梁与机身相交成一个角度，如图 5.15 所示。与直机翼的颤振比较，后掠机翼就颤振而言，具有两个显著特点：首先从振动来看，即使把机翼的振动人为地分为弯曲振动与扭转振动，但由于机身振动的关系，也会把二者联合起来。所以在分析计算时应考虑整架飞机，而不能简单地把机翼作为悬臂梁处理；其次从气动方面来看，由于气流与前缘构成一个角度，故应考虑气动力的后掠效应。气流可分解为垂直于前缘的垂直分量 $V_n = V\cos\Lambda$，以及平行于前缘的切线分量 $V_{切} = V\sin\Lambda$，其中 Λ 为后掠角。经验表明，当 $\Lambda < 45°$ 时可以采用“侧滑机翼”的假设，即仅考虑垂直分量的作用，略去切线分量的作用。这时，在计算气动力时就可应用前面导出的全部公式。但当 $\Lambda > 45°$ 时，就不能再略去切线分量不计了，而必须考虑切线分量 $V\sin\Lambda$ 的影响。

为了说明切线流速分量的影响，下面列出一些用准定常气动力理论研究悬臂后掠机翼弯曲-扭转颤振时的结果。

设用 V_n^* 表示不计切线分量时，以垂直分量 V_n 为基准所得到的颤振速度；而用 V_n^{T} 表示计及切线分量时，以垂直分量 V_n 为基准算得的颤振速度，把它们除以 $\cos\Lambda$ 后即得到顺气流方向的对应颤振速度。这两个结果的比较示于图 5.16 中。可见，计及切线分量后，颤振速度降低一些。图中两条曲线中间的一条，是根据实验结果修正后得出的修正曲线，其中当 $\Lambda < 45°$ 时，取 $\beta = 1.2$；当 $\Lambda > 45°$ 时，取 $\beta = 1.1$。这个结果对于机翼上有大的集中质量时不一定正确，因为这时机翼有可能以第二阶扭转模态发生颤振。

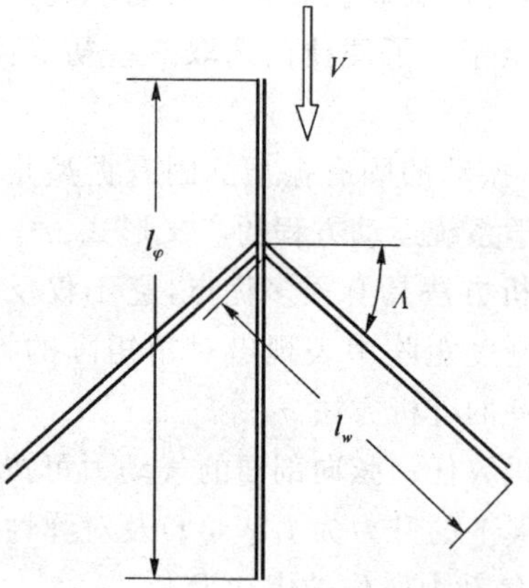

图 5.15 大展弦比机翼的弹性轴示意图

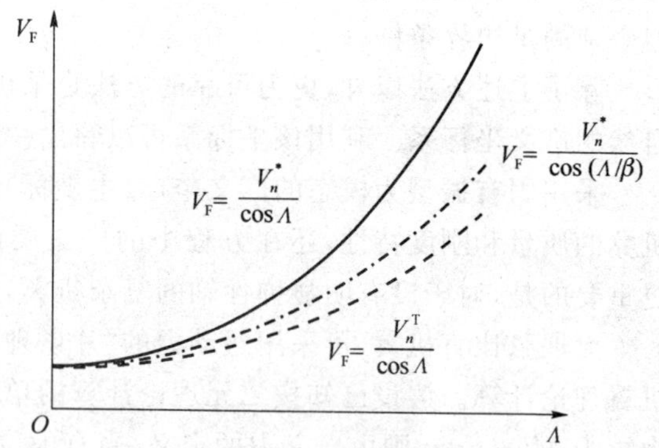

图 5.16 切线流速分量影响示意图

计及切线分量与不计及切线分量的影响，与质心位置有关。质心愈前，不计及切线分量所带来的误差愈大。

图 5.17 表示了在一个后掠式尾翼上增加配重对颤振速度的影响。由图可见，当不计及切线分量时，配重增加到一定程度就可能避免发生颤振。但当计及切线分量时，虽然随着配重的增加能提高颤振速度，但是不能杜绝发生颤振，两者是有本质差异的。

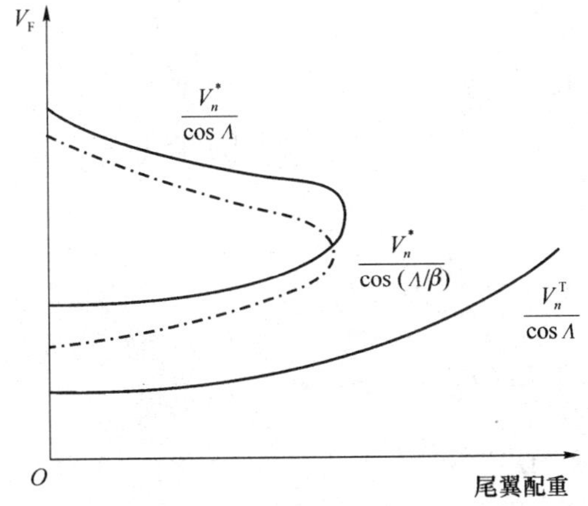

图 5.17 后掠式尾翼对计及和不计及切线分量及改变配重对颤振速度的影响

5.5.3 大展弦比直机翼-副翼颤振

机翼-副翼发生颤振时要包含机翼弯曲、机翼扭转和副翼偏转三个自由度。有时因为机翼的扭转变形很小，往往略去不计。这样就只计算机翼弯曲和副翼偏转型颤振，同时假设副翼可以按照同一方向偏转，也可以按照不同方向偏转。当副翼按同一方向偏转时，副翼的操纵系统要发生弹性变形，同时机翼作对称振动。当副翼按不同方向偏转时，机翼将作反对称振动。参照图 5.18，当采用准定常理论时，机翼弯曲和副翼偏转的运动方程可以直接列写出来。在求解该式时可以采用迦辽金方法，设

$$h=h_0 f(y)\mathrm{e}^{\mathrm{i}\omega t}, \quad \beta=\beta_0 \mathrm{e}^{\mathrm{i}\omega t} \tag{5.65}$$

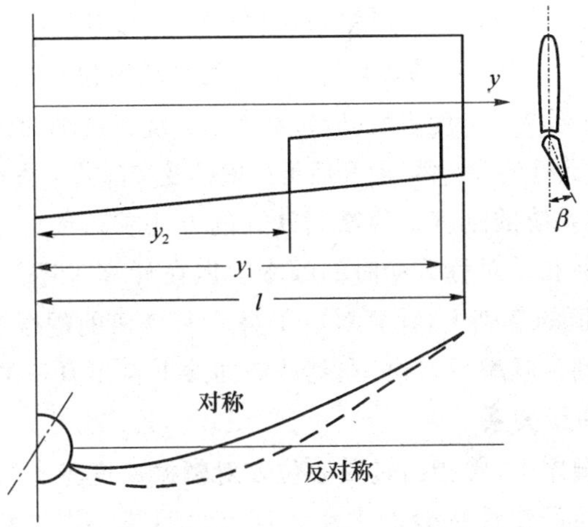

图 5.18 机翼-副翼颤振示意图

式中，$f(y)$是机翼的弯曲模态。代入机翼-副翼的运动方程消去 $\mathrm{e}^{\mathrm{i}\omega t}$，然后将机翼方程乘以 $f(y)\mathrm{d}y$，并对整个机翼积分，得到

$$\left.\begin{aligned}(a_{11}-c_{11}\omega^2+\mathrm{i}\omega d_{11}V)h_0+(-c_{13}\omega^2+\mathrm{i}\omega d_{13}V+b_{13}V^2)\beta_0=0\\(-c_{31}\omega^2+\mathrm{i}\omega d_{31}V)h_0+(a_{33}-c_{33}\omega^2+\mathrm{i}\omega d_{33}V+b_{33}V^2)\beta_0=0\end{aligned}\right\} \tag{5.66}$$

式中

$$
\left.\begin{aligned}
c_{11} &= \int_0^l mf^2\,\mathrm{d}y + M_m f^2(h) + \frac{1}{2}M_\varphi f^2(0) \quad \text{（对称颤振）} \\
&\qquad\qquad\qquad\qquad + \frac{1}{2}I_\varphi f'^2(0) \quad \text{（反对称颤振）} \\
c_{33} &= I_e \\
c_{13} &= c_{31} = -\int_{y_1}^{y_2} m_e\sigma_e f\,\mathrm{d}y \\
a_{11} &= \int_0^l EI(f'')^2\,\mathrm{d}y = c_{11}\omega_h^2 \\
a_{33} &= R = \Omega^2\,\frac{a_{11}}{c_{11}}c_{33} \\
b_{13} &= -\frac{1}{2}\rho C_y^\alpha\int_{y_1}^{y_2} Gbf\,\mathrm{d}y \\
b_{33} &= \rho\int_{y_1}^{y_2}\Omega_3 b^2\,\mathrm{d}y \\
d_{11} &= \frac{1}{2}\rho C_y^\alpha\int_0^l bf^2\,\mathrm{d}y \\
d_{13} &= -\frac{1}{2}\rho C_y^\alpha\int_{y_1}^{y_2} Hb^2 f\,\mathrm{d}y \\
d_{31} &= \rho\int_{y_1}^{y_2}\Omega_5 b^2 f\,\mathrm{d}y \\
d_{33} &= \rho\int_{y_1}^{y_2}\Omega_4 b^3 f\,\mathrm{d}y
\end{aligned}\right\} \tag{5.67}
$$

式中，M_φ 和 M_m 分别为机身和发动机的质量；$f(0)$和 $f(h)$分别为机身和发动机处的模态值；Ω 为副翼频率与机翼频率之比；I_φ 为机身的转动惯量；m_e 为副翼单位长度的质量；σ_e 为副翼质心至铰链轴的距离；R 为副翼操纵系统的刚度系数；I_e 为整个副翼绕铰链轴的转动惯量。方程(5.66)具有非零解的条件是要求其系数行列式为零，展开后可得虚部及实部两个方程，由此可求得颤振速度。

在工程实际中，操纵系统的刚度是很难用计算的方法求得的。最可靠的方法是通过地面振动试验来测量副翼对称和反对称振动时的频率。但在计算时还没有可供实验用的飞机，所以只能在假设一系列 Ω 值的基础上，计算对应于每一个 Ω 值的颤振速度，并作出 $\Omega-V_F$ 曲线。一旦根据振动试验测出副翼频率后，就可立刻从该曲线上查出真正的颤振速度。图 5.19 表示了颤振速度与 ω_β/ω_h 的曲线关系。

在 5.4 节机翼弯扭颤振中，曾指出过质心位置对颤振速度具有重要影响。实际上，质心位置决定了弯曲与扭转之间的惯性耦合的大小。这就表明减小惯性耦合有利于颤振速度的提高，这对于机翼弯曲-副翼偏转型的颤振来说也是正确的。这里，惯性耦合是用如下系数来表示的，即

$$c_{13} = c_{31} = -\int_{y_1}^{y_2} m_e\sigma_e f\,\mathrm{d}y \tag{5.68}$$

该系数对于颤振速度也有很大影响。采用加装配重的办法很容易改变它的大小，从而可以控制副翼的颤振问题，这就是所谓的“质量平衡”的概念。

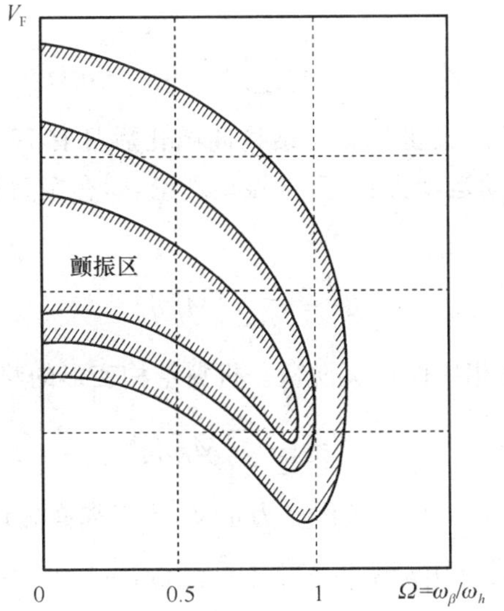

图 5.19　$\Omega-V_F$ 曲线

质量平衡又有所谓的“动平衡”与“静平衡”之分。静平衡度说明了操纵面质心相对于铰链轴的位置，可用系数 c_{13} 来表示，其中

$$c_{13静}=-\int_{y_1}^{y_2} m_e\sigma_e f\mathrm{d}y \tag{5.69}$$

动平衡度说明了在给定操纵面模态与给定机翼模态之间惯性耦合的大小，可由式(5.68)定义的 c_{13} 来表示。当 $c_{13}<0$ 时，称操纵面是未平衡的；当 $c_{13}=0$ 时，称操纵面是完全平衡的；当 $c_{13}>0$ 时，称操纵面是超平衡的。

如图 5.19 所示，对应较小的 Ω 值，可以解出两个正的颤振速度，其中较小的一个为发生颤振的临界速度，较大的一个是停止颤振的临界速度。当 Ω 足够大时，就不再发生颤振。图 5.19中的三条曲线表示了三种不同的静平衡度，随着静平衡度的增加，颤振区缩小，不发生颤振的操纵刚度范围增大。当配重达到一定程度使操纵面超平衡时，有可能不发生副翼颤振。注意到，动平衡度是对应某一特定模态而言的，它表示副翼偏转和机翼弯、扭间惯性耦合的程度。

配置配重时，既要考虑静平衡，又要考虑动平衡。有时由于配重配置不当，虽然消除了一种形态的颤振，而对另一种形态的颤振却有不利影响。

5.6　壁板和小展弦比翼面的颤振分析

小展弦比翼面类似板式的结构，在颤振问题的处理上，比前面所讨论的大展弦比直机翼的处理还要复杂些。首先是剖面的变形不容忽略，不再会出现典型的弯曲-扭转颤振。其次，三维空气动力效应也不能忽略，所以片条理论不再适用，而是以升力面理论来计算气动力，只是在超声速范围内可以采用“活塞理论”来求解颤振。

5.6.1　小展弦比翼面的颤振分析

小展弦比翼面变形的描述，通常采用模态叠加的概念。用有限 n 个固有模态来描述机翼

变形，即

$$Z(x,y,t) = \sum_{j=1}^{n} f_j(x,y) \cdot q_j(t) \tag{5.70}$$

式中，$q_j(t)$是随时间变化的广义坐标。若结构离散化后具有 N 个节点，显然 $n<N$。由于 f 是固有振型，故满足自由振动运动方程；且按振动理论，固有振型具有正交性，引用这个条件写出机翼的动能为

$$T = \frac{1}{2}\sum_{j=1}^{n} M_j \dot{q}_j^2 \tag{5.71}$$

式中，M_j 是第 j 阶固有振型相应的广义质量。机翼结构变形的势能为

$$U = \frac{1}{2}\sum_{j=1}^{n} M_j \omega_j^2 q_j^2 \tag{5.72}$$

若机翼上的压力分布是 $p(x,y,t)$，则按广义力定义，当机翼有虚位移 δq_i 时，系统作虚功

$$\delta W_e = \iint_S p(x,y,t) f_j(x,y) \delta q_j \mathrm{d}x\mathrm{d}y = Q_j \delta q_j$$

则广义力为

$$Q_j = \iint_S p(x,y,t) f_j(x,y) \mathrm{d}x\mathrm{d}y \tag{5.73}$$

将式(5.71)～式(5.73)代入拉格朗日方程，得到颤振运动方程

$$M_j \ddot{q}_j + M_j \omega_j^2 q_j = Q_j \quad (j=1,2,\cdots,n) \tag{5.74}$$

为计算方程(5.74)中的广义气动力 Q_j，就要计算压力分布 $p(x,y,t)$。在亚声速范围，可以采用偶极子格网法或核函数法。有关亚声速偶极子格网法的原理，已在第 3 章中讲述，本节所关心的是在该方法中广义气动力的表达式。

由式(5.73)，写出其矩阵形式为

$$\boldsymbol{Q}_i = \boldsymbol{f}_i^{\mathrm{T}} \Delta \boldsymbol{S} \boldsymbol{P} = \frac{1}{2}\rho V^2 \boldsymbol{f}_i^{\mathrm{T}} \Delta \boldsymbol{S} \boldsymbol{D}^{-1} \cdot \sum_{j=1}^{n}\left(\frac{\partial \boldsymbol{f}_i}{\partial x} + \frac{\mathrm{i}\omega}{V}\boldsymbol{f}_i\right)\boldsymbol{q}_j \tag{5.75}$$

式中，$\Delta \boldsymbol{S} = \mathrm{diag}(\Delta S_1, \cdots, \Delta S_m)$表示各面元的面积。$f_i$ 和 f_j 表示第 i 阶和第 j 阶模态，但需注意，它与由振动计算并表示在式(5.70)中的 f_j 是有区别的。问题在于气动力计算结点和计算固有模态所选的结构结点二者是不同的，在式(5.75)的计算中，先要对原来的固有模态，通过差值方法变换到按气动力计算结点相应位移表示的固有模态。于是，式(5.75)可表示为

$$\boldsymbol{Q}_i = \sum_{j=1}^{n} \boldsymbol{Q}_{ij} \boldsymbol{q}_j \tag{5.76}$$

式中

$$\boldsymbol{Q}_{ij} = \frac{1}{2}\rho V^2 \boldsymbol{f}_i^{\mathrm{T}} \Delta \boldsymbol{S} \boldsymbol{D}^{-1}\left(\frac{\partial \boldsymbol{f}_i}{\partial x} + \frac{\mathrm{i}\omega}{V}\boldsymbol{f}_i\right) \tag{5.77}$$

对于高超声速飞行情况，可以采用“活塞理论”来分析颤振。它是一种简化的气动力理论。其中心思想是：当飞行速度很高时（通常指马赫数 $Ma>2.5$），翼面所产生的扰动近似地沿物体表面的法线方向传播，物体表面各点间的相互影响很小，若把翼面表面上各点的相互影响略去不计，并假设机翼表面各点扰动沿该点法线方向传播，则这种扰动的传播类似于汽缸中活塞所产生的扰动传播，即扰动沿垂直活塞的方向传播，且局限于与活塞垂直的空间范围内。把活塞扰动传播的规律用于高超声速气流，就形成了“活塞理论”。

这里直接引用 3.7.4 小节的结果，由式(3.85)，即

$$\Delta P(x,y,t) = -2\rho c \sum_{j=1}^{n}\left[1+G\frac{\partial}{\partial x}H(x,y)\right]\left[V\frac{\partial}{\partial x}f_j(x,y)q_j(t)+f_j(x,y)\dot{q}_j(t)\right]$$

于是广义气动力

$$Q_i = \iint_S \Delta P(x,y,t)f_i(x,y)\mathrm{d}x\mathrm{d}y =$$

$$-2\rho c\sum_{j=1}^{n}\iint_S\left[1+G\frac{\partial}{\partial x}H(x,y)\right]\left[V\frac{\partial}{\partial x}f_j(x,y)q_j(t)+f_j(x,y)\dot{q}_j(t)\right]f_i(x,y)\mathrm{d}x\mathrm{d}y =$$

$$-2\rho c\sum_{j=1}^{n}\left[V(A_{ij}+GC_{ij})q_j(t)+(B_{ij}+GD_{ij})\dot{q}_j(t)\right]$$

式中

$$A_{ij} = \iint_S \frac{\partial}{\partial x}f_j(x,y)f_i(x,y)\mathrm{d}x\mathrm{d}y$$

$$B_{ij} = \iint_S f_j(x,y)f_i(x,y)\mathrm{d}x\mathrm{d}y$$

$$C_{ij} = \iint_S \frac{\partial}{\partial x}H(x,y)\frac{\partial}{\partial x}f_j(x,y)f_i(x,y)\mathrm{d}x\mathrm{d}y$$

$$D_{ij} = \iint_S \frac{\partial}{\partial x}H(x,y)f_j(x,y)f_i(x,y)\mathrm{d}x\mathrm{d}y$$

这些常数都取决于所选的位移函数及翼型的厚度函数。

在算出翼面的动能和势能以后，利用上述导出的广义力，就可把它们代入拉格朗日方程，从而得到颤振运动方程

$$M_i q_i + M_i\omega^2 q_i = -2\rho c\sum_{j=1}^{n}\left[V(A_{ij}+GC_{ij})q_j+(B_{ij}+GD_{ij})\dot{q}_j\right]\quad (i=1,2,\cdots,n)$$

应用活塞理论计算颤振临界速度，在一定范围内，其结果的准确程度随马赫数 Ma 的增大而增加。此外，根据一些实验的结果表明，对于三角形机翼，应用活塞理论得到的结果要比非尖削的后掠机翼存在着很大的翼梢效应，特别在低马赫数情况下则格外显著，而在活塞理论中则根本不考虑这些效应。

5.6.2　壁板颤振

飞行器的壁板和蒙皮是二维弹性系统的一种特殊形式。就弹性力学特性而言，它和板的处理方法没有太大区别，只是其一面处于静止的条件，而另一面则暴露于高速气流之中。所谓壁板颤振，就是指暴露于高速气流中的壁板结构发生的一种自激振动现象。壁板颤振和经典颤振有两点显著区别：一是壁板颤振通常只发生在超声速气流中，因此是典型的超声速现象；二是壁板颤振所引发的非线性振动一般不会导致严重的飞行事故，但对飞行器结构的疲劳寿命或者飞行性能则会产生不利影响。

在马赫数较大的超声速和高超声速壁板颤振研究中，通常要考虑气动加热的影响。随着温度的升高，壁板颤振临界动压降低。在气动加热的情况下，弹性力、惯性力、气动力和热载荷的耦合作用，使结构、材料和气动力等方面的非线性效应非常突出。这时，必须采用非线性的颤振理论来开展研究。

与经典颤振的相同之处是:壁板颤振也主要包括弹性体变形和振动,以及振动气动力等方面的问题。壁板是比较简单的结构,其弹性变形的规律已有较为简单而又精确的数学表达式,因此这给振动及颤振分析提供了有利条件。前面已经提到,壁板颤振在工程实际中多发生在超声速气流中,因此壁板颤振所用的气动力仅限于超声速范围,采用活塞理论来计算壁板的气动力可以求得相对精确的解,同时也可以进行必要的参数研究。

影响壁板颤振的因素很多,除了几何和结构参数之外,还有相关的气动力参数。前者主要指壁板的几何外形、展弦比、边界条件以及由温度影响所产生的预应力等;后者主要指外表面的来流方向、动压和马赫数等。

在工程实际中,由于壁板在飞行器上都是与一些横向及纵向元件连接的,因此变形受到一定限制。再者由于气动加热,会使结构在热载荷作用下产生热应力,以及使结构材料的弹性模量发生变化。此外,壁板结构的内外压差,也会使壁板结构受到力载荷的作用。所有这一切都需要考虑有限变形的影响,这就引出了结构非线性问题。

以下通过一个简单的二维模型来说明壁板颤振的求解。这个超声速壁板模型选自 *Introduction to Aircraft Aeroelasticity and Loads* 书中的第 11 章。图 5.20 所示弹性平板,长 L,宽 h,单位长度质量为 m,其弯曲刚度为 EI,受到平行于表面且速度为 V 的超声速气流作用,马赫数为 Ma,空气密度为 ρ。平板在 $x=0$ 和 L 处简支,平行于 x 轴的边缘自由。假设平板的面外位移为

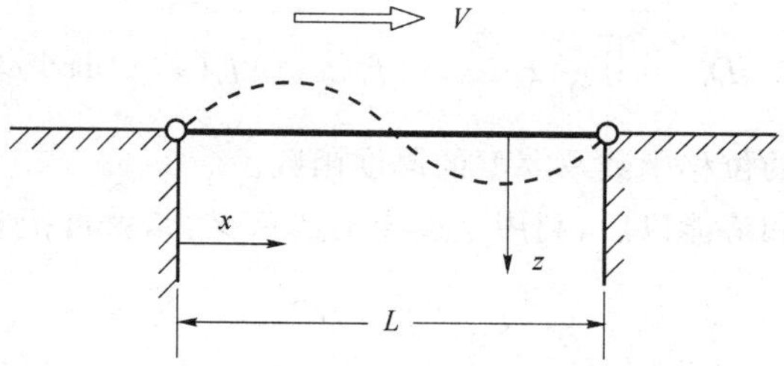

图 5.20 超声速气流作用下的弹性平板

$$z(x,t)=\sin\left(\frac{\pi x}{L}\right)q_1(t)+\sin\left(\frac{2\pi x}{L}\right)q_2(t)$$

正弦曲线都满足边界条件。由活塞理论,挠度 z 引起的、作用在壁板上的压力为

$$p=\frac{\rho V^2}{Ma}\frac{\mathrm{d}z}{\mathrm{d}x}=\frac{\rho V^2}{Ma}\left[\frac{\pi}{L}\cos\left(\frac{\pi x}{L}\right)q_1+\frac{2\pi}{L}\cos\left(\frac{2\pi x}{L}\right)q_2\right]$$

此处忽略了引起气动阻尼的速度项。引用拉格朗日方程。壁板的动能为

$$T=\frac{1}{2}\int_0^L m\left[\sin\left(\frac{\pi x}{L}\right)\dot{q}_1+\sin\left(\frac{2\pi x}{L}\right)\dot{q}_2\right]^2\mathrm{d}x$$

应变能为

$$U=\frac{1}{2}\int_0^L EI\left(\frac{\partial^2 z}{\partial x^2}\right)^2\mathrm{d}x=\frac{1}{2}\int_0^L EI\left[-\frac{\pi^2}{L^2}\sin\left(\frac{\pi x}{L}\right)q_1-\frac{4\pi^2}{L^2}\sin\left(\frac{2\pi x}{L}\right)q_2\right]^2\mathrm{d}x$$

气动力对平板所作的虚功为

$$\delta W=\int_0^L\frac{\rho V^2}{Ma}\left[\frac{\pi}{L}\cos\left(\frac{\pi x}{L}\right)q_1+\frac{2\pi}{L}\cos\left(\frac{2\pi x}{L}\right)q_2\right]\left[\sin\left(\frac{\pi x}{L}\right)\delta q_1+\sin\left(\frac{2\pi x}{L}\right)\delta q_2\right]h\mathrm{d}x$$

故广义气动力为

$$\frac{\partial(\delta W)}{\partial(\delta q_1)}=\int_0^L\frac{\rho V^2}{Ma}\left[\frac{\pi}{L}\cos\left(\frac{\pi x}{L}\right)q_1+\frac{2\pi}{L}\cos\left(\frac{2\pi x}{L}\right)q_2\right]\sin\left(\frac{\pi x}{L}\right)h\,\mathrm{d}x=-\frac{4\rho V^2h}{3Ma}q_2$$

$$\frac{\partial(\delta W)}{\partial(\delta q_2)}=\int_0^L\frac{\rho V^2}{Ma}\left[\frac{\pi}{L}\cos\left(\frac{\pi x}{L}\right)q_1+\frac{2\pi}{L}\cos\left(\frac{2\pi x}{L}\right)q_2\right]\sin\left(\frac{2\pi x}{L}\right)h\,\mathrm{d}x=\frac{4\rho V^2h}{3Ma}q_1$$

应用拉格朗日方程，得到

$$\begin{bmatrix}\dfrac{mL}{2} & 0\\ 0 & \dfrac{mL}{2}\end{bmatrix}\begin{bmatrix}\ddot{q}_1\\ \ddot{q}_2\end{bmatrix}+\begin{bmatrix}\dfrac{EI\pi^4}{2L^3} & -\dfrac{4\rho V^2h}{3Ma}\\ \dfrac{4\rho V^2h}{3Ma} & \dfrac{8EI\pi^4}{L^3}\end{bmatrix}\begin{bmatrix}q_1\\ q_2\end{bmatrix}=\begin{bmatrix}0\\ 0\end{bmatrix}$$

上式可看做是一个无阻尼振动系统，且刚度矩阵中存在由气动力决定的非对角项。

假设解的形式为 $q=q_0\sin(\omega t)$，并由非零解的条件，得

$$\begin{vmatrix}(-\omega^2+A) & -B\\ B & (-\omega^2+16A)\end{vmatrix}=0$$

式中

$$A=\frac{\pi^4EI}{mL^4},\quad B=\frac{8\rho V^2h}{3MamL}$$

展开上式得到关于 ω^2 的二次方程，则无阻尼振动的频率为

$$\omega^2=\frac{17A}{2}\pm\frac{\sqrt{289A^2-4(16A^2+B^2)}}{2}$$

当两个频率解相等时达到临界条件。该壁板的临界频率和速度可写成

$$\omega=\sqrt{\frac{17A}{2}},\quad 225A^2-4B^2=0\Rightarrow V_{\mathrm{crit}}=\sqrt{\frac{45\pi^4MaEI}{16\rho L^3h}}$$

再返回无阻尼振动系统的运动方程，得到临界模态的振型，即

$$\left(-\frac{17A}{2}+A\right)q_1=Bq_2\Rightarrow\frac{q_2}{q_1}=-1$$

5.7　非经典颤振及抖振

本节以前所讨论的问题都是在势流范围内，其流动分离和边界层效应对颤振过程没有太多影响，可以忽略。本节所讨论的问题与经典颤振有着本质的区别，与经典颤振不同，这些颤振一般只具有一个自由度，且由于空气动力非线性效应，使得它们只有有限振幅。

此外，抖振是气动弹性的重要问题，但它与颤振的性质截然不同，它是强迫振动。为了方便，一并在本节中进行简单介绍。

5.7.1　嗡鸣(跨声速舵面颤振)

嗡鸣是一种发生在操纵面上的单自由度自激振动，通常表现为操纵面的纯旋转振动，且仅会发生在跨声速及超低声速飞行范围内。就嗡鸣的本质特征来说，它与经典颤振的基于多模态的耦合机理完全不同。当嗡鸣发生时，激波和流动分离起着主要作用。由于操纵面的振动，引起翼面激波前后移动，由此使操纵面产生压力脉动而处于一种持续的振荡状态。

嗡鸣会危及操纵面结构的完整性，它可能会因疲劳，或者因当振幅足够大时引起超过屈服

的载荷，从而导致操纵面的损伤或破坏，或是降低操纵面助力器、铰链和轴承的使用寿命。

按照文献 *ARC-R&M*-3364 中 N. C. Lambournce 的风洞试验，他对超过临界马赫数 Ma 而发生的颤振进行了广泛研究，其典型特性如图 5.21 所示。按照这种特性区分，出现了三种嗡鸣区，并把这三种跨声速舵面颤振分别称为 A 型、B 型和 C 型嗡鸣。三种嗡鸣类型的激励机理也有所不同，主要取决于马赫数。同时只有对厚翼型($\delta=10\%$)才能明确区分这三种嗡鸣类型，而对薄翼型($\delta<5\%$)则一般没有稳定的中间嗡鸣区。

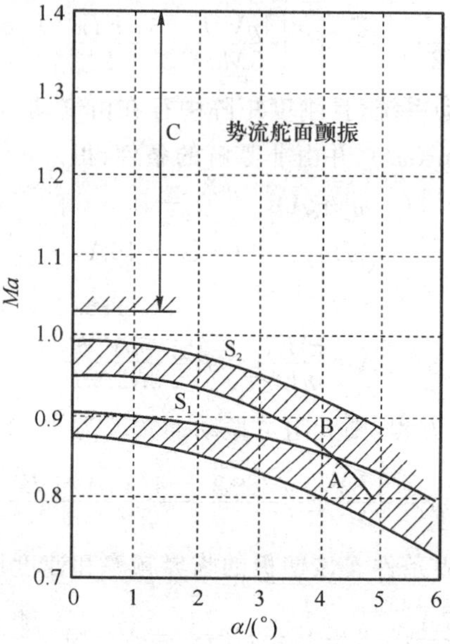

图 5.21 机翼-舵面的嗡鸣区示意图

A 型嗡鸣。小攻角时，当马赫数比翼剖面临界马赫数稍高时，便发生了嗡鸣。激波诱导分离同时出现在上、下表面，激波位置在机翼表面，而不在操纵面上，如图 5.21 中的 A 区所示。其速度范围大约是(0.75～0.9)Ma，它具有有限的极限振幅，当速度低于临界马赫数时，振动便消失，这时机翼上的激波位于舵面转轴之前，所以舵面处于纯亚声速流中，即所谓的 A 型嗡鸣。

B 型嗡鸣。随着马赫数的进一步增加，局部超声速区后部扩展到舵的表面。在操纵面转轴到操纵面后缘之间，上、下表面都存在激波，所以操纵面处在亚、超声速混合流之中。如图 5.21中 B 区所示，其速度范围大体在(0.9～1.0)Ma 之间。在 B 区所发生的振动不再是和谐的，而是随机的。这就是所谓的 B 型嗡鸣。有时在小攻角，A 型和 B 型嗡鸣振动之间存在一个稳定的速度范围 S_1，但在攻角大于 5°且为厚翼型时，则不存在这个稳定区。

C 型嗡鸣。发生在(1～1.4)Ma 的范围内，这时上、下表面的激波都位于舵面后缘，机翼和舵面都处于超声速流中。在 B 型嗡鸣和 C 型嗡鸣之间也存在另一个稳定区 S_2，但通常不能唯一地确定此速度范围。在图 5.21 所示的低超声速范围内未能进行试验，所以未能给出C 型嗡鸣的上界。

从 20 世纪 40 年代后期到 50 年代中期，操纵面嗡鸣一直是常见的气动弹性不稳定的形式之一。然而，近代飞机大多都有足够的助力器刚度，有效地防止了操纵面嗡鸣的发生。所以，并非所有操纵面都会发生嗡鸣。

由于嗡鸣涉及激波与边界层的相互作用,气动力情况复杂,所以至今还没有预测嗡鸣的可靠方法。然而,在工程上有着一系列防止嗡鸣发生的经验准则。例如,用足够的操纵回路刚度降低绕铰链轴的惯性矩以及装置阻尼器,都可以防止嗡鸣发生。此外,在气动外形上,增大铰链轴线的后掠角、减小升力面的展弦比以及采用有利的翼剖面形式,都可以减弱激波强度,推迟或减弱嗡鸣。剖面厚度对嗡鸣也是一个重要的影响因素。A型嗡鸣一般只在剖面厚度$\delta>8\%$时才发生。而B型嗡鸣不论在什么剖面厚度,甚至薄翼型上也会发生。在防止嗡鸣的措施中,舵面质量平衡对嗡鸣的发生几乎没有作用。

5.7.2 失速颤振

失速颤振是一种升力面颤振,是升力面处于失速攻角附近时发生的气动弹性自激振动。失速颤振也是一种严重的空气弹性不稳定现象。对于一些旋转机械,例如螺旋桨和涡轮叶片等,有时会在接近失速攻角的状态下工作。而在飞行器上的升力面,却很少会使用这个攻角,所以也就很少遇到失速颤振。

正在旋转的螺旋桨,当攻角增大到失速区时,就会出现失速颤振。它的发生不取决于惯性力、弹性力及气动力等经典颤振的特征条件,而是一种比较复杂的气动弹性现象,这种现象出现时会伴随声音的强烈变化。例如,螺旋桨的螺旋试验,当螺旋桨的转速增加,出现螺旋桨颤振时,即伴随一种特殊的噪声出现,同时凭借视觉观察到螺旋桨尖部有相当大的振幅。除此以外,压气机的叶片也有同样的现象。因而可以把这种特殊噪声作为发生失速颤振的一个重要特征。

通常,当攻角达到失速范围时,可以呈现出的特点是:颤振速度急剧下降,颤振频率逐渐增加,并趋近于桨叶在静止空气中的扭转固有频率。桨叶的振动以扭转振动为主,弯曲振动的振幅可以略去不计。当桨叶完全失速后,颤振速度又逐渐回升。失速颤振和经典颤振,二者在对翼型结构特性变化上的影响具有诸多不同之处。例如,改变惯性轴的位置,对失速颤振的影响甚微,甚至于有可能发生在惯性轴处于弹性轴之前。这种情况在经典颤振中是不可能发生的。又如非耦合弯曲与扭转频率比值的大小对失速颤振也几乎没有影响。

影响失速颤振的因素很多,首先看到失速颤振主要呈现出扭转振动,所以可近似认为颤振频率与扭转固有频率相当。所以,当提高扭转固有频率或减小质量转动惯量时,可以提高失速颤振的临界速度。再者,选择适当的翼型切面,防止翼型的失速,也能延迟甚至避免失速颤振。再者,增强结构阻尼,也能消除或降低失速颤振的危险。减小展弦比,一般能使颤振区缩小。

由于边界层分离条件与雷诺数密切相关,所以提高雷诺数会使不稳定颤振区明显缩小。

螺旋桨的发散速度必须与失速颤振一起考虑,它是一个重要参数。如果螺旋桨的转数很高,致使相对风速接近临界发散速度,则桨叶就会大幅度扭转,其攻角可能超过失速角,从而引起失速颤振。

对于高速飞机的失速颤振问题,除了有空气压缩性的影响之外,还常常与高速机翼设计的几何因素有关,即小展弦比、薄机翼切面、后掠角以及大的附加于机翼上的质量等的影响,使问题更加复杂化了。如何确定这些因素对机翼失速颤振特性的影响,就成为进一步讨论的重要课题。

5.7.3 抖 振

抖振是由于紊流分离，使飞机部件或整架飞机发生不规则振动，它属于气动弹性响应问题。应该注意到抖振与颤振之间的区别。抖振发生时，作为激励力的气动力与抖振本身的运动无关，它是强迫振动。而颤振发生时，作为激励力的气动力是由颤振本身运动引起的，它是自激振动。抖振振动基本上是随机振动。

抖振的概念出现于20世纪30年代初，起因于一架Junkers 13型商业飞机在英国的失事，由此促使英国和德国科学家对这次事故展开了研究，从而取得了一系列关于扰动抖振的成果，并对这次飞机失事做出了确切的解释。

飞机的抖振主要发生在大攻角飞行和跨声速飞行时。前一种情况系指，尾翼落在机翼的尾流中，从而在尾翼观测到抖振振动；后一种情况系指，由于跨声速而出现了与机翼上的激波及其产生的流动分离和压力脉动相关的抖振问题。

抖振是弹性飞机对扰动气流的响应，所以是一个随机过程。这里需要注意区分两种不同的处理情况。若已知扰流速度很小，翼面振幅也很小，且翼面也在扰流抖振过程中未曾失速，则在计算抖振载荷强度时可以沿用阵风响应的计算方法。而若出现了失速，或许只在一部分时间出现过，则升力、扰流波动和机翼运动之间的关系成为非线性，抖振载荷强度的计算变得十分困难。在对抖振现象的研究中，很多学者都是通过风洞实验进行的。这些实验给出了在不可压缩流中平板或翼面后部尾流的主要频率的实验数值，比较一致的结果是：在小攻角情况下，减缩频率 $(nc\sin\alpha)/V$（式中 c 是弦长；α 是攻角；V 是流动的平均速度；这里特征尺寸取翼弦垂直于流动方向的投影，即 $c\sin\alpha$；n 是涡旋中的波数）的数值比较分散。当攻角大于30°后，功率谱出现主要巅峰处的减缩频率近于常数，而不再随攻角变化。

为了测定抖振的边界，首先要给出在不同攻角下的升力系数对马赫数的曲线。在每一个攻角下，升力系数随着马赫数的增大而增大，直至达到某一最大值为止。以后随着速度的进一步增加，达到某一时刻时升力系数猛烈下降。下降的起因不外乎是强激波的出现，或者是流动分离。翼型的升力系数迅速下降时称为激波失速。

在较低马赫数下，达到最大升力系数的攻角称为失速攻角。现在把大攻角失速和激波失速界限画在一起，就得到升力系数边界图，超过这个边界后，就会产生失速现象。

对于给定的飞机，可以在升力系数对马赫数的曲线上确定一条边界，这个边界把可能产生尾翼扰流抖振的区域与光滑的位流区域分开。

抖振并不完全发生在上述情况的尾翼上，在高速飞行时还存在另一种扰流抖振。在机翼上，特别是在激波区域里，存在强烈压力脉动的潜在因素。当攻角足够大时，这种压力脉动成为不规则的。机翼的这种运动，其性质介乎于前述扰流抖振和失速颤振之间，其运动有时带有随机性，有时又很规则，有时是二者的混合。通常，随机运动呈弯曲振动，而多少有些规则的正弦运动则呈扭转运动。或者说把它看成是扰流抖振和失速颤振的混合物。为了区别以前所讲的抖振现象，在有些文献上也称它为“扰动抖振颤振”，特别在跨声速区域，必须认真对待这种抖振，它同样也会引起机翼和副翼的破坏。

现在用攻角为纵坐标，用马赫数为横坐标，同时也画出失速颤振边界，就可以得到如图5.22所示的结果。这两种边界的相对位置取决于机翼平面形状和翼型切面等。如图5.22所示，这两个边界彼此相交。在扰流抖振边界之上，机翼运动的振幅和频率都是随机的，且以弯曲为主,扭转运动很小。当达到失速颤振边界时,具有扭转运动的振幅和频率就会或多或少地产生。这时,弯曲的随机运动可能继续存在。

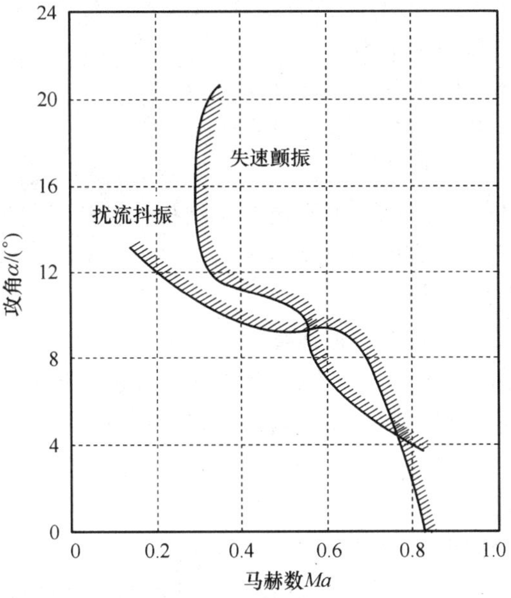

图 5.22　机翼的扰流抖振颤振

至今已经讨论了失速、扰流抖振和扰流抖振颤振三种现象,这三种现象的基本起因都是相同的,所以就很难有明确的区分方法。只是为了工程上的目的而有着不同的描述方法,即:扰流抖振表征运动的不规则性;失速颤振表征或多或少的规则振动;而扰流抖振颤振则表征这两种运动在不同自由度中的混合。

扰流抖振、失速颤振和扰流抖振颤振三者的物理现象都相当深邃,至今还缺少充分的数学分析。

5.8　飞行器的防颤振设计

由于颤振的危险性,促使了防止颤振成为重要的研究课题。由此,防止颤振问题成为飞行器设计的重要内容。本节将重点介绍为防止颤振发生的一般设计程序和要求。

5.8.1　防颤振设计概要

气动弹性在很大程度上会影响飞行器的设计过程。在设计飞行包线内,必须保证不会发生颤振和发散。因此,防止飞行器发生颤振就成为飞行器设计中的一个重要内容。

理论上,一个成功的气动弹性设计,并不需要在结构上增加过多材料就可以保证飞行器的稳定性。

为了保证飞机在设计速度范围内的稳定性,通常要遵循以下原则:

① 提供足够的刚度,从而提高颤振临界速度,以保证飞行器在设计速度范围内是稳定的。

② 提供良好的空气动力设计。对于需要有空气动力的结构,应使其在使用条件下保持气流不分离。而对于不希望产生空气动力的结构,如对于桥梁,就应该设法使结构的空气动力效

率降低，从而减少升力和阻力。减少阻力对防止失速颤振格外有利。

③ 消除惯性耦合和空气动力耦合。通常可由以下三种途径来实现：

ⓐ 恰当安排质量和刚度的分布，使弹性轴、惯性轴和空气动力中心尽可能靠近。

ⓑ 利用配重来达到质量的动平衡。

ⓒ 通过调整结构质量和刚度分布，调整低阶振型的节点。

ⓓ 配备伺服机构来控制运动各分量之间的相位关系。

由上述的各种途径可以看到，当其他因素保持不变时，防止颤振的根本保证是结构刚度。虽然刚度也取决于结构的布置形式，但通常还在于结构所使用的材料。在比较飞行器结构所使用的各种材料时，一个值得注意的判据是声音在材料中的传播速度。可以说，临界速度与结构材料中的声速直接成比例。

要注意到，弹性轴与质心位置对颤振速度的影响在机翼设计中是至关重要的。一些资料上的数字说明，每当质心向后移动1%，则需要增加6%的机翼刚度。此外，固有频率的间隔对颤振速度也具有重要影响，因为频率间隔会直接引发颤振的耦合。一般说来，固有频率越接近，模态间的耦合就会越快发生，而且颤振速度会降低。设计者通常要采用改变质量分布或者提高刚度等手段来提高模态间的频率间隔，以提高颤振速度。但是对全机而言，必须慎重调整频率间隔，以确保解决一个问题的同时，不会产生新的颤振型。

气动弹性问题贯穿于飞行器设计的全过程。飞行器的气动弹性性能会影响到气动品质、操控品质和飞行器控制系统设计等。

通常飞行器设计都要经历概念设计阶段、详细设计阶段以及最后的定型阶段。其中每一个阶段都贯穿着大量气动弹性的分析和试验工作。为了切实做好防止颤振设计，就必须要遵循既定的指导原则，尽可能避免在设计后期因不能满足气动弹性要求而对飞行器做大的修改。

5.8.2　基本的飞机颤振分析

1. 防颤振设计的一般步骤

概念设计阶段。这时可用的飞行器数据很少，主要依靠理论分析手段，甚至于完全依赖经验数据和判别式，或参考同系列飞行器的数据。分析的目的在于排除那些在气动弹性上不合格的方案，例如确定发动机位置等。

初步设计阶段。初步设计阶段是从概念设计阶段向更为严格细致的主流设计方法转变的过程。这时，气动弹性设计必须投入很大精力进行可靠性分析，以确保满足颤振边界。同时也要确保在整个设计包线内，操纵面有足够的静态操纵效率，以满足所需的操纵品质和可控性等。

详细设计阶段。在该阶段，由于对质量特性、气动力、刚度和系统等了解程度的深入，更加完善了气动弹性特性的数学模型，并开始考虑它在设计中的影响因素，同时致力于解决在设计中出现的任何气动弹性问题。这个设计过程是个反复迭代的过程，随着可用信息的不断增加，用来进行气动弹性分析的模型的可信度也不断提高。该阶段将对飞行器最终的设计成功起着重要作用。

定型阶段。在该阶段，飞行器已经加工完成，并用于地面试验和飞行试验，以便确认气动弹性模型的正确性。飞行颤振试验是检验飞机设计中满足气动弹性要求的最终环节。通过飞行颤振试验以证实飞机没有气动弹性不稳定性。

2. 必要的颤振分析

对于一种新设计的飞行器，或者因改型而影响了颤振特性的飞行器，都要进行全面的颤振分析，这些分析包括：

基本的颤振分析。应对整架飞机进行颤振分析，这种分析可以基于半翼展或全翼展动态数学模型。在进行半翼展动态模型分析时，对称和反对称边界条件的模态都应包含在颤振分析中。分析中所选定的高度，至少应包含最大设计马赫数的最小高度、最大设计动压的最小高度以及跨声速效应的最小高度。分析时，应注意采用适合于规定马赫数范围的气动力理论公式，有时还应注意考虑瞬态和稳态的加热效应。

操纵面和调整片的颤振分析。操纵面颤振的影响因素有：质量平衡、助力器刚度、间隙及操纵面展向位置等。需要注意的是，当采用理论的操纵面气动力系数时，它是马赫数的函数，通常是非线性的。不论飞机的限制速度如何，即使都使用了质量平衡，也应对全部弹簧调整片进行颤振分析。

嗡鸣分析。嗡鸣会危及操纵面结构的完整性，并降低操纵面助力器、铰链和轴承的使用寿命。但采用分析的方法来预测嗡鸣很困难，目前经常使用的是基于操纵面在跨声速区的某一最小减缩频率值的经验设计准则。

带外挂的颤振分析。质量变化和可变质量件质心位置的变化的影响应在分析中予以考虑。对于外挂油箱的分析，除空油和满油情况外，还应包括半满前质心和半满后质心的情况。此外，对带外挂飞机进行变参数颤振分析时，其分析范围包括了全部质量特性的变化。在机翼/外挂颤振分析中，可不计及翼下外挂的气动力，但对于翼尖外挂物的机翼应计及翼尖外挂气动力。

壁板颤振分析。壁板颤振发生于暴露在超声速气流中的壁板上。当壁板可能承受不论是由于飞机机动飞行还是由于气动加热所造成的面内压缩应力时，如果不能对压缩应力及其对壁板颤振的影响作出精确预计，则应该假设一个屈曲或接近屈曲状态，取二者中最严重的一个状态。

气动伺服弹性稳定性分析。对于带有飞行控制系统的飞行器，必须保证它不会与结构发生不利耦合而导致气动伺服弹性不稳定性。除了对结构/控制系统要作理论分析外，还要对其数学表达式和气动伺服弹性地面试验的结果作对比验证。

3. 必要的与颤振相关的试验

低速颤振模型风洞试验。设计阶段的模型风洞试验可用于变参数研究的颤振分析。颤振模型应能动态地模拟全尺寸飞机，从而验证用于实际飞机颤振特性的分析方法。

高速颤振模型风洞试验。在跨声速范围内，颤振线性分析技术是不可靠的。因此，在颤振试飞前，进行跨声速模型风洞试验是验证跨声速颤振特性的唯一途径。

地面振动模态试验。由地面振动试验的结果来验证用于颤振分析的结构动力学数学模型。试验结果提供了一个修正刚度和质量分布数据的基础。

地面振动试验的目的是测量结构的振动模态。试验是通过激振器来激励结构并测量其响应来完成的。激励可以是用几个激振器的正弦激励，或者是使用单点输入的随机激励。

试验构型应包括无油构型和其他通过分析认为是有颤振危险性或动力学重要性的燃油构型。

气动伺服弹性地面试验。通过飞行器在地面的开环传递函数试验及闭环耦合试验来测量气动伺服弹性地面特性，有时也称为地面结构模态耦合试验。

试验目的在于确定和验证用气动伺服弹性稳定性分析的参数。验证飞机/飞行控制增稳系统的稳定性，以确保在地面上不发生结构破坏性或不衰减的运动。

飞行颤振试验。飞行颤振试验是最终证实飞行器满足气动弹性要求的唯一途径。目前有人驾驶的飞机必须开展这种试验。通过飞行颤振试验证实飞机没有气动弹性不稳定性。通常，是对根据以前的分析和模型风洞试验所认定的颤振型进行飞行颤振试验，直至达到限制速度包线。

飞行气动伺服弹性稳定性试验。该项试验用来证实飞行器已经满足气动伺服弹性稳定性要求。在一架装有飞行控制增稳系统的新型号飞机上，或者在一架经过改型而影响了气动伺服弹性稳定性的飞机上，特别是经分析表明气动伺服弹性安全裕度较低时，都要求做该项试验。这项试验通常与飞行颤振试验一起进行。

有关气动弹性的试验还有很多，例如在试验室进行的部件地面振动试验，以及操纵面、调整片和助力器的刚度、间隙和磨损试验，还有部件刚度试验、配重连接件验证试验和热弹性试验等，这里不一一列举了。

5.8.3 飞机结构强度规范中防颤振设计内容

飞机结构强度规范是国家制定的在飞机设计上的指令性文件，是在飞机设计过程中必须遵守的法则。

各航空工业大国都有自己的强度规范。美国有 1960 年发布的、军用规范代号为 MIL—A— 8860 系列的《飞机强度和刚度规范》；1985 年发布的、代号为 MIL—A—87221 的《飞机结构通用规范》；1987 年发布的、代号为 MIL—A—8860B(AS)系列的《飞机强度与刚度规范》。俄国把飞机强度规范作为内部文件，没有对国外公开。

我国于 1985 年 12 月发布了中华人民共和国国家军用标准——《军用飞机强度和刚度规范》，采用分册形式编写。其中第 7 册代号 GJB67.7—85《气动弹性不稳定性》主要针对气动弹性颤振和发散等。经修订于 2008 年 10 月发布《军用飞机结构强度规范》，仍采用分册形式编写，气动弹性仍在第 7 册。

对于商用飞机，要求满足适航条例 FAR(《联邦航空条例》)，其中 FAR—23 是轻型飞机适航标准，FAR—25 是运输类飞机适航标准。飞行器认证是一个复杂的过程，它取决于飞行器制造地、购买地与使用地。美国的认证机构是“联邦航空管理局”(FAA)，欧洲的认证机构是“欧洲航空安全局”(EASA)。我国发布的是《中国民用航空条例》。对应的轻型飞机和运输类飞机的适航标准分别是 CCRA—23 和 CCRA—25，有专门的气动弹性的适航条款。任何一个飞行器都需要制造商所在地的适航机构进行型号认证，这也是主要认证。如果出售到世界其他地区，就需要相关机构的二级认证。对于导弹，美国有导弹结构完整性规范；我国有翼导弹部门有行业性质的气动弹性规范，对气动弹性设计有专门的条款。

我国的《军用飞机结构强度规范》第 7 册——《气动弹性》，其正文基本上包括两方面内容：

① 对气动弹性稳定性的要求；

② 为保证达到气动弹性稳定性要求所需进行的分析计算及试验工作。

在规范（或适航条例）中，就其总体内容来说，对飞行器设计的一般要求是：飞行器及其部件在其飞行环境内应具有足够的速度和阻尼安全余量，以防止颤振、嗡鸣、发散、气动热弹性、气动伺服弹性、持续有限幅值振荡或其他动态气动弹性的不稳定性。

为了确保飞行安全，分析或试验或者两者同时应证明：

① 在等马赫数和等高线上，所得到的飞机飞行限制速度（V_L）或限制马赫数（Ma_L）包线的所有点上，当量空速（V_{EQU}）提高15%不会发生颤振，如图5.23所示。

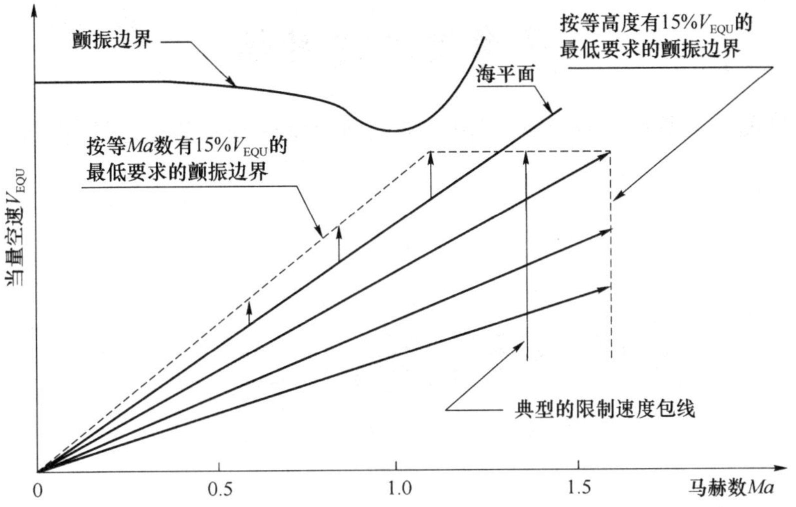

图5.23　最低要求的颤振余量图示

② 在所有高度上，飞行速度从最低巡航速度直到飞行限制速度，任何临界颤振模态或任何显著的动态响应模态，其阻尼系数（包括气动和结构阻尼两部分）至少应为0.03，详见图5.24。

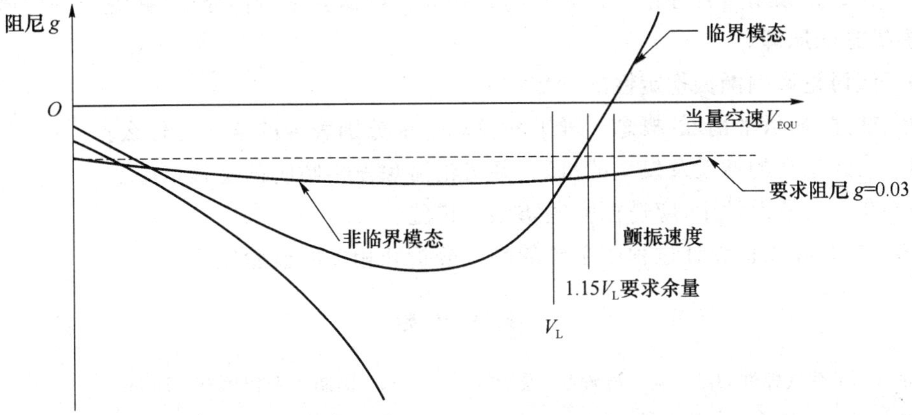

图5.24　所要求的阻尼图示

对于带有主动控制系统的飞行器，应保证在控制系统接通和断开时也满足上述两点要求。

颤振速度 V_F 与限制速度 V_L 的关系为

$$V_F \geqslant f_C \cdot f_S \cdot V_L$$

式中，f_C 为空气压缩性修正系数，其确定方法是利用工程型号的跨声速颤振模型进行风洞实验，或按经验确定。f_S 为颤振余量，在美国和中国的飞机及导弹的结构强度规范中已明确规定其值为 1.15，俄罗斯等其他国家也有规定为 1.15～1.20。

除此之外，相对于被动的防颤振设计方法，颤振主动抑制的概念——通过控制系统的设计来驱动舵面偏转以提供动力补偿，从而改变系统的临界稳定性——是当前研究的一个热点方向，其有关概念将在 7.4.1 小节中介绍。

思考题及练习题

5.1 如题图 5.1 所示典型剖面，试用定常气动力理论分析其稳定性，并进行有关稳定性的参数分析。

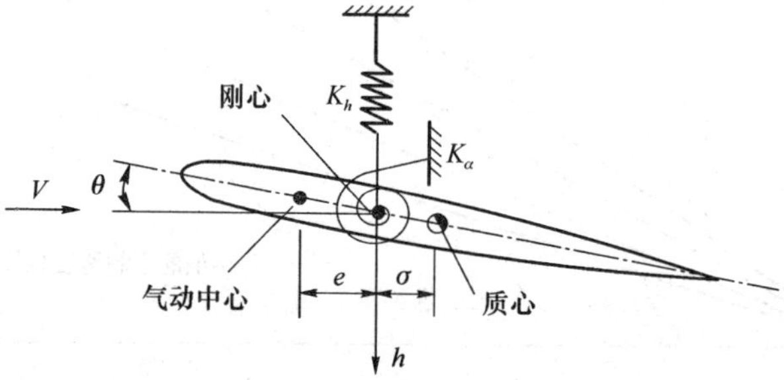

题图 5.1　典型的二元翼段

5.2 分析 $V-g$ 法和 $p-k$ 法在原理上及计算方法上的主要差异。

5.3 在颤振分析上，小展弦比机翼与大展弦比机翼相比有哪些特点？

5.4 试考虑操纵面的颤振分析所具有的特点，并论述操纵面颤振分析的重要性及难点。

5.5 什么是频率重合理论？试解释防颤振设计中的频率分离原则，并说明采用质量平衡防止颤振措施的原理。

5.6 试讨论影响颤振稳定性的参数。

5.7 试述“质量平衡”的概念。静平衡及动平衡分别表征的含义是什么？

5.8 简述嗡鸣的性质及发生的机制，并讨论避免发生嗡鸣的工程措施。

5.9 在飞行器设计中，应遵循哪些防颤振措施？

5.10 列举在飞机设计过程中必要的颤振分析和相关的试验项目。

参考文献

[1] Fung Y C. 空气弹性力学引论. 冯钟越，管德，译. 北京：国防工业出版社，1963.

[2] 伏欣 H W. 气动弹性力学原理. 沈克扬，译. 上海：上海科学技术文献出版社，1982.

[3] 诸德超，陈桂彬，邹丛青. 气动弹性力学. 北京：航空工业部教材编审室，1986.

[4] Donham R E, Watts G A. Flutter Prevention Handbook. AD-A328059/1/XAB, 1997.

[5] GJB67.7A—2008. 军用飞机结构强度规范 第 7 册：气动弹性. 北京：总装备部军标出版发行部，2008.

[6] 管德. 飞机气动弹性力学手册. 北京：航空工业出版社，1994.

[7] 道尔 E H，小柯蒂斯 H C，斯坎伦 R H. 气动弹性力学现代教程. 陈文俊，尹传家，译. 北京：宇航出版社，1991.

[8] Scanlan R H，Rosenbaum R. Introduction to the Study of Aircraft Vibration and Flutter. New York：The Macmillan Company，1951.

[9] 杨智春，夏巍，孙浩. 高速飞行器壁板颤振的分析模型和分析方法. 应用力学学报，2006,23(4).

[10] Jan R Wright，Jonathan E Cooper. Introduction to Aircraft Aeroelasticity and Loads. Chichester：John Wiley&Sons，Ltd.，2007.

第 6 章　气动弹性动力响应

气动弹性动力学主要包含两个方面的问题，一是气动弹性动稳定性问题，二是气动弹性动力响应问题。关于动稳定性问题，即颤振，是气动弹性系统本身的特性，在分析中仅考虑与系统位移、速度和加速度有关的气动力，而令外部作用力为零，气动弹性运动方程是齐次的，这在第 5 章中已经进行了介绍。本章所要讨论的动力响应问题是：当系统处于稳定范围内，且外力随时间任意变化时，系统的瞬态响应是如何变化的。这时气动弹性方程是非齐次的，动力响应不但与气动弹性系统固有特性有关，而且还取决于初始条件及外载荷的性质。

弹性飞行器在飞行过程中会受到各种情况的外部激励力。其中与结构位移、速度和加速度无关而随时间变化的作用力包括如下几种：

① 由离散阵风和大气紊流引起的气动力。离散阵风具有脉冲型特性，而大气紊流可以看做是一种连续的、随机的阵风，也叫做连续阵风。有些资料中也称阵风为突风。

② 由飞行员或飞行自动驾驶仪操纵控制面偏转产生的控制力。这通常使飞行器产生机动动作和弹性振动。

③ 由着陆碰撞、导弹发散及投弹等引起的脉冲型激励力。

④ 由机翼或发动机等部件后面的尾流，以及与跨声速范围的激波有关的流动分离所引起的激振力作用，即所谓的抖振。

本章主要讨论飞行器在阵风作用下的动力响应问题。

6.1　典型翼段的离散阵风响应

6.1.1　离散阵风

离散阵风表现为确定性的风速变化，最简单的离散阵风模型是陡沿阵风(sharp edge gust)模型，其垂直方向风速变化的数学表达式为

$$w(t)=\begin{cases}0, & t<x/V \\ w_0, & t\geqslant x/V\end{cases} \tag{6.1}$$

式中，坐标系 Oxz 固联于飞行器上，w_0 为阵风速度幅值，在这里是常量。离散阵风示意如图 6.1 所示。

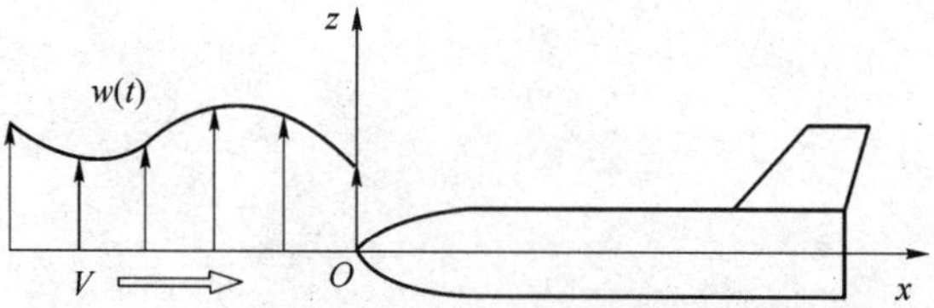

图 6.1　离散阵风示意图

在工程中评价飞机的飞行品质和阵风响应的特性时，广泛使用 1 - cos 型阵风模型。该模型考虑了阵风场的空间尺度，其表达式为

$$w(t)=\begin{cases}0, & s<0 \text{ 或 } s>x_g \\ \dfrac{w_m}{2}\left(1-\cos\dfrac{2\pi s}{x_g}\right), & 0\leqslant s\leqslant x_g\end{cases} \tag{6.2}$$

式中，$s=x+x_g-Vt$，w_m 为阵风速度幅值，x_g 为阵风尺度。

6.1.2　离散阵风响应——准定常气动力理论

考虑如图 6.2 所示的问题：具有沉浮自由度的典型翼段，进入速度幅值为 w_0 的垂直陡沿阵风场中。这里作以下假设：气流速度 V 恒定不变，翼段的初始位移和速度均为零，任何时刻阵风速度沿展向均匀分布且等于翼段弦长中点处的阵风速度。

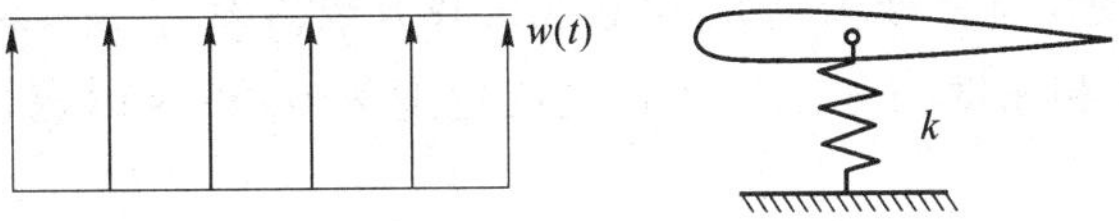

图 6.2　陡沿阵风作用下的单自由度典型翼段

设 m 为翼段质量；$h(t)$ 为垂直位移，向上为正；k 为沉浮弹簧的刚度系数，则典型翼段的扰动运动方程为

$$m\ddot{h}(t)+kh(t)=L(h,t) \tag{6.3}$$

式中，$L(h,\ t)$ 为作用在典型翼段上的升力，由翼段的运动和阵风产生。

为简化起见，这里先考虑采用准定常气动力理论的情况。升力表达式可写为

$$L(h,t)=\rho V^2 bC_L^{\alpha}\left[\frac{w(t)}{V}-\frac{\dot{h}(t)}{V}\right] \tag{6.4}$$

式中，ρ 为气流密度，b 为半弦长，C_L^{α} 为升力线斜率。引入符号

$$\lambda=\frac{\rho VbC_L^{\alpha}}{m} \tag{6.5}$$

则式(6.3)可改写为

$$\ddot{h}(t)+\lambda\dot{h}(t)+\frac{k}{m}h(t)=\lambda w(t) \tag{6.6}$$

为求解常微分方程(6.6)，这里采用 Laplace 变换法。考虑到陡沿阵风和初始条件分别为

$$w(t)=\begin{cases}0, & t<0 \\ w_0, & t\geqslant 0\end{cases} \tag{6.7}$$

$$h(0)=\dot{h}(0)=0 \tag{6.8}$$

则有 Laplace 变换公式

$$\mathscr{L}[w(t)]=\frac{w_0}{s} \tag{6.9}$$

$$\mathscr{L}[h(t)]=H(s) \tag{6.10}$$

$$\mathscr{L}[\dot{h}(t)]=sH(s)-h(0)=sH(s) \tag{6.11}$$

$$\mathscr{L}[\ddot{h}(t)]=s^2H(s)-sh(0)-\dot{h}(0)=s^2H(s) \tag{6.12}$$

代入式(6.6)中，可得

$$s^2H(s)=\frac{\lambda w_0 s}{s^2+\lambda s+k/m} \tag{6.13}$$

对式(6.13)作反 Laplace 变换，可得翼段的垂直加速度响应为

$$\ddot{h}(t)=\lambda w_0 e^{-\xi\omega t}\left(-\frac{\xi}{\sqrt{1-\xi^2}}\sin\omega_d t+\cos\omega_d t\right) \tag{6.14}$$

式中

$$\omega=\sqrt{\frac{k}{m}},\quad \xi=\frac{\lambda}{2\omega},\quad \omega_d=\omega\sqrt{1-\xi^2} \tag{6.15}$$

【例 6.1】已知具有沉浮自由度的典型翼段，半弦长为 0.5 m，质量为 10 kg，沉浮弹簧刚度系数为 10 000 N/m。取气流密度为 1.225 kg/m³，升力线斜率为 2π/rad，陡沿阵风速度幅值为 1 m/s，翼段的初始位移和速度为零。试计算气流速度为 60 m/s 时翼段进入陡沿阵风后的加速度响应。

根据以上数据，求得

$$\lambda=23.09,\quad \omega=31.62\ \text{rad/s},\quad \xi=0.365\,1,\quad \omega_d=29.44\ \text{rad/s}$$

$$\ddot{h}(t)=23.09e^{-11.54t}(-0.392\,2\sin 29.44t+\cos 29.44t)$$

计算得到不同气流速度下的加速度响应曲线如图 6.3 所示。结果表明，加速度响应随着时间的增加振荡衰减，最后趋近于零。图 6.3 中的曲线显示了最大加速度值在 $t=0$ 时刻时达到，此时

$$\ddot{h}_{max}=\lambda w_0$$

一方面，当气流速度 V 增大时，λ 增大，因而最大加速度值也增大。但另一方面，当气流速度 V 增大时，加速度响应的衰减率是增大的，因而能较快地趋近于零。

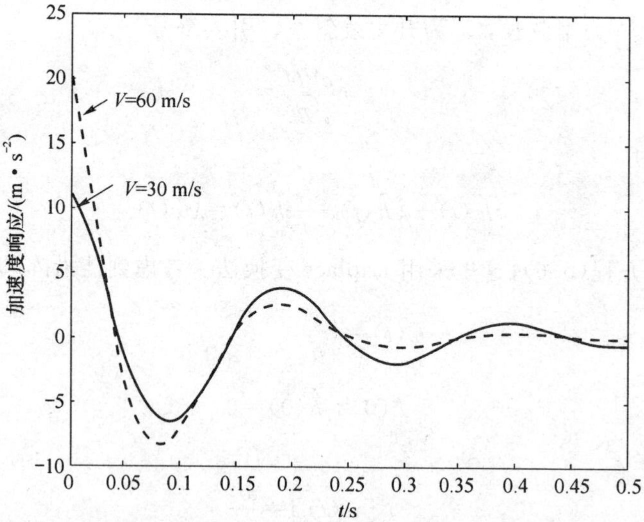

图 6.3 陡沿阵风作用下的加速度响应(准定常气动力理论)

6.1.3 离散阵风响应——非定常气动力理论

仍考虑如图 6.2 所示的问题，这里采用更为复杂的非定常气动力理论进行讨论。为方便起见，这里先引入无量纲的时间参数

$$\tau=Vt/b \tag{6.16}$$

则典型翼段的扰动运动方程可改写为

$$\frac{V^2}{b^2}mh''(\tau)+kh(\tau)=L_g(\tau)+L_h(\tau) \tag{6.17}$$

式中，$(\ )''=\mathrm{d}^2(\ )/\mathrm{d}\tau^2$ 表示对无量纲时间 τ 求二阶导数，$L_g(\tau)$ 和 $L_h(\tau)$ 分别表示由阵风和翼段沉浮运动引起的非定常气动力。

根据非定常气动力理论，由任意阵风引起的气动力 $L_g(\tau)$ 可写为

$$L_g(\tau)=\rho VbC_L^\alpha\left[w(0)\phi(\tau)+\int_0^\tau\frac{\mathrm{d}w(\sigma)}{\mathrm{d}\sigma}\phi(\tau-\sigma)\mathrm{d}\sigma\right] \tag{6.18}$$

式中，$\phi(\tau)$ 称为 Küssner 函数，它描述了翼段穿过陡沿阵风时升力的形成过程。对式(6.18)进行分布积分，并利用 $\phi(0)=0$ 的条件，可得

$$L_g(\tau)=\rho VbC_L^\alpha\int_0^\tau w(\sigma)\phi'(\tau-\sigma)\mathrm{d}\sigma \tag{6.19}$$

同样，由任意翼段沉浮运动引起的气动力 $L_h(\tau)$ 也可写为微分积分形式

$$L_h(\tau)=-\rho V^2C_L^\alpha\int_0^\tau h''(\sigma)\psi(\tau-\sigma)\mathrm{d}\sigma-\rho\pi V^2h'' \tag{6.20}$$

式中，$\psi(\tau)$ 称为 Wagner 函数，它描述了当翼段的均匀下洗有一突然变化时围绕翼段环量的生成过程。方程(6.20)右边第二项表示的是翼段作沉浮运动时附连空气质量的惯性力。

利用式(6.19)和式(6.20)，方程(6.17)可写为

$$\frac{V^2}{b^2}(m+\rho\pi b^2)h''(t)+kh(t)=\rho V^2bC_L^\alpha\left[\frac{1}{V}\int_0^\tau w(\sigma)\phi'(\tau-\sigma)\mathrm{d}\sigma-\frac{1}{b}\int_0^\tau h''(\sigma)\psi(\tau-\sigma)\mathrm{d}\sigma\right] \tag{6.21}$$

同样，这里也采用 Laplace 变换法来求解。考虑到陡沿阵风和初始条件，有

$$\mathscr{L}[w(\tau)]=\frac{w_0}{s} \tag{6.22}$$

$$\mathscr{L}[h(\tau)]=H(s) \tag{6.23}$$

$$\mathscr{L}[h''(\tau)]=s^2H(s)-sh(0)-h'(0)=s^2H(s) \tag{6.24}$$

$$\mathscr{L}\left[\int_0^\tau w(\sigma)\phi'(\tau-\sigma)\mathrm{d}\sigma\right]=\mathscr{L}[w(\tau)]\cdot\mathscr{L}[\phi'(\tau)]=w_0\mathscr{L}[\phi(\tau)] \tag{6.25}$$

$$\mathscr{L}\left[\int_0^\tau h''(\sigma)\psi(\tau-\sigma)\mathrm{d}\sigma\right]=\mathscr{L}[h''(\tau)]\cdot\mathscr{L}[\psi(\tau)]=s^2H(s)\mathscr{L}[\psi(\tau)] \tag{6.26}$$

令质量参数 μ 和等效刚度 $\bar{k}$ 分别为

$$\mu=\frac{m+\rho\pi b^2}{\rho b^2C_L^\alpha} \tag{6.27}$$

$$\bar{k}=\frac{k}{\rho V^2C_L^\alpha} \tag{6.28}$$

将式(6.22)～式(6.28)代入方程(6.21)中，可解得

$$s^2H(s)=\frac{bw_0}{V}\cdot\frac{s^2\mathscr{L}[\phi(\tau)]}{\mu s^2+s^2\mathscr{L}[\psi(\tau)]+\bar{k}} \tag{6.29}$$

Küssner 函数 $\phi(\tau)$ 和 Wagner 函数 $\psi(\tau)$ 是特殊函数，无法写成简单的解析函数形式。但对于不可压缩流中的二元翼段，可用以下表达式来近似表示，即

$$\phi(\tau)=1-0.500e^{-0.130\tau}-0.500e^{-\tau} \tag{6.30}$$

$$\psi(\tau)=1-0.165e^{-0.0455\tau}-0.335e^{-0.300\tau} \tag{6.31}$$

相应的 Laplace 变换为

$$\mathscr{L}[\phi(\tau)]=\frac{1}{s}-\frac{0.500}{s+0.130}-\frac{0.500}{s+1} \tag{6.32}$$

$$\mathscr{L}[\psi(\tau)]=\frac{1}{s}-\frac{0.165}{s+0.0455}-\frac{0.335}{s+0.300} \tag{6.33}$$

将式(6.32)和式(6.33)代入方程(6.29)中，并展开成有理分式的形式，可得

$$s^2H(s)=\frac{bw_0}{\mu V}\left(\frac{a_1}{s+0.130}+\frac{a_2}{s+1}+\frac{a_3}{s-r_1}+\frac{a_4}{s-r_2}+\frac{a_5}{s-r_3}+\frac{a_6}{s-r_4}\right) \tag{6.34}$$

式中，r_1，r_2，r_3 和 r_4 是系统特征方程的根。对式(6.34)作反 Laplace 变换后，可得翼段的加速度响应函数为

$$\ddot{h}(\tau)=\frac{bw_0}{\mu V}(a_1e^{-0.130\tau}+a_2e^{-\tau}+a_3e^{r_1\tau}+a_4e^{r_2\tau}+a_5e^{r_3\tau}+a_6e^{r_4\tau}) \tag{6.35}$$

【例 6.2】已知具有沉浮自由度的典型翼段，半弦长为 0.5 m，质量为 10 kg，沉浮弹簧刚度系数为 10 000 N/m。取气流密度为 1.225 kg/m³，升力线斜率为 2π/rad，陡沿阵风速度幅值为 1 m/s，翼段的初始位移和速度为零。试计算气流速度为 60 m/s 时翼段进入陡沿阵风后的加速度响应。

根据以上数据，求得

$$\mu=5.697,\quad \bar{k}=0.361$$

采用 MATHEMATICA 软件求出系统特征根，然后得到与时间 t 有关的加速度响应函数为

$$\begin{aligned}\ddot{h}(t)=21.064[&e^{-7.834t}(0.3225\sin 31.98t+0.6637\cos 31.98t)-\\&0.1472e^{-15.6t}-0.4989e^{-120t}-0.0166e^{-30.98t}-0.00096e^{-5.339t}]\end{aligned}$$

加速度响应曲线如图 6.4 所示。结果表明，加速度响应随着时间的增加而振荡衰减，最后趋近于零。但与准定常气动力理论结果不同的是，最大加速度值并不是在 $t=0$ 时刻达到。与准定常气动力理论结果相比，非定常气动力理论的加速度响应峰值会更小。

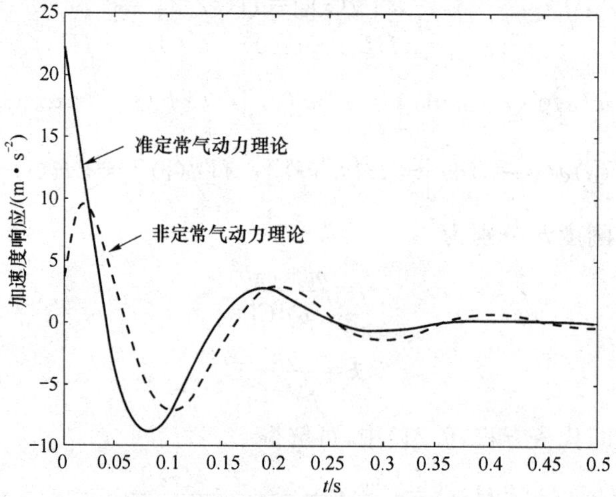

图 6.4 不同气动力理论的陡沿阵风加速度响应比较(V=60 m/s)

6.2　典型翼段的连续阵风响应

6.2.1　连续阵风

大气中普遍存在的紊流(连续阵风),其风速剖面是连续和不规则的,实际上是一个波形与频率随时间连续变化的随机函数。在飞行器整个使用经历中遭遇到的连续阵风是由无数个离散阵风构成的,每个离散阵风均可以合理地假设为一个平稳的随机高斯过程,它具有各向同性、均匀且各态历经的特性。

连续阵风激励下的气动弹性动力响应问题需要应用统计学方法来处理。连续阵风一般采用功率谱密度 PSD(Power Spectral Density)来描述。根据大量统计结果的研究,连续阵风的 PSD 函数一般可采用两种模型:一种是 Dryden 模型,一种是 von Kármán 模型。

对于垂直阵风,采用 Dryden 模型的阵风速度 PSD 函数为

$$\Phi_w(\omega)=\sigma_w^2\frac{L}{\pi V}\frac{1+3(\omega L/V)^2}{[1+(\omega L/V)^2]^2} \tag{6.36}$$

采用 von Kármán 模型的阵风速度 PSD 函数为

$$\Phi_w(\omega)=\sigma_w^2\frac{L}{\pi V}\frac{1+\frac{8}{3}(1.339\omega L/V)^2}{[1+(1.339\omega L/V)^2]^{11/6}} \tag{6.37}$$

在式(6.36)和式(6.37)中,σ_w 为阵风均方根值,L 为阵风尺度,V 为飞行速度,ω 为圆频率。阵风均方根值采用以下公式计算,即

$$\sigma_w^2=\int_0^\infty \Phi_w(\omega)\mathrm{d}\omega \tag{6.38}$$

6.2.2　连续阵风响应功率谱

考虑如图 6.5 所示的问题:具有沉浮自由度的典型翼段在连续垂直阵风作用下的加速度响应功率谱。设 m 为翼段质量;$h(t)$为垂直位移,向上为正;k 为沉浮弹簧的刚度系数,则典型翼段的扰动运动方程可写为

$$\frac{V^2}{b^2}mh''(\tau)+kh(\tau)=L_g(\tau)+L_h(\tau) \tag{6.39}$$

式中,$\tau=Vt/b$;$(\ )''=\mathrm{d}^2(\ )/\mathrm{d}\tau^2$ 表示对无量纲时间 τ 求二阶导数;$L_g(\tau)$和 $L_h(\tau)$分别表示由阵风和翼段沉浮运动所引起的非定常气动力,根据非定常气动力理论,可分别写为如式(6.19)和式(6.20)所示的微分积分形式。

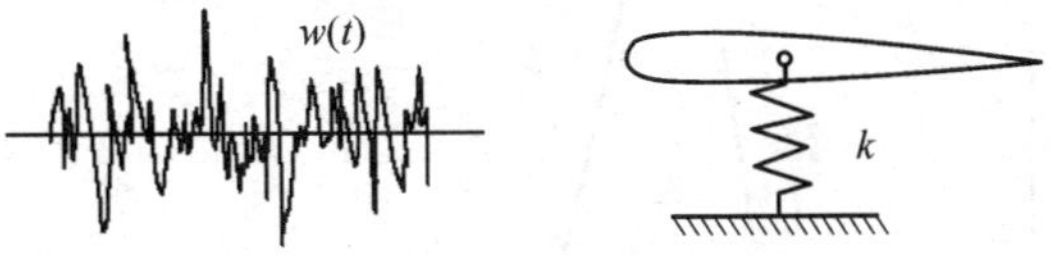

图 6.5　连续阵风作用下的单自由度典型翼段

设翼段受到一个单位幅值的谐振荡垂直阵风的激励,即

$$w(t)=\mathrm{e}^{\mathrm{i}\omega t} \tag{6.40}$$

根据线性系统理论可知,由阵风产生的非定常气动力、由翼段的沉浮运动和翼段运动所引起的非定常气动力均是谐振荡的。

为求出由阵风输入到翼段加速度输出的频率响应函数,这里采用 Fourier 变换法。对方

程(6.39)两边作 Fourier 变换,并利用条件

$$\mathscr{F}[h''(\tau)]=-p^2\mathscr{F}[h(\tau)] \tag{6.41}$$

$$\mathscr{F}\left[\int_0^\tau w(\sigma)\phi'(\tau-\sigma)\mathrm{d}\sigma\right]=\mathrm{i}p\cdot\mathscr{F}[w(\tau)]\cdot\mathscr{F}[\phi(\tau)] \tag{6.42}$$

$$\mathscr{F}\left[\int_0^\tau h''(\sigma)\psi(\tau-\sigma)\mathrm{d}\sigma\right]=-p^2\cdot\mathscr{F}[h(\tau)]\cdot\mathscr{F}[\psi(\tau)] \tag{6.43}$$

经过整理,得到加速度频率响应函数为

$$G(p)=\frac{\mathscr{F}[h''(\tau)]}{\mathscr{F}[w(\tau)]}=\frac{b}{V}\frac{-\mathrm{i}p^3\mathscr{F}[\phi(\tau)]}{\bar{k}-p^2\mu-p^2\mathscr{F}[\psi(\tau)]} \tag{6.44}$$

式中,$p=\omega b/V$ 为减缩频率,μ 和 $\bar{k}$ 分别由式(6.27)和式(6.28)确定。

对于 Küssner 函数 $\phi(\tau)$和 Wagner 函数 $\psi(\tau)$,分别采用如式(6.30)和式(6.31)所示的近似表达式,则其 Fourier 变换为

$$\mathscr{F}[\phi(\tau)]=\frac{1}{\mathrm{i}p}-\frac{0.500}{0.130+\mathrm{i}p}-\frac{0.500}{1+\mathrm{i}p} \tag{6.45}$$

$$\mathscr{F}[\psi(\tau)]=\frac{1}{\mathrm{i}p}-\frac{0.165}{0.0455+\mathrm{i}p}-\frac{0.335}{0.300+\mathrm{i}p} \tag{6.46}$$

将式(6.45)和式(6.46)代入式(6.44)中,整理可得加速度频率响应函数 $G(p)$。若将 $p=\omega b/V$ 代入 $G(p)$中,可得关于圆频率 ω 的频率响应函数 $G(\omega)$。于是,加速度功率谱密度为

$$\Phi_y(\omega)=|G(\omega)|^2\Phi_w(\omega) \tag{6.47}$$

加速度响应的均方根值为

$$\sigma_y=\sqrt{\int_0^\infty |G(\omega)|^2\Phi_w(\omega)\mathrm{d}\omega} \tag{6.48}$$

【例 6.3】已知具有沉浮自由度的典型翼段,半弦长为 0.5 m,质量为 10 kg,沉浮弹簧刚度系数为 10 000 N/m。取气流密度为 1.225 kg/m^3,升力线斜率为 2π/rad,垂直阵风速度均方值为 1.0 m/s,阵风尺度为 100 m。试采用 von Kármán 阵风模型计算气流速度为 60 m/s 时翼段的加速度功率谱密度和加速度响应的均方根值。

这里采用 MATLAB 软件进行数值计算,得到的加速度响应功率谱密度曲线如图 6.6 所示,用数值积分计算曲线下部的面积可求得加速度均方根为 3.25×10^{-4} m/s^2。从图中可以看出,加速度响应的峰值频率约为 32 rad/s,这正对应于翼段的沉浮运动频率。

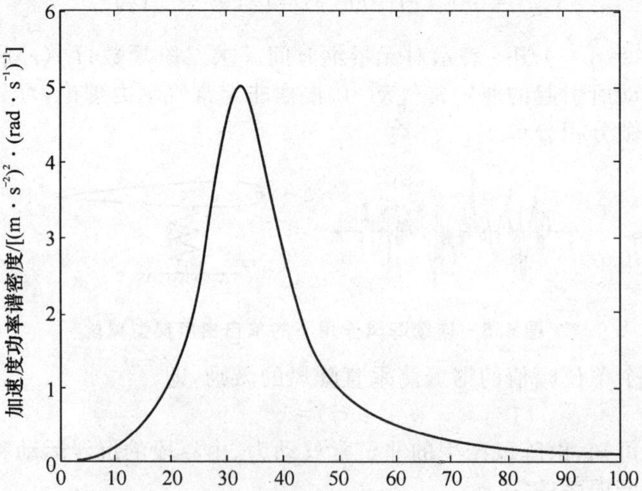

图 6.6 连续阵风作用下的典型翼段加速度功率谱

6.3　长直机翼的阵风响应

6.3.1　气动弹性运动方程

考虑一个在陡沿阵风作用下的悬臂长直机翼，如图 6.7 所示，其半展长为 l，半弦长随展向的分布函数为 $b(y)$。对于大展弦比的长直机翼，可认为机翼的弦向剖面是刚性的，且各剖面的刚心连成一条直线，称为弹性轴。因此，机翼的变形可用弹性轴的弯曲 $h(y, t)$ 和弦向剖面绕弹性轴的扭转 $\alpha(y, t)$ 来表示，即

$$u(x,y,t)=h(y,t)-r(x)\alpha(y,t) \tag{6.49}$$

式中，u 表示机翼任意一点的垂直位移，向上为正；r 表示从弹性轴量起的弦向距离，以顺气流方向为正；h 以向上为正；α 以前缘抬头为正。

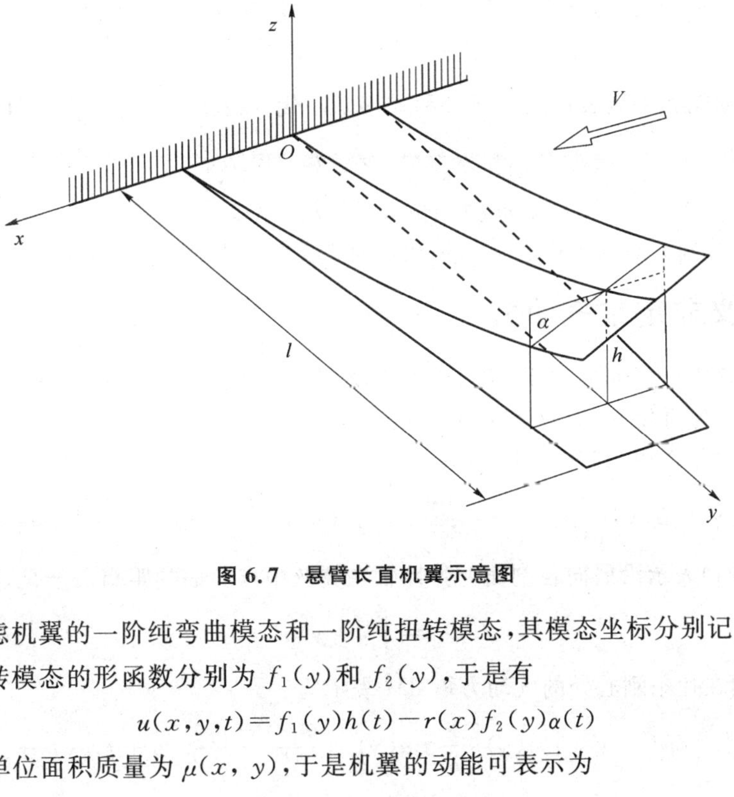

图 6.7　悬臂长直机翼示意图

这里仅考虑机翼的一阶纯弯曲模态和一阶纯扭转模态，其模态坐标分别记为 $h(t)$ 和 $\alpha(t)$，并设弯曲和扭转模态的形函数分别为 $f_1(y)$ 和 $f_2(y)$，于是有

$$u(x,y,t)=f_1(y)h(t)-r(x)f_2(y)\alpha(t) \tag{6.50}$$

设机翼的单位面积质量为 $\mu(x, y)$，于是机翼的动能可表示为

$$T=\frac{1}{2}\iint_S \mu(x,y)[\dot{u}(x,y,t)]^2\mathrm{d}x\mathrm{d}y \tag{6.51}$$

式中，S 为机翼的面积。将式(6.50)代入式(6.51)中，经整理可得

$$T=\frac{1}{2}(m_{11}\dot{h}^2+2m_{12}\dot{h}\dot{\alpha}+m_{22}\dot{\alpha}^2) \tag{6.52}$$

式中

$$m_{11}=\iint_S \mu(x,y)f_1^2(y)\mathrm{d}x\mathrm{d}y \tag{6.53}$$

$$m_{12}=\iint_S -\mu(x,y)r(x)f_1(y)f_2(y)\mathrm{d}x\mathrm{d}y \tag{6.54}$$

$$m_{22}=\iint_S \mu(x,y)r^2(x)f_2^2(y)\mathrm{d}x\mathrm{d}y \tag{6.55}$$

根据弹性梁理论，机翼的势能可写为

$$U=\frac{1}{2}\int_0^l EI(y)(f''_1)^2h^2\mathrm{d}y+\frac{1}{2}\int_0^l GJ(y)(f'_2)^2\alpha^2\mathrm{d}y \tag{6.56}$$

式中，$(\ )''=\mathrm{d}^2(\ )/\mathrm{d}\tau^2$ 表示对变量 y 求二阶导数，$EI(y)$和 $GJ(y)$分别表示机翼弯曲刚度和扭转刚度沿展向的分布函数。经整理，式(6.56)可写为

$$U=\frac{1}{2}(k_{11}h^2+k_{22}\alpha^2) \tag{6.57}$$

式中

$$k_{11}=\int_0^l EI(y)(f''_1)^2\mathrm{d}y \tag{6.58}$$

$$k_{22}=\int_0^l GJ(y)(f'_2)^2\mathrm{d}y \tag{6.59}$$

将以上的动能和势能表达式(6.52)和式(6.57)代入拉格朗日方程中，可以得到

$$\left.\begin{aligned} m_{11}\ddot{h}+m_{12}\ddot{\alpha}+k_{11}h=Q_h \\ m_{12}\ddot{h}+m_{22}\ddot{\alpha}+k_{22}\alpha=Q_\alpha \end{aligned}\right\} \tag{6.60}$$

式中，Q_h 和 Q_α 分别为对应于模态坐标 h 和 α 的广义非定常气动力。

6.3.2 广义非定常气动力

对于大展弦比长直机翼，可以采用片条假设，即认为机翼任意弦向剖面上的气动力可按二元翼段来计算。为简化起见，这里采用准定常气动力理论。取宽度为 dy 的片条，考虑阵风 $w(t)$和机翼振动的作用，其升力 dL 可表示为

$$\mathrm{d}L=\rho V^2C_L^\alpha b(y)\left\{\frac{1}{V}w(t)-\frac{f_1(y)}{V}\dot{h}+f_2(y)\alpha+\left[\frac{1}{2}-a(y)\right]\frac{b(y)f_2(y)}{V}\dot{\alpha}\right\}\mathrm{d}y \tag{6.61}$$

式中，$a(y)\cdot b(y)$表示沿展向各剖面上弹性轴在翼弦中点后面的距离。于是，广义力 Q_h 为

$$Q_h=\int_0^l f_1(y)\mathrm{d}L \tag{6.62}$$

同样，作用在片条刚心处的气动力矩 dM 表示为

$$\begin{aligned}\mathrm{d}M=\rho V^2C_L^\alpha b^2(y)\left[\frac{1}{2}+a(y)\right]\left\{\frac{w(t)}{V}-\frac{f_1(y)}{V}\dot{h}+f_2(y)\alpha+\right.\\ \left.\left[\frac{1}{2}-a(y)\right]\frac{b(y)f_2(y)}{V}\dot{\alpha}\right\}\mathrm{d}y-\frac{1}{2}\pi\rho Vb^3(y)f_2(y)\dot{\alpha}\mathrm{d}y\end{aligned} \tag{6.63}$$

于是，广义力 Q_α 为

$$Q_\alpha=\int_0^l f_2(y)\mathrm{d}M \tag{6.64}$$

将式(6.61)和式(6.63)分别代入式(6.62)和式(6.64)中，经整理得到

$$\left.\begin{aligned} Q_h=b_{12}\alpha+c_{11}\dot{h}+c_{12}\dot{\alpha}+d_1w(t) \\ Q_\alpha=b_{22}\alpha+c_{21}\dot{h}+c_{22}\dot{\alpha}+d_2w(t) \end{aligned}\right\} \tag{6.65}$$

式中

$$b_{12}=\rho V^2C_L^\alpha\int_0^l b(y)f_1(y)f_2(y)\mathrm{d}y \tag{6.66}$$

$$b_{22}=\rho V^2C_L^\alpha\int_0^l\left[\frac{1}{2}+a(y)\right]b^2(y)f_2^2(y)\mathrm{d}y \tag{6.67}$$

$$c_{11}=-\rho VC_L^\alpha\int_0^l b(y)f_1^2(y)\mathrm{d}y \tag{6.68}$$

$$c_{12}=\rho VC_L^\alpha\int_0^l\left[\frac{1}{2}-a(y)\right]b^2(y)f_1(y)f_2(y)\mathrm{d}y \tag{6.69}$$

$$c_{21}=-\rho VC_L^\alpha\int_0^l\left[\frac{1}{2}+a(y)\right]b^2(y)f_1(y)f_2(y)\mathrm{d}y \tag{6.70}$$

$$c_{22}=\rho V\int_0^l\left\{\left[\frac{1}{4}-a^2(y)\right]C_L^\alpha-\frac{\pi}{2}\right\}b^3(y)f_2^2(y)\mathrm{d}y \tag{6.71}$$

$$d_1=\rho VC_L^\alpha\int_0^l b(y)f_1(y)\mathrm{d}y \tag{6.72}$$

$$d_2=\rho VC_L^\alpha\int_0^l\left[\frac{1}{2}+a(y)\right]b^2(y)f_2(y)\mathrm{d}y \tag{6.73}$$

6.3.3 加速度与载荷响应函数

现在采用 Laplace 变换法来求解运动方程(6.60)。对方程(6.60)两边作 Laplace 变换,考虑到陡沿阵风条件,并假设初始条件为零,可以得到

$$\boldsymbol{D}\begin{bmatrix}\mathscr{L}[h(t)]\\ \mathscr{L}[\alpha(t)]\end{bmatrix}=\frac{w_0}{s}\begin{bmatrix}d_1\\ d_2\end{bmatrix} \tag{6.74}$$

式中

$$\boldsymbol{D}=\begin{bmatrix}m_{11}s^2-c_{11}s+k_{11} & m_{12}s^2-c_{12}s-b_{12}\\ m_{12}s^2-c_{21}s & m_{22}s^2-c_{22}s+k_{22}-b_{22}\end{bmatrix} \tag{6.75}$$

由式(6.74)和式(6.50)可以求得机翼任意一点位移 $u(x,y,t)$ 和加速度 $\ddot{u}(x,y,t)$ 的 Laplace 变换为

$$\mathscr{L}[u(x,y,t)]=\frac{w_0}{s}[f_1(y)\quad -r(x)f_2(y)]\cdot\boldsymbol{D}^{-1}\cdot\begin{bmatrix}d_1\\ d_2\end{bmatrix} \tag{6.76}$$

$$\mathscr{L}[\ddot{u}(x,y,t)]=w_0s[f_1(y)\quad -r(x)f_2(y)]\cdot\boldsymbol{D}^{-1}\cdot\begin{bmatrix}d_1\\ d_2\end{bmatrix} \tag{6.77}$$

根据弹性梁理论,机翼在任意展向位置处的弯矩 $F_\mathrm{B}(y,t)$ 和扭矩 $F_\mathrm{T}(y,t)$ 的 Laplace 变换为

$$\mathscr{L}[F_\mathrm{B}(y,t)]=\frac{w_0}{s}[EI(y)f_1''\quad 0]\cdot\boldsymbol{D}^{-1}\cdot\begin{bmatrix}d_1\\ d_2\end{bmatrix} \tag{6.78}$$

$$\mathscr{L}[F_\mathrm{T}(y,t)]=\frac{w_0}{s}[0\quad GJ(y)f_2']\cdot\boldsymbol{D}^{-1}\cdot\begin{bmatrix}d_1\\ d_2\end{bmatrix} \tag{6.79}$$

在求得式(6.74)和式(6.76)~式(6.79)的结果后,通过反 Laplace 变换可以得到各物理量的时间响应函数。

【例 6.4】设有一个悬臂的矩形平板机翼,其半展长为 1.0 m,半弦长为 0.1 m,单位长度的

质量为2.0 kg/m，单位长度绕质心线的转动惯量为0.01 kg·m。机翼的弹性轴和质心线均位于35%弦线处，弯曲刚度和扭转刚度均为常数，$EI=100\ \mathrm{N\cdot m^2}$，$GJ=30\ \mathrm{N\cdot m^2}$。取气流密度为1.225 kg/m³，升力线斜率为2π/rad，陡沿阵风速度幅值为1 m/s，初始条件为零。试计算机翼以飞行速度20 m/s进入陡沿阵风后的前缘翼尖加速度响应及翼根的弯矩和扭矩。

这里取满足边界条件的假设模态函数为

$$f_1(y)=6\left(\frac{y}{l}\right)^2-4\left(\frac{y}{l}\right)^3+\left(\frac{y}{l}\right)^4,\quad f_2(y)=\sin\left(\frac{\pi y}{2l}\right)$$

采用MATHEMATICA软件计算得到各参数为

$$m_{11}=4.622, m_{12}=0, m_{22}=0.005;\quad k_{11}=2\,880, k_{22}=37.01$$

$$b_{12}=318.54, b_{22}=3.08;\quad d_1=18.47, d_2=0.49$$

$$c_{11}=-35.577, c_{12}=1.274, c_{21}=-0.318, c_{22}=-0.006\,9$$

进而可求得模态坐标的响应函数为

$$h(t)=0.008+\mathrm{e}^{-4.188t}(-0.001\,14\sin 24.56t-0.008\,16\cos 24.56t)+\mathrm{e}^{-0.353t}(-0.000\,073\sin 82.53t+0.000\,15\cos 82.53t)$$

$$\alpha(t)=0.014\,44+\mathrm{e}^{-4.188t}(-0.002\,11\sin 24.56t-0.000\,12\cos 24.56t)+\mathrm{e}^{-0.353t}(0.000\,56\sin 82.53t-0.014\,32\cos 82.53t)$$

$$\ddot{h}(t)=\mathrm{e}^{-4.188t}(-1.008\,6\sin 24.56t+5.016\,2\cos 24.56t)+\mathrm{e}^{-0.353t}(0.505\sin 82.53t-1.019\,7\cos 82.53t)$$

$$\ddot{h}(\alpha)=\mathrm{e}^{-4.188t}(1.209\,6\sin 24.56t+0.504\,3\cos 24.56t)+\mathrm{e}^{-0.353t}(-4.647\sin 82.53t+97.50\cos 82.53t)$$

由此，可得到前缘翼尖加速度、翼根弯矩和翼根扭矩的响应函数分别为

$$\ddot{u}_{\text{前缘翼尖}}=3\ddot{h}(t)-0.07\ddot{\alpha}(t),\quad F_{\text{B翼根}}=1\,200h(t),\quad F_{\text{T翼根}}=15\pi\alpha(t)$$

它们的时域响应曲线如图6.8所示。

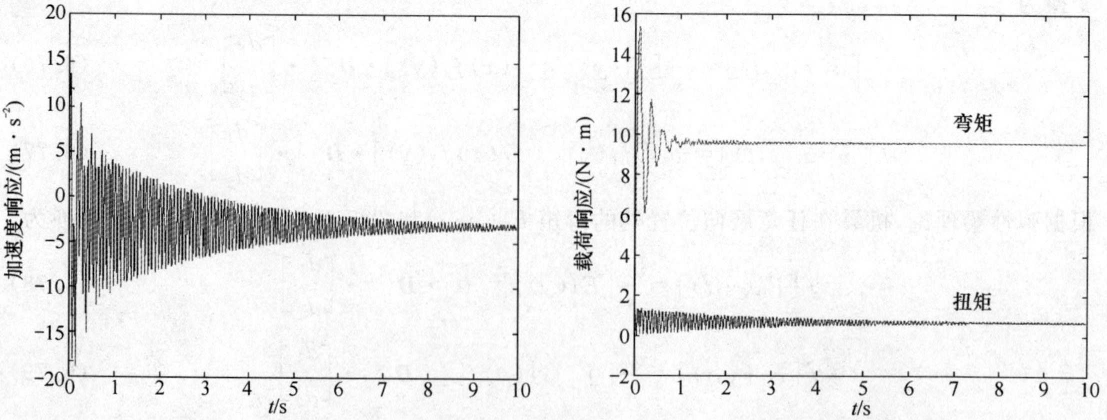

(a) 前缘翼尖加速度　　(b) 翼根弯矩和翼根扭矩

图6.8　陡沿阵风作用下的长直机翼响应曲线

6.4　气动弹性动力响应分析的一般方法

6.4.1　阵风响应频域分析

考虑阵风的作用，飞行器的气动弹性运动方程可写为

$$\boldsymbol{M}_{qq}\ddot{\boldsymbol{q}}+\boldsymbol{C}_{qq}\dot{\boldsymbol{q}}+\boldsymbol{K}_{qq}\boldsymbol{q}=\boldsymbol{f}_q(t)+\boldsymbol{f}_g(t) \tag{6.80}$$

式中，$\boldsymbol{q}$ 为飞行器的广义模态坐标；$\boldsymbol{M}_{qq}$，$\boldsymbol{C}_{qq}$ 和 $\boldsymbol{K}_{qq}$ 分别为广义质量矩阵、广义阻尼矩阵和广义刚度矩阵；$\boldsymbol{f}_q(t)$ 和 $\boldsymbol{f}_g(t)$ 分别表示由飞行器运动和阵风干扰引起的广义气动力。

根据线性非定常气动力理论，当气动面下洗角发生谐振荡变化时，所产生的非定常压力是各气动网格控制点下洗角的线性函数，即

$$\Delta\boldsymbol{p}=\frac{1}{2}\rho V^2\boldsymbol{D}^{-1}\boldsymbol{w} \tag{6.81}$$

式中，$\boldsymbol{w}$ 表示气动网格控制点的下洗角向量；$\Delta\boldsymbol{p}$ 表示气动网格压力点的压力向量；$\rho V^2/2$ 为动压；$\boldsymbol{D}$ 为非定常气动力影响系数矩阵，是关于 Ma 和减缩频率 $k=\omega b/V$ 的复值函数。

当结构发生谐振荡 $\boldsymbol{q}\exp(\mathrm{i}\omega t)$ 时，下洗角向量 $\boldsymbol{w}$ 与结构模态坐标 $\boldsymbol{q}$ 之间有关系

$$\boldsymbol{w}=-\left(\frac{\partial\boldsymbol{\Phi}}{\partial x}+\mathrm{i}\,\frac{k}{b}\boldsymbol{\Phi}\right)\boldsymbol{q} \tag{6.82}$$

式中，$\boldsymbol{\Phi}$ 为控制点处的固有模态矩阵。

若考虑单位幅值的谐振荡阵风干扰 $w_g\exp[\mathrm{i}\omega(t-x/V)]$，则下洗角向量 $\boldsymbol{w}$ 为

$$\boldsymbol{w}=\frac{w_g}{V}\left[\mathrm{e}^{-\mathrm{i}kx_1/b}\quad \mathrm{e}^{-\mathrm{i}kx_2/b}\quad \cdots\quad \mathrm{e}^{-\mathrm{i}kx_m/b}\right]^{\mathrm{T}} \tag{6.83}$$

式中，$x_i(i=1,2,\cdots,m)$ 表示各气动网格控制点的 x 坐标（顺气流方向）。

根据广义气动力的定义，其表达式可写为

$$\boldsymbol{f}=\boldsymbol{\Psi}^{\mathrm{T}}\boldsymbol{S}\Delta\boldsymbol{p} \tag{6.84}$$

式中，$\boldsymbol{\psi}$ 为气动网格压力点处的模态矩阵；$\boldsymbol{S}=\mathrm{diag}(\Delta S_1,\cdots,\Delta S_m)$ 为面积加权矩阵，对角项为各气动网格的面积。将式(6.81)～式(6.83)代入式(6.84)中，可得到分别由飞行器结构振动和阵风干扰引起的广义气动力表达式

$$\boldsymbol{f}_q=\frac{1}{2}\rho V^2\boldsymbol{Q}_{qq}\boldsymbol{q} \tag{6.85}$$

$$\boldsymbol{f}_g=\frac{1}{2}\rho V^2\boldsymbol{Q}_g w_g \tag{6.86}$$

$\boldsymbol{Q}_{qq}$ 和 $\boldsymbol{Q}_g$ 称为广义气动力系数矩阵，它们的数学表达式分别为

$$\boldsymbol{Q}_{qq}=-\boldsymbol{\Psi}^{\mathrm{T}}\boldsymbol{S}\boldsymbol{D}^{-1}\left(\frac{\partial\boldsymbol{\Phi}}{\partial x}+\mathrm{i}\,\frac{k}{b}\boldsymbol{\Phi}\right) \tag{6.87}$$

$$\boldsymbol{Q}_g=\frac{1}{V}\boldsymbol{\Psi}^{\mathrm{T}}\boldsymbol{S}\boldsymbol{D}^{-1}\left[\mathrm{e}^{-\mathrm{i}kx_1/b}\quad \mathrm{e}^{-\mathrm{i}kx_2/b}\quad \cdots\quad \mathrm{e}^{-\mathrm{i}kx_m/b}\right]^{\mathrm{T}} \tag{6.88}$$

在频域内，利用式(6.85)和式(6.86)，方程(6.80)可写为

$$-\omega^2\boldsymbol{M}_{qq}\boldsymbol{q}+\mathrm{i}\omega\boldsymbol{C}_{qq}\boldsymbol{q}+\boldsymbol{K}_{qq}\boldsymbol{q}=\frac{1}{2}\rho V^2\boldsymbol{Q}_{qq}\boldsymbol{q}+\frac{1}{2}\rho V^2\boldsymbol{Q}_g w_g \tag{6.89}$$

式(6.89)可整理为

$$\boldsymbol{q}=\frac{1}{2}\rho V^2\boldsymbol{A}^{-1}\boldsymbol{Q}_{\mathrm{g}}w_{\mathrm{g}} \tag{6.90}$$

式中

$$\boldsymbol{A}=-\omega^2\boldsymbol{M}_{qq}+\mathrm{i}\omega\boldsymbol{C}_{qq}+\boldsymbol{K}_{qq}-\frac{1}{2}\rho V^2\boldsymbol{Q}_{qq} \tag{6.91}$$

根据模态叠加原理，结构的位移 u 可由前若干阶固有模态的线性叠加来近似表示，即

$$u=\sum_{i=1}^{n}\phi_i q_i=\boldsymbol{\phi}\boldsymbol{q} \tag{6.92}$$

式中，$\boldsymbol{\phi}=[\phi_1 \quad \phi_2 \quad \cdots \quad \phi_n]$为某结点处的模态向量。将式(6.90)代入式(6.92)中，得到

$$u=\frac{1}{2}\rho V^2\boldsymbol{\phi}\boldsymbol{A}^{-1}\boldsymbol{Q}_{\mathrm{g}}w_{\mathrm{g}}=G(\omega)w_{\mathrm{g}} \tag{6.93}$$

式中

$$G(\omega)=\frac{1}{2}\rho V^2\boldsymbol{\phi}\boldsymbol{A}^{-1}\boldsymbol{Q}_{\mathrm{g}}$$

即为输入为阵风速度、输出为结构位移时的频率响应函数。根据实际需要，可在 $G(\omega)$ 的基础上再乘以因子 $\mathrm{i}\omega$ 或 $-\omega^2$，或者乘以结构刚度矩阵，即可得到输出为速度、加速度或结构内力的频率响应函数。

对于连续阵风，设阵风速度的功率谱密度为 $\Phi_w(\omega)$，则响应的功率谱密度为

$$\Phi_u(\omega)=|G(\omega)|^2\Phi_w(\omega) \tag{6.94}$$

其响应的均方根值可由下式求得，即

$$\sigma_u=\sqrt{\int_0^{\infty}|G(\omega)|^2\Phi_w(\omega)\mathrm{d}\omega} \tag{6.95}$$

对于离散阵风，设其阵风速度为 $w_{\mathrm{g}}(t)$。首先对 $w(t)$ 作 Fourier 变换，得到频域中的阵风，即

$$W_{\mathrm{g}}(\omega)=\mathscr{F}[w_{\mathrm{g}}(t)]$$

根据式(6.93)，上式在每个频率点都成立。于是可得到频域中的位移响应

$$U(\omega)=\frac{1}{2}\rho V^2\boldsymbol{\phi}\boldsymbol{A}^{-1}\boldsymbol{Q}_{\mathrm{g}}W_{\mathrm{g}}(\omega) \tag{6.96}$$

则由频域响应作反 Fourier 变换可得时域中的位移输出为

$$u(t)=\mathscr{F}^{-1}[U(\omega)]=\frac{1}{2}\rho V^2\mathscr{F}^{-1}[\boldsymbol{\phi}\boldsymbol{A}^{-1}\boldsymbol{Q}_{\mathrm{g}}W_{\mathrm{g}}(\omega)] \tag{6.97}$$

需要提出的是，采用 Fourier 变换法求解离散阵风响应是建立在零初始条件假设基础上的。

【例 6.5】考虑一个中等展弦比的悬臂矩形机翼，弦长为 1.0 m，展长为 3.0 m。机翼结构为单梁式，在翼肋的前后缘设置集中质量，机翼的几何外形及结构有限元模型如图 6.9 所示。根据结构固有振动特性分析得到机翼的前三阶模态及其频率分别为：一阶弯曲，1.99 Hz；一阶扭转，4.76 Hz；二阶弯曲，12.43 Hz。取 Dryden 阵风模型，阵风尺度为 100 m，紊流均方根值为 1.766 m/s。试计算飞行速度为 60 m/s 时的机翼响应功率谱。

在频域分析法中，采用亚声速偶极子格网法计算机翼的非定常气动力系数矩阵，进而计算得到的机翼主梁弯曲挠度响应功率谱密度如图 6.10 所示，主梁扭矩的功率谱密度如图 6.11 所示。数值结果表明：从挠度响应来看，弯曲变形主要发生在低频；从载荷响应来看，扭矩在低频和弹性频率（机翼一阶扭转）处均有较大响应。

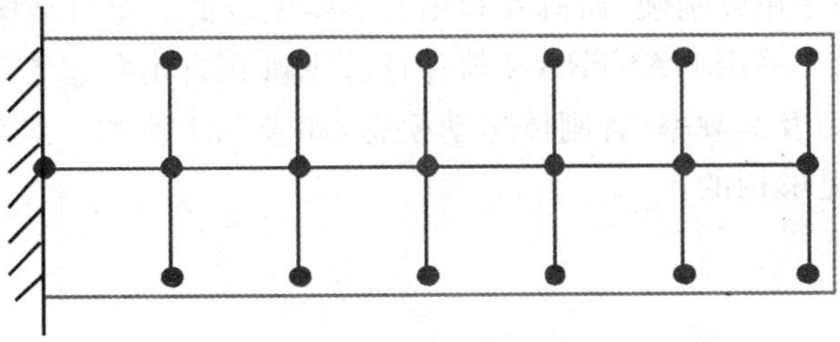

图 6.9　单梁式悬臂矩形机翼示意图

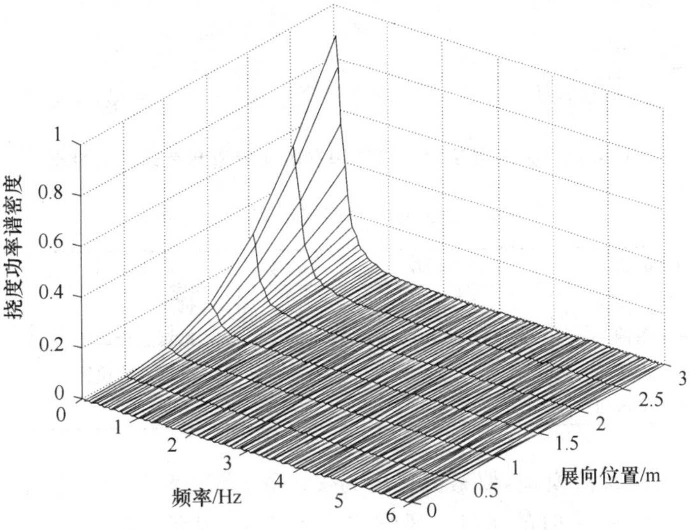

图 6.10　机翼土梁弯曲挠度响应功率谱密度的展向分布

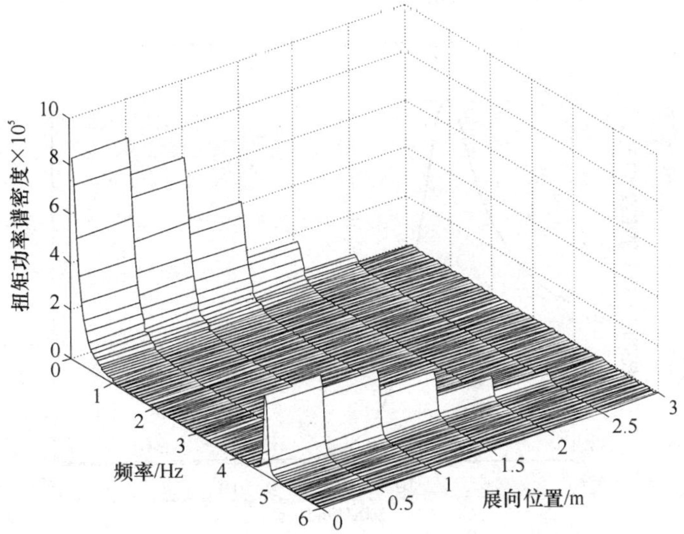

图 6.11　机翼主梁扭矩功率谱密度的展向分布

【例 6.6】分析某大展弦比双尾撑飞机在连续阵风作用下的结构响应。飞机结构主要由梁元和板元构成，机身和平尾较刚硬，而机翼和尾撑的刚度较低。全机结构有限元模型和气动网格模型如图 6.12 所示。采用 NASTRAN 软件计算飞机在自由状态下的固有振动特性，全机对称状态的前七阶模态及其频率(含刚体运动模态)如表 6.1 所列。对该飞机而言，这七阶模态对于阵风响应分析是够用的。

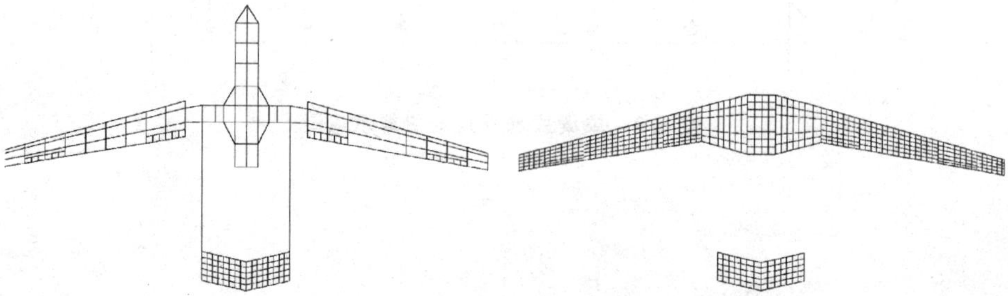

图 6.12 某大展弦比飞机结构有限元模型和气动网格模型

表 6.1 全机对称状态的固有模态及频率

阶 数	模态名称	频率/Hz	阶 数	模态名称	频率/Hz
1	刚体沉浮	0.00	5	机翼二阶弯曲	9.15
2	刚体俯仰	0.00	6	机翼三阶弯曲	20.97
3	机翼一阶弯曲	2.66	7	机翼一阶扭转	24.71
4	尾撑一阶弯曲	6.89			

选用 von Kármán 紊流模型，取紊流尺度为 265 m，紊流均方根值为 1.766 m/s，计算海平面高度、飞行速度为 60 m/s 时的飞机阵风响应。图 6.13 显示了机身惯导设备处的法向过载功率谱密度，图 6.14 显示了翼尖处由结构弹性引起的附加过载功率谱密度，它们分别反映了飞机的乘坐舒适性和机翼的疲劳受载情况。

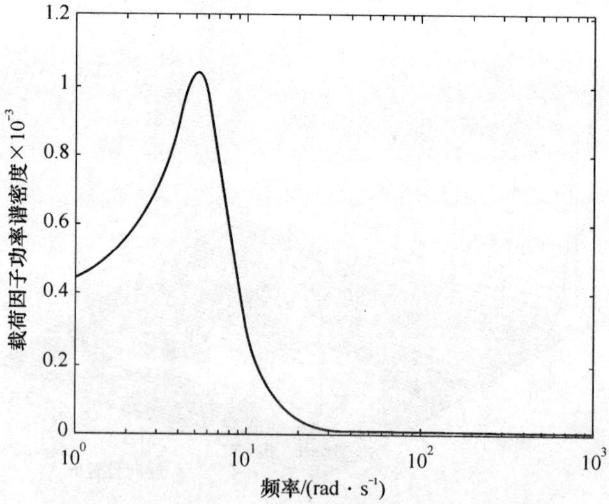

图 6.13 机身惯导设备处的法向过载功率谱密度

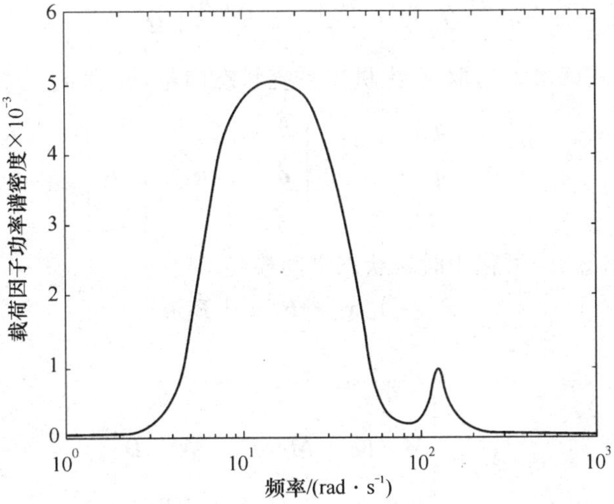

图 6.14　由结构弹性引起的翼尖处附加过载功率谱密度

6.4.2　阵风响应时域分析

考虑更为一般的飞行器气动弹性运动方程，其数学表达式可写为

$$\boldsymbol{M}_{qq}\ddot{\boldsymbol{q}}+\boldsymbol{C}_{qq}\dot{\boldsymbol{q}}+\boldsymbol{K}_{qq}\boldsymbol{q}=\boldsymbol{f} \tag{6.98}$$

式中，$\boldsymbol{f}$ 表示广义气动力，包括三个部分：由飞行器运动引起的气动力，由控制面偏转产生的气动力，以及由阵风干扰引起的气动力。在谐振荡情况下，气动力可写成线性形式

$$\boldsymbol{f}=\frac{1}{2}\rho V^2[\boldsymbol{Q}_q \quad \boldsymbol{Q}_\delta \quad \boldsymbol{Q}_g]\begin{bmatrix}\boldsymbol{q}\\ \boldsymbol{\delta}\\ w_g\end{bmatrix} \tag{6.99}$$

式中，$\boldsymbol{q}$ 表示机体模态坐标；$\boldsymbol{\delta}$ 表示控制面偏转模态；w_g 表示阵风输入模态；$\boldsymbol{Q}_q$，$\boldsymbol{Q}_\delta$ 和 $\boldsymbol{Q}_g$ 分别表示对应的广义气动力系数矩阵。

频域非定常气动力计算得到的是对应于离散的减缩频率的复值气动力系数矩阵，为建立气动弹性系统的时域模型，首先要将气动力从频域转化到时域空间。这里采用非定常气动力有理函数拟合技术使之延拓到 Laplace 域，目前一般采用 MS 法。根据 MS 法，广义气动力系数矩阵的拟合公式可写为

$$\begin{aligned}[\boldsymbol{Q}_q \quad \boldsymbol{Q}_\delta \quad \boldsymbol{Q}_g]=&[\boldsymbol{Q}_{q0} \quad \boldsymbol{Q}_{\delta 0} \quad \boldsymbol{Q}_{g0}]+\frac{bs}{V}[\boldsymbol{Q}_{q1} \quad \boldsymbol{Q}_{\delta 1} \quad \boldsymbol{Q}_{g1}]+\\ &\left(\frac{bs}{V}\right)^2[\boldsymbol{Q}_{q2} \quad \boldsymbol{Q}_{\delta 2} \quad \boldsymbol{Q}_{g2}]+s\boldsymbol{D}\left(s\boldsymbol{I}-\frac{V}{b}\boldsymbol{R}\right)^{-1}[\boldsymbol{E}_q \quad \boldsymbol{E}_\delta \quad \boldsymbol{E}_g]\end{aligned} \tag{6.100}$$

式中，s 为 Laplace 变量；$\boldsymbol{R}$ 为气动力滞后项对角矩阵；$\boldsymbol{I}$ 为单位矩阵；$\boldsymbol{Q}_i$，$\boldsymbol{D}$ 和 $\boldsymbol{E}$ 为拟合多项式系数矩阵。引入气动力状态向量 $\boldsymbol{x}_a$，利用式(6.99)和式(6.100)，则有

$$\dot{\boldsymbol{x}}_a=\frac{V}{b}\boldsymbol{R}\boldsymbol{x}_a+\frac{1}{2}\rho V^2(\boldsymbol{E}_q\dot{\boldsymbol{q}}+\boldsymbol{E}_\delta\dot{\boldsymbol{\delta}}+\boldsymbol{E}_g\dot{w}_g) \tag{6.101}$$

$$\begin{aligned}\boldsymbol{f}=&\boldsymbol{D}\boldsymbol{x}_a+\frac{1}{2}\rho V^2\left[\boldsymbol{Q}_{q0}\boldsymbol{q}+\frac{b}{V}\boldsymbol{Q}_{q1}\dot{\boldsymbol{q}}+\left(\frac{b}{V}\right)^2\boldsymbol{Q}_{q2}\ddot{\boldsymbol{q}}\right]+\\ &\frac{1}{2}\rho V^2\left[\boldsymbol{Q}_{\delta 0}\boldsymbol{\delta}+\frac{b}{V}\boldsymbol{Q}_{\delta 1}\dot{\boldsymbol{\delta}}+\left(\frac{b}{V}\right)^2\boldsymbol{Q}_{\delta 2}\ddot{\boldsymbol{\delta}}\right]+\end{aligned} \tag{6.102}$$

$$\frac{1}{2}\rho V^2\left[\boldsymbol{Q}_{g0}w_g+\frac{b}{V}\boldsymbol{Q}_{g1}\dot{w}_g+\left(\frac{b}{V}\right)^2\boldsymbol{Q}_{g2}\ddot{w}_g\right]$$

结合式(6.99)～式(6.102)，取 $\boldsymbol{x}_{ae}$ 为机体系统状态向量，$\boldsymbol{u}_\delta$ 和 $\boldsymbol{u}_g$ 为控制向量，且有

$$\boldsymbol{x}_{ae}=\begin{bmatrix}\boldsymbol{q}\\ \dot{\boldsymbol{q}}\\ x_a\end{bmatrix},\quad \boldsymbol{u}_\delta=\begin{bmatrix}\boldsymbol{\delta}\\ \dot{\boldsymbol{\delta}}\\ \ddot{\boldsymbol{\delta}}\end{bmatrix},\quad \boldsymbol{u}_g=\begin{bmatrix}w_g\\ \dot{w}_g\\ \ddot{w}_g\end{bmatrix} \tag{6.103}$$

则气动弹性运动方程(6.98)可化为时域状态空间模型

$$\dot{\boldsymbol{x}}_{ae}=\boldsymbol{A}_{ae}\boldsymbol{x}_{ae}+\boldsymbol{B}_{ae}\boldsymbol{u}_\delta+\boldsymbol{E}_{ae}\boldsymbol{u}_g \tag{6.104}$$

式中

$$\boldsymbol{A}_{ae}=\begin{bmatrix}\boldsymbol{0} & \boldsymbol{I} & \boldsymbol{0}\\ \bar{\boldsymbol{M}}^{-1}\bar{\boldsymbol{K}} & \bar{\boldsymbol{M}}^{-1}\bar{\boldsymbol{C}} & \bar{\boldsymbol{M}}^{-1}\boldsymbol{D}\\ \boldsymbol{0} & \frac{1}{2}\rho V^2\boldsymbol{E}_q & V\boldsymbol{R}/b\end{bmatrix} \tag{6.105}$$

$$\boldsymbol{B}_{ae}=\frac{1}{2}\rho V^2\begin{bmatrix}\boldsymbol{0} & \boldsymbol{0} & \boldsymbol{0}\\ \bar{\boldsymbol{M}}^{-1}\boldsymbol{Q}_{\delta 0} & \frac{b}{V}\bar{\boldsymbol{M}}^{-1}\boldsymbol{Q}_{\delta 1} & \left(\frac{b}{V}\right)^2\bar{\boldsymbol{M}}^{-1}\boldsymbol{Q}_{\delta 2}\\ \boldsymbol{0} & \boldsymbol{E}_\delta & \boldsymbol{0}\end{bmatrix} \tag{6.106}$$

$$\boldsymbol{E}_{ae}=\frac{1}{2}\rho V^2\begin{bmatrix}\boldsymbol{0} & \boldsymbol{0} & \boldsymbol{0}\\ \bar{\boldsymbol{M}}^{-1}\boldsymbol{Q}_{g0} & \frac{b}{V}\bar{\boldsymbol{M}}^{-1}\boldsymbol{Q}_{g1} & \left(\frac{b}{V}\right)^2\bar{\boldsymbol{M}}^{-1}\boldsymbol{Q}_{g2}\\ \boldsymbol{0} & \boldsymbol{E}_g & \boldsymbol{0}\end{bmatrix} \tag{6.107}$$

$$\bar{\boldsymbol{M}}=\boldsymbol{M}_{qq}-\frac{1}{2}\rho b^2\boldsymbol{Q}_{q2} \tag{6.108}$$

$$\bar{\boldsymbol{C}}=\frac{1}{2}\rho bV\boldsymbol{Q}_{q1}-\boldsymbol{C}_{qq} \tag{6.109}$$

$$\bar{\boldsymbol{K}}=\frac{1}{2}\rho V^2\boldsymbol{Q}_{q0}-\boldsymbol{K}_{qq} \tag{6.110}$$

将气动弹性状态空间模型与舵机模型、传感器模型以及阵风模型等联结起来，最后可得到总的气动弹性状态空间模型

$$\left.\begin{aligned}\dot{\boldsymbol{x}}_P&=\boldsymbol{A}_P\boldsymbol{x}_P+\boldsymbol{B}_P\boldsymbol{u}_c+\boldsymbol{E}_Pw_g\\ \boldsymbol{y}_P&=\boldsymbol{C}_P\boldsymbol{x}_P+\boldsymbol{D}_P\boldsymbol{u}_c+\boldsymbol{F}_Pw_g\end{aligned}\right\} \tag{6.111}$$

式中，$\boldsymbol{x}_P$ 表示系统状态向量，$\boldsymbol{u}_c$ 表示控制面偏转指令，w_g 表示阵风输入。根据线性控制理论，从输入 w_g 到输出 $\boldsymbol{y}_P$ 的传递函数为

$$\boldsymbol{G}(\boldsymbol{s})=\boldsymbol{C}_P(\boldsymbol{sI}-\boldsymbol{A}_P)^{-1}\boldsymbol{E}_P+\boldsymbol{F}_P \tag{6.112}$$

对于连续阵风，可利用传递函数式(6.112)来计算响应的功率谱密度。对于离散阵风，可利用方程(6.111)直接进行数值积分来求得时间响应。

思考题及练习题

6.1 在气动弹性动力学中，动稳定性问题和动力响应问题各有何特点？

6.2　在飞行器的飞行过程中，引起弹性振动的随时间变化的外力有哪些？

6.3　设具有沉浮自由度的自由刚性翼段，其质量为 m，半弦长为 b。试采用准定常气动力理论推导翼段进入陡沿阵风后的位移和加速度响应。

6.4　如题图 6.1 所示的自由刚性翼段，其半弦长为 0.5 m，质量为 10 kg。取气流密度为 1.225 kg/m^3，升力线斜率为 2π/rad，陡沿阵风速度幅值为 1 m/s，翼段的初始位移和速度为零。试采用非定常气动力理论计算气流速度为 60 m/s 时翼段进入陡沿阵风后的加速度响应曲线，并与 6.3.1 小节中的结果比较。

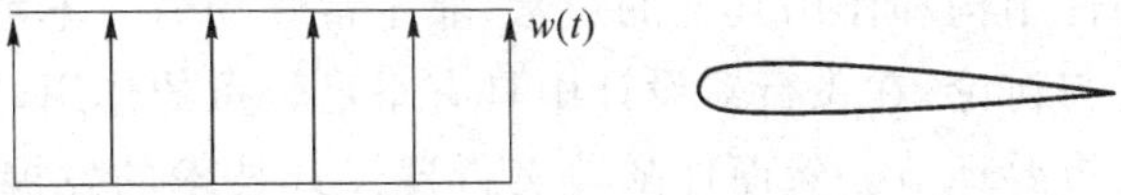

题图 6.1　陡沿阵风作用下的自由刚性翼段

6.5　如题图 6.2 所示，设具有俯仰自由度的典型翼段，半弦长为 0.5 m，绕转轴的转动惯量为 5 kg·m^2，扭转弹簧刚度系数为 10 000 N·m/rad。取气流密度为 1.225 kg/m^3，升力线斜率为 2π/rad，垂直阵风速度均方根值为 1.0 m/s，阵风尺度为 100 m。试采用 Dryden 阵风模型计算气流速度为 50 m/s 时翼段的俯仰角速度功率谱密度和均方根值。

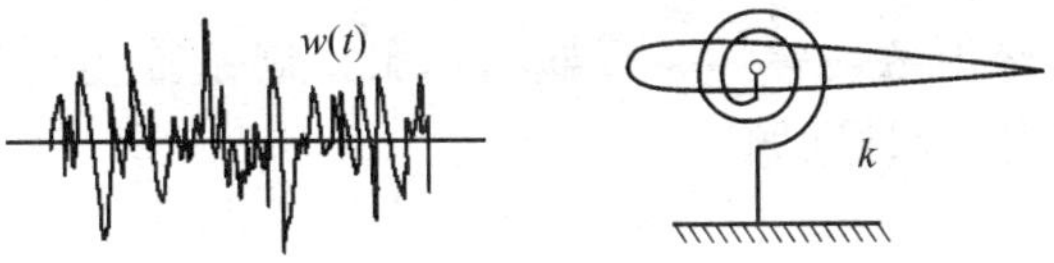

题图 6.2　连续阵风作用下的单自由度翼段

6.6　对于例 6.4，试采用非定常气动力理论来计算机翼的响应，可使用 NASTRAN 或其他商业软件。并与书中的结果比较，探讨二者的差异。

6.7　考虑刚体运动和弹性振动自由度，试采用准定常气动力方法推导水平直线飞行的细长体火箭在受到垂直阵风干扰下的动力响应问题。

参 考 文 献

[1]　Fung Y C. 空气弹性力学引论. 冯钟越，管德，译. 北京：国防工业出版社，1963.

第 7 章　气动伺服弹性

前述章节的内容着重从结构动力学和空气动力学两大学科的角度出发，提出经典气动弹性问题的基本要素，阐述气动弹性静力学与气动弹性动力学问题的现象、机理及分析方法，内容上仅涉及飞行器的弹性结构和作用其上的定常、非定常气动力。不可否认，关于经典气动弹性问题及其现象的研究与讨论，在飞行器设计中具有举足轻重的作用，时至今日仍然是航空航天工程领域必不可少的重要环节。然而伴随着飞行器设计技术的发展，在现代飞机上普遍使用了伺服控制系统，特别是 20 世纪末电传操纵系统的日益广泛应用，为现代飞机的操纵稳定性控制带来了新变革，同时也引发了气动弹性研究的新问题，即因控制系统的引入而出现的与飞行器结构和气动学科的耦合问题。一方面，若控制系统设计得不合理，与飞行器结构和气动发生不利的耦合作用，则有可能使飞行器在低于无控状态的颤振速度时而发生失稳；另一方面，若在控制系统设计之时即考虑气动弹性因素，则有可能通过控制系统来提供动力学补偿，这样，可极大地提高飞行器的综合性能。所以，对于现代飞机而言，单独考虑弹性飞行器的气动弹性问题是不够的，还必须考虑弹性飞行器与伺服控制系统相互作用下的气动弹性问题。这类问题就统称为气动伺服弹性问题。

7.1　气动伺服弹性概述

7.1.1　气动伺服弹性问题的由来

气动伺服弹性在现代飞行器设计中逐渐变得重要起来，因为它将气动力与柔性结构之间的气动弹性耦合扩展为气动力和柔性结构与控制系统之间的耦合。引入伺服控制系统后，可能使原本颤振稳定的系统变为不稳定。这种类型的不稳定就称为气动伺服弹性不稳定。所以，在飞行器设计中，只考虑单独飞行器的气动弹性稳定性是不够的，还必须考虑弹性飞行器与伺服控制系统相互作用下的气动弹性稳定性。

伺服控制系统是指利用伺服系统去操纵舵面偏转运动的飞行控制系统。随着飞行器的发展，伺服控制系统也在不断发展。最初的伺服控制系统只是一种装有助力器的操纵系统，用它来推动舵面偏转，发展至今几乎所有飞行器都会使用不同形式的飞行控制系统来改善整个飞行包线内的操纵稳定特性、飞行性能和乘坐品质以及降低载荷和提高使用寿命。对于民用飞机的飞行控制系统，除了包含满足基本操纵要求的控制系统外，还可能会有阵风和/或机动载荷减缓系统。对于军用飞机，有时为了提高机动能力，可以在降低开环静稳定性或开环静不稳定性情况下飞行，这时只有使用飞行控制系统才能飞行。所有这些使得在分析结构与控制的耦合时，必须包含伺服传动的动力学特点。

在前面章节的内容中已经介绍了飞行器的气动弹性系统，它与伺服控制系统是两类不同的系统，但它们之间存在着直接的传递关系。飞行器的运动信号首先通过传感器输入到控制系统，然后通过控制系统产生控制信号又输入到舵面，引起舵面偏转，并产生舵面控制力，最终回输到飞行器，这个过程可用图 7.1 所示的闭合回路来说明。由于飞行器是弹性体，所以在飞行中受到干扰后所发生的运动除了含有飞机的刚体运动外，还包含弹性振动，这两种运动同时被传感器接收。只要伺服控制系统的通频带能覆盖飞行器的主要固有频率，控制系统通过伺服传动施加于舵面的偏转 $\Delta\beta$ 就增加了一部分频率较高的运动，从而也就增加了一部分舵面非定常气动力和惯性力。这就是由控制系统反馈而额外产生的控制力，这部分控制力将会影响到飞行器的运动。所以，当把飞行器当做弹性体考虑时，图 7.1 所示的闭合回路就是典型的气动伺服弹性系统。通常也可把气动伺服弹性系统定义为一个具有反馈控制的气动弹性系统。

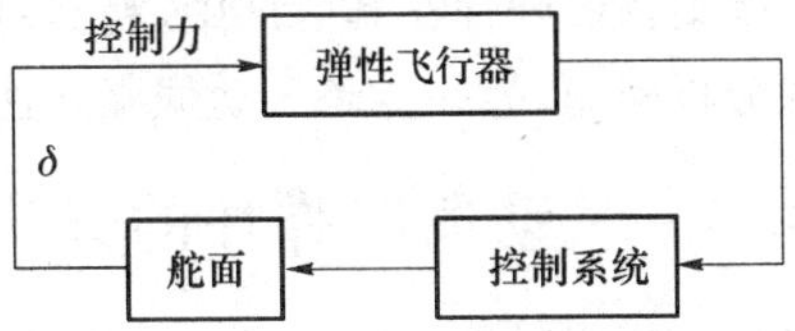

图 7.1　由飞行器和控制系统构成的闭合回路

图 7.1 显示出弹性飞行器与伺服控制系统之间是互为反馈的关系。当弹性飞行器作为闭环系统的正向回路时，控制系统就是闭环回路的反馈回路。通常会出现的问题是：单独的弹性飞行器是动力稳定的（即不会发生颤振），单独的伺服控制系统的设计也是稳定的；但是，在形成闭合回路以后，其稳定性则显著改变，甚至变为气动伺服弹性不稳定的。这种气动伺服弹性效应，或有时称为“结构耦合”，能造成严重的结构破坏，这种破坏由气动弹性系统和飞行控制系统耦合的颤振引起，但也可能导致疲劳损伤和降低操纵面舵机的性能。在军用飞机、民用飞机和有翼导弹的相关规范和适航条例中，有专门条款要求飞行器的气动弹性与飞行控制系统耦合必须稳定，且有足够的稳定裕度。它不仅告诫在飞行器设计中必须重视耦合效应，也同时提示了在控制系统的设计中，必须视飞行器为弹性体。现代飞行器严格的性能指标和结构的大柔性，使得气动伺服弹性稳定性分析愈加重要。传统上的气动弹性问题，如颤振问题，也可以归纳在气动伺服弹性范畴内，列为子问题。但由于它们相关的机理不同，所以二者需要分别考虑。

7.1.2　气动伺服弹性的分类与内容

由于气动伺服弹性把气动弹性的气动力与柔性结构之间的耦合扩展成与控制系统的耦合，所以，经典的 Collar 气动弹性三角形扩展成为气动伺服弹性金字塔，如图 7.2 所示。当金字塔四个角上的力全部耦合在一起时，就构成气动伺服弹性力学的学科。金字塔的四个面分别代表了四个不同的学科。

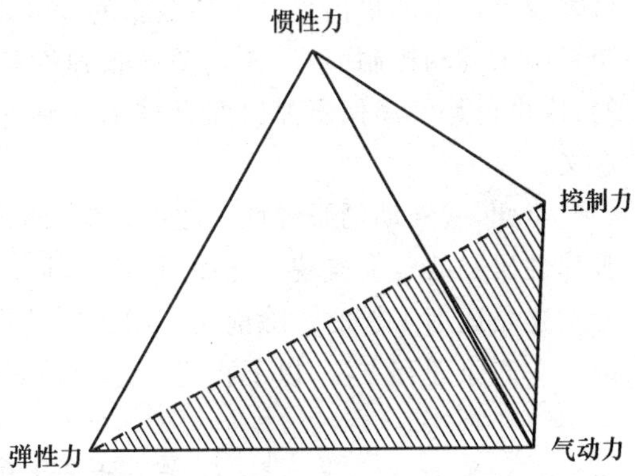

图 7.2　气动伺服弹性金字塔

由弹性力、惯性力和气动力相互作用，构成的学科是经典的气动弹性力学。在工程设计上所关心的是颤振，为了联系到与气动伺服弹性的关系，常把它称为飞行器开环颤振，而把气动伺服弹性稳定性称为飞行器闭环颤振，有时也称为伺服颤振。应当指出，虽然颤振和气动伺服弹性稳定性的破坏形式是结构损坏，但两者的作用机理是不同的，在设计中采取的设计方法也不相同。

由弹性力、惯性力和控制力相互作用构成的学科称为伺服弹性力学。这里没有空气动力的参与，它在气动伺服弹性稳定性分析中具有重要作用。在飞行器研制过程中，常把伺服弹性地面试验作为试飞前的例行试验。这项试验有时称为飞行控制系统结构模态耦合试验。

由控制力、惯性力及气动力相互作用构成的学科称为气动伺服动力学。这里不考虑结构的弹性力，其研究对象是具有伺服控制系统的刚性飞行器。

由控制力、气动力和弹性力构成气动伺服弹性静力学。

与气动弹性问题类似，在气动伺服弹性问题中，还可根据系统上是否作用了与飞行器运动无关的外部扰动而把它区分为两类：凡不存在外部扰动的，称为气动伺服弹性稳定性问题；反之，就构成气动伺服弹性响应问题。

气动伺服弹性在其发展中，就其对飞行器设计而言，可分为两类问题：一类是气动伺服弹性的分析问题，另一类是气动伺服弹性的综合问题。

7.1.3　气动伺服弹性的分析与综合

气动伺服弹性的分析是指对于已经给定的柔性飞行器结构、质量分布以及飞行控制系统，检查其在规定飞行条件下的闭环系统气动弹性稳定性或动响应特性。该分析可通过计算或试验来完成。在这个过程中，可对系统的某些参数进行局部补偿和修改，以消除不利影响，从而改善闭环系统的气动弹性特性。可见，所谓分析，通常是属于飞行器设计中直接面对的、最基本的任务，属于一种被动防止的设计模式。

气动伺服弹性的综合则指：对于给定飞行器（一项或多项）先进的气动弹性性能，以此为目标设计相应的控制律，并以此作为闭环系统的反馈回路，从而实现预期的性能目标。在现代飞行器的设计中，由于主动控制技术的发展，已经出现了针对某些功能的控制系统，例如，放宽静稳定度、直接力控制和阵风载荷减缓等。更先进的还有把颤振主动抑制应用于气动伺服弹性的综合之中。总之，综合的目的是在给定性能条件下实现主动控制律的设计，并与飞行器组成闭环，以主动排除不利耦合，实现预期目标。可见，所谓综合，是指在飞行器设计中如何借助控制系统来实现既定目标。这是以性能为目标、以控制系统为核心的主动控制的设计模式。

气动伺服弹性技术与主动控制技术的结合成为当代飞行器设计的新理念。主动气动弹性机翼设计技术的提出更是一种全新的设计理念，其最大特点是利用气动弹性效应，借助主动控制系统来驱动控制面，形成气动伺服弹性的闭环，从而使设计达到性能优化和质量最小的目的，这也正是气动伺服弹性综合技术的延伸和深化，并更加体现出气动伺服弹性综合的重要意义。

至此，就气动伺服弹性问题的梗概，向读者做了简要介绍，力图给大家呈现出一幅气动伺服弹性研究的全局概貌。然而，针对具体的气动伺服弹性问题，就开展研究工作而言，仅有以上叙述是远远不够的。除前文介绍的气动弹性基础知识以外，这里还涉及有关数学和控制理论的一些原理和方法，以下将逐一进行讲解和介绍。

7.2　气动伺服弹性系统的组成

从系统组成来看，气动伺服弹性系统包含弹性机体、非定常气动力、舵机与传感器、控制系统以及阵风干扰等几大环节。各环节之间通过一定的物理关系连接在一起，并构成闭环系统。典型的气动伺服弹性系统框图如图 7.3 所示。下面分别介绍各环节的数学模型。

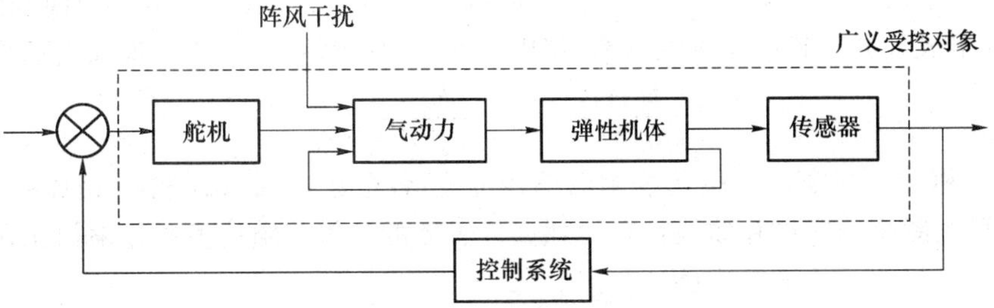

图 7.3　典型的气动伺服弹性系统框图

7.2.1　弹性机体与气动力环节

如图 7.3 所示，若暂不考虑阵风干扰输入，仅考虑气动力环节与弹性机体环节所构成的系统，则图 7.3 所代表的气动伺服弹性系统将退化为经典的气动弹性系统。该系统曾在第 5 章中出现，并进行过讨论。现将式(5.4)推广至多自由度情况，用于描述气动弹性一般运动方程，形如

$$\boldsymbol{M}\ddot{\boldsymbol{q}}+\boldsymbol{C}\dot{\boldsymbol{q}}+\boldsymbol{K}\boldsymbol{q}=\boldsymbol{f} \tag{7.1}$$

式中，选取 $\boldsymbol{q}$ 为广义模态坐标，则 $\boldsymbol{M}$ 为系统的广义质量矩阵；$\boldsymbol{C}$ 为系统的广义结构阻尼矩阵；$\boldsymbol{K}$ 为系统的广义刚度矩阵；$\boldsymbol{f}$ 为广义非定常气动力列向量。

采用适用于工程的非定常气动力方法(如偶极子格网法)计算广义非定常气动力，由3.6.1 小节的内容不难得出 $\boldsymbol{f}$ 的一般形式为

$$\boldsymbol{f}=\frac{1}{2}\rho V^2\boldsymbol{A}\boldsymbol{q} \tag{7.2}$$

式(7.2)适用于一类非定常气动力计算方法的表达形式，具有一般性。其中，$\boldsymbol{A}$ 称为广义非定常气动力影响系数矩阵，通常为减缩频率 k 和计算参考马赫数 Ma 的函数，它在经典的气动弹性分析与气动伺服弹性研究中具有重要意义。

为满足气动伺服弹性研究的需要，在气动弹性一般运动方程的基础上，还需定义系统的输入变量，以便随后与控制系统的反馈信号连接，构成互为反馈的耦合机制。通常，选取飞行器的常用控制面作为输入端来定义输入变量(例如，升降舵、副翼等舵面的输入指令)。于是，在系统广义模态坐标向量中增加了控制舵面偏转自由度 $\boldsymbol{\delta}$，形如

$$\boldsymbol{q}=\begin{bmatrix}\boldsymbol{q}_s\\ \boldsymbol{\delta}\end{bmatrix}$$

将式(7.1)与式(7.2)联立，略去控制自由度的阻尼项和刚度项，得到弹性机体与气动力环节的一般运动方程

$$\boldsymbol{M}_s\ddot{\boldsymbol{q}}_s+\boldsymbol{C}_s\dot{\boldsymbol{q}}_s+\boldsymbol{K}_s\boldsymbol{q}_s=\frac{1}{2}\rho V^2\boldsymbol{A}_s\boldsymbol{q}_s-\boldsymbol{M}_\delta\ddot{\boldsymbol{\delta}}+\frac{1}{2}\rho V^2\boldsymbol{A}_\delta\boldsymbol{\delta} \tag{7.3}$$

7.2.2　舵机与传感器环节

舵机是气动伺服弹性系统中的执行机构，它将舵面的控制指令信号转化为舵面的运动，从而驱动舵面偏转产生控制力。传感器是气动伺服弹性系统中的敏感元件，通常为布置在飞行

器结构上的加速度计或角速度计，用于感知弹性机体的运动。它们都是气动伺服弹性系统中必不可少的组成部分。忽略非线性影响，舵机传递函数一般可用三阶有理式表示为

$$\frac{\delta(s)}{u_c(s)}=\frac{b_0}{s^3+a_2s^2+a_1s+a_0} \tag{7.4}$$

式中，u_c 为舵机控制指令输入；δ 为控制面偏转位置；各参数 a_0，a_1，a_2 和 b_0 由舵机物理方程推导而得，也可由频率响应试验曲线拟合得到。传感器的频带与结构模态频率相比，通常具有足够高的带宽，可近似为纯增益比例环节。

7.2.3 状态空间模型

现代控制理论以状态空间模型为基础，是从现代控制理论发展出来的较为成熟的方法，也是气动伺服弹性分析与综合研究的重要理论基础。因此，气动伺服弹性研究往往需要将气动弹性运动方程改写为时域状态空间方程的形式。但是，由第 3 章非定常气动力的理论介绍可知，工程中由最为常用的非定常气动力计算方法（如偶极子格网法）得到的非定常气动力往往是频域离散矩阵的形式，即式(7.3)的右端项是减缩频率 k 的离散表达式，这使得式(7.3)难以改写为时域状态空间方程；而 3.9 节介绍的线性非定常气动力近似方法，为解决该问题提供了思路。这类方法是通过有理函数拟合，将气动力延拓至 Laplace 域，进而通过 Laplace 反变换得到方程时域状态空间的形式。

为便于与伺服控制系统结合起来研究气动伺服弹性问题，本章后续内容将会经常使用系统的状态空间模型。目前，有关线性系统的理论与方法已发展得较为成熟，相关的参考书籍很多，这里不再对控制理论中的细节做过多叙述。下面从式(7.3)出发，建立气动伺服弹性系统的状态空间方程。

将式(3.95)代入式(7.3)，进行 Laplace 反变换，整理可得

$$\dot{\boldsymbol{x}}=\boldsymbol{A}\boldsymbol{x}+\boldsymbol{B}\boldsymbol{u} \tag{7.5}$$

式中

$$\boldsymbol{A}=\begin{bmatrix} \boldsymbol{0}_{(n\times n)} & \boldsymbol{I}_{(n\times n)} & \boldsymbol{0}_{(n\times n)} & \cdots & \boldsymbol{0}_{(n\times n)} \\ -\bar{\boldsymbol{M}}_s^{-1}\bar{\boldsymbol{K}}_s & -\bar{\boldsymbol{M}}_s^{-1}\bar{\boldsymbol{C}}_s & \frac{1}{2}\rho V^2\bar{\boldsymbol{M}}_s^{-1} & \cdots & \frac{1}{2}\rho V^2\bar{\boldsymbol{M}}_s^{-1} \\ \boldsymbol{0}_{(n\times n)} & \boldsymbol{E}_{s,1} & -Vb^{-1}r_1\boldsymbol{I}_{(n\times n)} & \cdots & \boldsymbol{0}_{(n\times n)} \\ \vdots & \vdots & \vdots & & \vdots \\ \boldsymbol{0}_{(n\times n)} & \boldsymbol{E}_{s,N} & \boldsymbol{0}_{(n\times n)} & \cdots & -Vb^{-1}r_N\boldsymbol{I}_{(n\times n)} \end{bmatrix},\quad \boldsymbol{x}=\begin{bmatrix} \boldsymbol{q} \\ \dot{\boldsymbol{q}} \\ \boldsymbol{x}_{a,1} \\ \vdots \\ \boldsymbol{x}_{a,N} \end{bmatrix}$$

$$\boldsymbol{B}=\begin{bmatrix} \boldsymbol{0}_{(n\times m)} & \boldsymbol{0}_{(n\times m)} & \boldsymbol{0}_{(n\times m)} \\ \bar{\boldsymbol{M}}_s^{-1}\bar{\boldsymbol{K}}_c & \bar{\boldsymbol{M}}_s^{-1}\bar{\boldsymbol{C}}_c & \bar{\boldsymbol{M}}_s^{-1}\bar{\boldsymbol{M}}_c \\ \boldsymbol{0}_{(n\times m)} & \boldsymbol{E}_{c,1} & \boldsymbol{0}_{(n\times m)} \\ \vdots & \vdots & \vdots \\ \boldsymbol{0}_{(n\times m)} & \boldsymbol{E}_{c,N} & \boldsymbol{0}_{(n\times m)} \end{bmatrix},\quad \boldsymbol{u}=\begin{bmatrix} \boldsymbol{\delta} \\ \dot{\boldsymbol{\delta}} \\ \vdots \\ \ddot{\boldsymbol{\delta}} \end{bmatrix}$$

且有

$$\boldsymbol{x}_{a,t}=\frac{p}{p+r_t}\boldsymbol{E}_{s,t}\boldsymbol{q}+\frac{p}{p+r_t}\boldsymbol{E}_{c,t}\boldsymbol{\delta}\quad (t=1,\cdots,N)$$

$$\bar{\boldsymbol{M}}_s=\boldsymbol{M}_s-\frac{1}{2}\rho b^2\boldsymbol{A}_{s,2},\quad \bar{\boldsymbol{C}}_s=\boldsymbol{C}_s-\frac{1}{2}\rho Vb\boldsymbol{A}_{s,1},\quad \bar{\boldsymbol{K}}_s=\boldsymbol{K}_s-\frac{1}{2}\rho V^2\boldsymbol{A}_{s,0}$$

$$\bar{M}_c=-M_\delta+\frac{1}{2}\rho b^2 A_{\delta,2},\quad \bar{C}_c=\frac{1}{2}\rho VbA_{\delta,1},\quad \bar{K}_c=\frac{1}{2}\rho V^2 A_{\delta,0}$$

式中，$x_{a,t}$为由气动力滞后根引入的气动力增广向量。值得注意的是，如果采用不同的气动力近似方法，则气动力有理函数表达式会有所不同，引起的气动力增阶及式(7.5)系数矩阵的形式亦会有所变化。

输出方程形式取决于选择何种物理量作为输出，这与机体弹性运动信号的测量手段密切相关。航空航天领域以加速度计、角速度陀螺和应变片等敏感元件的使用最为常见。若取结构模型若干点处的加速度过载作为系统输出，则输出方程为

$$y=n_z=\frac{1}{g}F\ddot{q} \tag{7.6}$$

式中，y 为系统的输出向量；n_z 为加速度过载向量；F 为机体的弹性模态矩阵，见式(3.46)；g 为重力加速度。需注意，式(7.6)针对的是加速度过载输出的情况，若气动伺服弹性系统的输出并非加速度过载，则应根据物理关系具体推导，输出方程的形式会有所变化。以加速度过载输出为例，参考状态方程，得到机体环节的输出方程

$$y=Cx+Du \tag{7.7}$$

式中

$$C=\frac{1}{g}F\bar{M}_s^{-1}\left[-\bar{K}_s\quad -\bar{C}_s\quad \frac{1}{2}\rho V^2\quad \cdots\quad \frac{1}{2}\rho V^2\right]$$

$$D=\frac{1}{g}F\bar{M}_s^{-1}[\bar{K}_c\quad \bar{C}_c\quad \bar{M}_c]$$

为便于后文使用，将状态方程与输出方程联立在一起，得到弹性机体与气动力环节的状态空间方程，并统一表示为

$$\left.\begin{aligned}\dot{x}_s&=A_s x_s+B_s u_s\\ y&=C_s x_s+D_s u_s\end{aligned}\right\} \tag{7.8}$$

7.2.4　系统广义受控对象

广义受控对象是从控制角度提出的。控制系统与受控对象互为反馈，指令信号由控制系统产生并输入给受控系统，经对象物理响应再以系统输出的形式返回至控制系统输入，其间经历的环节称为广义受控对象，如图 7.3 所示。将式(7.4)改写为状态空间方程的形式

$$\left.\begin{aligned}\dot{x}_c&=A_c x_c+B_c u\\ y_c&=C_c x_c=u_s\end{aligned}\right\} \tag{7.9}$$

将式(7.8)与式(7.9)联立，可得到广义受控对象的状态空间方程

$$\left.\begin{aligned}\dot{x}_a&=A_a x_a+B_a u\\ y&=C_a x_a\end{aligned}\right\} \tag{7.10}$$

式中，u 为舵机控制输入指令向量。系数矩阵的具体形式为

$$x_a^T=\begin{bmatrix}x_s\\ x_c\end{bmatrix}$$

$$A_a=A_{open}=\begin{bmatrix}A_s & B_sC_c\\ 0 & A_c\end{bmatrix},\quad B_a=\begin{bmatrix}0\\ B_c\end{bmatrix},\quad C_a=[C_s\quad D_sC_c]$$

式中，$\boldsymbol{A}_{\text{open}}$表示广义受控对象无控状态的开环系统矩阵，由前文5.1.2小节内容知，其特征值代表了系统开环状态的稳定性。

7.2.5 气动伺服弹性闭环系统

控制系统与气动弹性广义受控对象互为反馈，两者耦合在一起构成气动弹性闭环系统。在气动伺服弹性分析中，控制系统一般从飞行器飞行控制系统中获得。在气动伺服弹性综合问题中，控制系统是待设计环节，即针对广义受控对象式(7.10)，采用适合的控制理论方法设计控制律，提高系统闭环的气动弹性性能。

将图7.3所示气动伺服弹性闭环系统描述为控制系统框图形式，如图7.4所示。其中，$\boldsymbol{H}(s)$表示控制系统的传递函数，由控制理论得到闭环系统的传递函数为

$$\boldsymbol{G}_{\text{close}}(s)=\frac{\boldsymbol{G}_{\text{c}}(s)\boldsymbol{G}_{\text{s}}(s)\boldsymbol{K}}{1+\boldsymbol{G}_{\text{c}}(s)\boldsymbol{G}_{\text{s}}(s)\boldsymbol{H}(s)\boldsymbol{K}} \tag{7.11}$$

设$\boldsymbol{H}(s)$的状态空间形式为

$$\left.\begin{aligned}\dot{\boldsymbol{x}}_{\text{k}}&=\boldsymbol{A}_{\text{k}}\boldsymbol{x}_{\text{k}}+\boldsymbol{B}_{\text{k}}\boldsymbol{u}_{\text{k}}\\ \boldsymbol{y}_{\text{k}}&=\boldsymbol{C}_{\text{k}}\boldsymbol{x}_{\text{k}}+\boldsymbol{D}_{\text{k}}\boldsymbol{u}_{\text{k}}\end{aligned}\right\} \tag{7.12}$$

式中

$$\left.\begin{aligned}\boldsymbol{u}_{\text{k}}&=\boldsymbol{y}\\ \boldsymbol{y}_{\text{k}}&=\boldsymbol{u}-\boldsymbol{r}\end{aligned}\right\} \tag{7.13}$$

式中，$\boldsymbol{r}$表示闭环系统参考输入。将式(7.10)与式(7.12)联立，得到气动伺服弹性系统的状态空间方程为

$$\left.\begin{aligned}\begin{bmatrix}\dot{\boldsymbol{x}}_{\text{a}}\\ \dot{\boldsymbol{x}}_{\text{k}}\end{bmatrix}&=\begin{bmatrix}\boldsymbol{A}_{\text{a}}+\boldsymbol{B}_{\text{a}}\boldsymbol{D}_{\text{k}}\boldsymbol{C}_{\text{a}} & \boldsymbol{B}_{\text{a}}\boldsymbol{C}_{\text{k}}\\ \boldsymbol{B}_{\text{k}}\boldsymbol{C}_{\text{a}} & \boldsymbol{A}_{\text{k}}\end{bmatrix}\begin{bmatrix}\boldsymbol{x}_{\text{a}}\\ \boldsymbol{x}_{\text{k}}\end{bmatrix}+\begin{bmatrix}\boldsymbol{B}_{\text{a}}\\ \boldsymbol{0}\end{bmatrix}\boldsymbol{r}\\ \boldsymbol{y}&=\begin{bmatrix}\boldsymbol{C}_{\text{a}} & \boldsymbol{0}\end{bmatrix}\begin{bmatrix}\boldsymbol{x}_{\text{a}}\\ \boldsymbol{x}_{\text{k}}\end{bmatrix}\end{aligned}\right\} \tag{7.14}$$

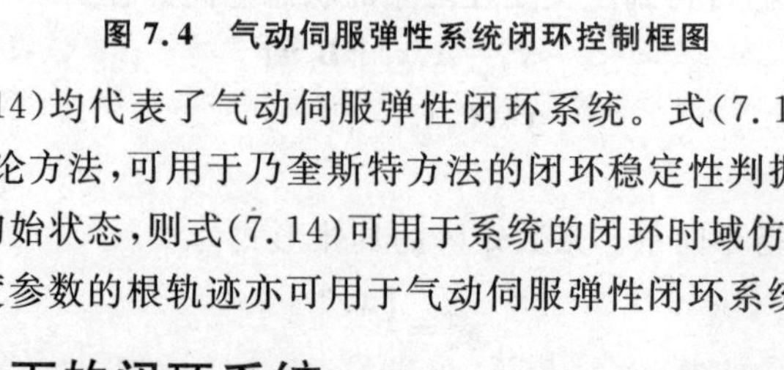

图7.4 气动伺服弹性系统闭环控制框图

式(7.11)与式(7.14)均代表了气动伺服弹性闭环系统。式(7.11)为系统的传递函数形式，适用于经典控制理论方法，可用于乃奎斯特方法的闭环稳定性判据。式(7.14)为系统的状态空间形式。若给定初始状态，则式(7.14)可用于系统的闭环时域仿真分析。同时，式(7.14)系统矩阵特征值随速度参数的根轨迹亦可用于气动伺服弹性闭环系统的稳定性分析。

7.2.6 阵风干扰下的闭环系统

前述气动伺服弹性闭环系统式(7.14)中并没有考虑阵风气动力。若研究阵风响应及主动减缓

控制类问题，还需在式(7.14)中补充气动力模型。阵风一般可采用 Dryden 谱，其传递函数为

$$\frac{w_g}{\eta}=\sigma_g\sqrt{\frac{L}{\pi V}}\frac{1+2\sqrt{3}\frac{L}{V}s}{\left(1+2\frac{L}{V}s\right)^2}=\frac{b_0+b_1 s}{s^2+a_1 s+a_0} \tag{7.15}$$

式中，η 为零均值白噪声信号；σ_g 为阵风强度；L 为阵风尺度。将式(7.15)改写为状态空间形式

$$\left.\begin{aligned}\dot{\boldsymbol{x}}_g&=\boldsymbol{A}_g\boldsymbol{x}_g+\boldsymbol{B}_g\eta\\ w&=C_g\boldsymbol{x}_g+\boldsymbol{D}_g\eta\end{aligned}\right\} \tag{7.16}$$

式中

$$\boldsymbol{A}_g=\begin{bmatrix}0 & 1\\ -a_0 & -a_1\end{bmatrix},\quad \boldsymbol{B}_g=\begin{bmatrix}0\\1\end{bmatrix},\quad \boldsymbol{C}_g=\begin{bmatrix}b_0 & b_1\\ -a_0 b_1 & b_0-a_1 b_1\end{bmatrix},\quad \boldsymbol{D}_g=\begin{bmatrix}0\\ b_1\end{bmatrix}$$

$$\boldsymbol{x}_g=[x_1\quad x_2]^{\mathrm{T}},\quad \boldsymbol{w}=[w_g\quad \dot{w}_g]^{\mathrm{T}}$$

式中，$\boldsymbol{x}_g$ 为由阵风模型引入的状态变量；$\boldsymbol{w}$ 为阵风诱导的下洗速度向量。考虑阵风干扰模型，类似于方程(7.14)的推导仅需在式(7.3)右端补充阵风气动力项

$$\boldsymbol{M}_s\ddot{\boldsymbol{q}}_s+\boldsymbol{C}_s\dot{\boldsymbol{q}}_s+\boldsymbol{K}_s\boldsymbol{q}_s=-\boldsymbol{M}_\delta\ddot{\boldsymbol{\delta}}+\frac{1}{2}\rho V^2\left(\boldsymbol{A}_s\boldsymbol{q}_s+\boldsymbol{A}_\delta\boldsymbol{\delta}+\boldsymbol{A}_g\frac{w_g}{V}\right) \tag{7.17}$$

则，弹性机体的运动方程式(7.8)扩展为

$$\left.\begin{aligned}\dot{\boldsymbol{x}}_s&=\boldsymbol{A}_s\boldsymbol{x}_s+\boldsymbol{B}_s\boldsymbol{u}_s+\boldsymbol{E}_s\boldsymbol{w}\\ \boldsymbol{y}&=\boldsymbol{C}_s\boldsymbol{x}_s+\boldsymbol{D}_s\boldsymbol{u}_s+\boldsymbol{F}_s\boldsymbol{w}\end{aligned}\right\} \tag{7.18}$$

广义受控对象的状态空间方程式(7.10)相应地扩展为

$$\left.\begin{aligned}\dot{\boldsymbol{x}}_a&=\boldsymbol{A}_a\boldsymbol{x}_a+\boldsymbol{B}_a\boldsymbol{u}+\boldsymbol{E}_a\eta\\ y&=C_a\boldsymbol{x}_a+\boldsymbol{F}_a\eta\end{aligned}\right\} \tag{7.19}$$

式中

$$\boldsymbol{x}_a^{\mathrm{T}}=\begin{bmatrix}\boldsymbol{x}_s\\ \boldsymbol{x}_c\\ \boldsymbol{x}_g\end{bmatrix}$$

$$\boldsymbol{A}_a=\begin{bmatrix}\boldsymbol{A}_s & \boldsymbol{B}_s\boldsymbol{C}_c & \boldsymbol{E}_s\boldsymbol{C}_g\\ \boldsymbol{0} & \boldsymbol{A}_c & \boldsymbol{0}\\ \boldsymbol{0} & \boldsymbol{0} & \boldsymbol{A}_g\end{bmatrix},\quad \boldsymbol{B}_a=\begin{bmatrix}\boldsymbol{0}\\ \boldsymbol{B}_c\\ \boldsymbol{0}\end{bmatrix},\quad \boldsymbol{E}_a=\begin{bmatrix}\boldsymbol{E}_s\boldsymbol{D}_g\\ \boldsymbol{0}\\ \boldsymbol{B}_g\end{bmatrix},\quad \boldsymbol{C}_s=[\boldsymbol{C}_s\quad \boldsymbol{D}_s\boldsymbol{C}_c\quad \boldsymbol{F}_s\boldsymbol{C}_g],\quad \boldsymbol{F}_a=\boldsymbol{F}_s\boldsymbol{D}_g$$

最终，考虑阵风干扰的气动伺服弹性闭环系统方程可表示为

$$\left.\begin{aligned}\begin{bmatrix}\dot{\boldsymbol{x}}_a\\ \dot{\boldsymbol{x}}_k\end{bmatrix}&=\begin{bmatrix}\boldsymbol{A}_a+\boldsymbol{B}_a\boldsymbol{D}_k\boldsymbol{C}_a & \boldsymbol{B}_a\boldsymbol{C}_k\\ \boldsymbol{B}_k\boldsymbol{C}_a & \boldsymbol{A}_k\end{bmatrix}\begin{bmatrix}\boldsymbol{x}_a\\ \boldsymbol{x}_k\end{bmatrix}+\begin{bmatrix}\boldsymbol{B}_a\\ \boldsymbol{0}\end{bmatrix}\boldsymbol{r}+\begin{bmatrix}\boldsymbol{B}_a\boldsymbol{D}_k\boldsymbol{F}_a+\boldsymbol{E}_a\\ \boldsymbol{B}_k\boldsymbol{F}_a\end{bmatrix}\eta\\ \boldsymbol{y}&=[\boldsymbol{C}_a\quad \boldsymbol{0}]\begin{bmatrix}\boldsymbol{x}_a\\ \boldsymbol{x}_k\end{bmatrix}+\begin{bmatrix}\boldsymbol{F}_a\\ \boldsymbol{D}_k\boldsymbol{F}_a\end{bmatrix}\eta\end{aligned}\right\} \tag{7.20}$$

广义受控对象式(7.19)可用于阵风响应主动减缓控制设计，式(7.20)可用于有阵风干扰时的闭环气动伺服弹性分析及时域响应仿真计算。

7.3　气动伺服弹性分析

气动伺服弹性分析是指，对于已经给定的柔性飞行器结构、质量分布以及飞行控制系统，

检查其在规定飞行条件下的闭环系统气动弹性稳定性或动响应特性。从方法的角度来看，气动伺服弹性分析可划分为频域分析和时域分析两类问题。由于方法的不同，它们所使用的模型类型以及最终得到的结果形式也会有所不同。下面分别加以叙述。

7.3.1 气动伺服弹性分析的频域方法

1. 传递函数的建立

对于单输入/单输出系统，工程上广泛采用经典控制理论中的乃奎斯特判据进行稳定性分析。乃奎斯特方法是一种频域分析方法，它根据系统开环传递函数的频率特性来判断闭环系统的稳定性。因此，气动弹性系统以及伺服控制系统的传递函数模型是该方法的使用基础。

首先，建立系统的传递函数。对式(7.3)进行拉氏变换，得到

$$s^2\boldsymbol{M}_s\boldsymbol{q}_s(s)+s\boldsymbol{C}_s\boldsymbol{q}_s(s)+\boldsymbol{K}_s\boldsymbol{q}_s(s)=\frac{1}{2}\rho V^2\boldsymbol{A}_s\boldsymbol{q}_s(s)-s^2\boldsymbol{M}_\delta\boldsymbol{\delta}(s)+\frac{1}{2}\rho V^2\boldsymbol{A}_\delta\boldsymbol{\delta}(s) \quad (7.21)$$

则，结构广义坐标对控制舵偏输入的传递函数关系为

$$\boldsymbol{q}_s(s)=\left[s^2\boldsymbol{M}_s+s\boldsymbol{C}_s+\boldsymbol{K}_s-\frac{1}{2}\rho V^2\boldsymbol{A}_s\right]^{-1}\left[-s^2\boldsymbol{M}_\delta+\frac{1}{2}\rho V^2\boldsymbol{A}_\delta\right]\boldsymbol{\delta}(s) \quad (7.22)$$

以加速度过载输出情况为例，对式(7.6)进行拉氏变换，得到

$$\boldsymbol{y}(s)=\frac{1}{g}s^2\boldsymbol{F}\boldsymbol{q}_s(s) \quad (7.23)$$

式(7.22)与式(7.23)联立，得到弹性机体环节的传递函数

$$\boldsymbol{G}_s(s)=\frac{1}{g}s^2\boldsymbol{F}\left[s^2\boldsymbol{M}_s+s\boldsymbol{C}_s+\boldsymbol{K}_s-\frac{1}{2}\rho V^2\boldsymbol{A}_s\right]^{-1}\left[-s^2\boldsymbol{M}_\delta+\frac{1}{2}\rho V^2\boldsymbol{A}_\delta\right] \quad (7.24)$$

当系统为单输入/单输出时，式(7.11)即为闭环系统的传递函数。

2. 乃奎斯特方法

乃奎斯特稳定性判据是在频域内判断系统稳定性的准则，它根据开环传递函数的乃氏曲线来判断闭环系统稳定性。对于如图7.5所示的负反馈控制系统，其开环传递函数为$H(s)G(s)$。当复变量s沿虚轴由$-\infty$变到$+\infty$时，$H(s)G(s)$在复平面上的轨迹称为开环乃氏曲线。

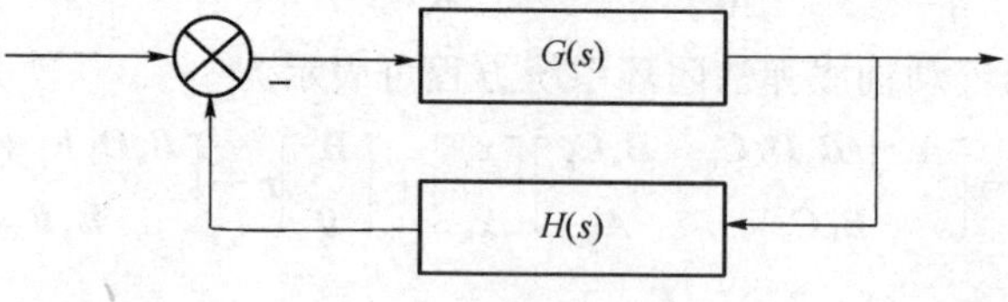

图7.5 负反馈系统框图

乃奎斯特稳定性判据可叙述为：反馈控制系统稳定的充分必要条件是开环乃氏曲线顺时针包围临界点(−1,0)的圈数R等于开环传递函数右半平面的极点数P，即$R=P$；当开环传递函数没有右半s平面的极点时，闭环系统稳定的充分必要条件为乃氏曲线不包围临界点(−1,0)。如果R不等于P，则闭环不稳定。

对于由飞机和控制回路组成的系统，在气动伺服弹性稳定性分析条件下，飞机弹性系统是稳定的，控制回路开环是稳定的，所以$P=0$，因此乃奎斯特稳定性判据就变为：闭环系统稳定

的充分必要条件是乃氏曲线不包围临界点。在实际分析中，可以只绘制频率由 0 到 $+\infty$ 的开环乃氏曲线，如曲线不包围点 $(-1,0)$，则系统是稳定的，否则系统不稳定。

稳定裕度是衡量闭环系统稳定程度的指标，常用的指标有两个：幅值裕度 L 和相位裕度 γ。稳定裕度表示了系统距临界点（等幅振荡）的远近程度。

幅值裕度 L 即开环乃氏曲线与负实轴相交点模值的倒数，一般取分贝（dB）为单位。在伯德图上相当于相位为 $-\pi$ 时的幅值的绝对值

$$L = 20\lg \frac{1}{|HG|} \tag{7.25}$$

相位裕度 γ 即开环乃氏曲线上模值等于 1 的矢量与负实轴的夹角，在伯德图上相当于幅值裕度为零时的相位与 $-\pi$ 的差值，如图 7.6 所示。

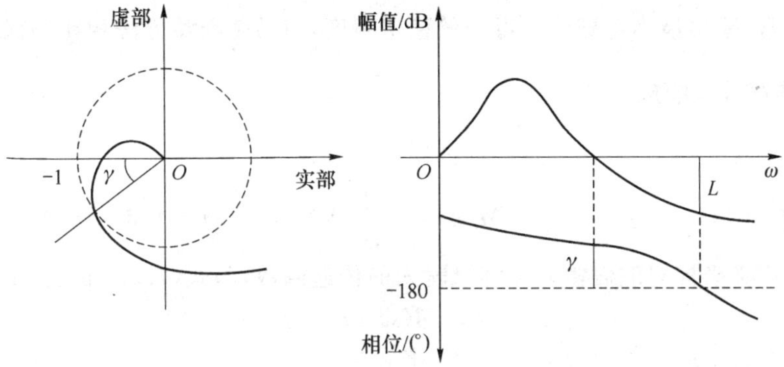

图 7.6　频域方法稳定裕度示意图

在飞机和导弹的结构强度规范和适航条例中均规定，气动伺服弹性系统必须稳定，且满足幅值裕度 6 dB、相位裕度 ±60°（有人驾驶飞机）或 ±45°（导弹和无人机）的稳定裕度要求。

3. 最小奇异值法

经典的乃奎斯特方法仅适用于单输入/单输出系统，对于多输入/多输出系统则可通过系统的奇异值来获得稳定性信息。首先给出系统奇异值的定义。对于矩阵 $\boldsymbol{A}(\mathrm{rank}(\boldsymbol{A})=r)$，记 $\sigma_i(i=1, 2, \cdots, r)$ 为矩阵的汉克尔奇异值，则有

$$\sigma_i(\boldsymbol{A}) = \sqrt{\lambda_i(\boldsymbol{A}\boldsymbol{A}^{\mathrm{H}})} = \sqrt{\lambda_i(\boldsymbol{A}^{\mathrm{H}}\boldsymbol{A})} \tag{7.26}$$

图 7.7 所示系统为受乘法摄动的闭环控制系统。其中，$\boldsymbol{H}(s)$ 是控制系统，$\boldsymbol{G}(s)$ 表示标称对象，$\boldsymbol{L}$ 是在输入点处施加的乘法摄动，对于标称系统有 $\boldsymbol{L}=\boldsymbol{I}$。受乘法摄动的闭环控制系统，其标称系统的回差矩阵为

$$\boldsymbol{W} = \boldsymbol{I} + \boldsymbol{H}(s)\boldsymbol{G}(s) \tag{7.27}$$

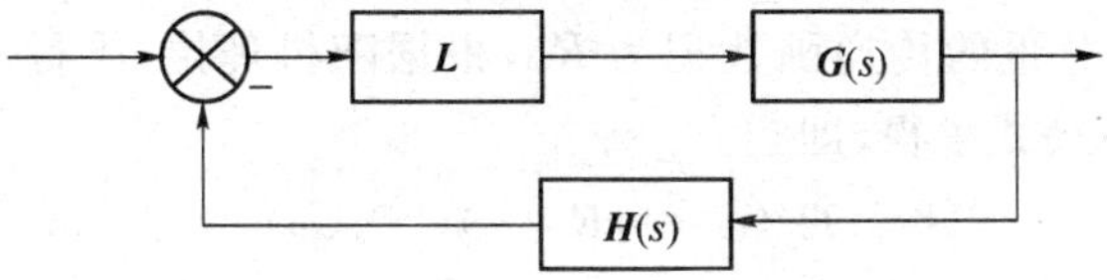

图 7.7　反馈系统乘法摄动框图

系统回差矩阵的最小奇异值σ_m是一个与系统稳定裕度相关联的量，它同样可以折算成幅值裕度K_n和相位裕度φ_n。最小奇异值与稳定裕度之间有关系

$$\sigma_m^2=\left(1-\frac{1}{K_n}\right)^2+\frac{2}{K_n}(1-\cos\varphi_n) \tag{7.28}$$

若给定幅值裕度K_n的取值，则相位裕度为

$$\varphi_n=\arccos\left\{1-\left[\sigma_m^2-\left(1-\frac{1}{K_n}\right)^2\right]\frac{K_n}{2}\right\} \tag{7.29}$$

若给定相位裕度φ_n的取值，则幅值裕度为

$$\frac{1}{K_n}=\cos\varphi_n-\sqrt{\cos^2\varphi_n-1+\sigma_m^2} \tag{7.30}$$

当系统为单输入/单输出系统时，采用最小奇异值法可得到与乃奎斯特方法相对应的稳定裕度信息。通常，采用最小奇异值法得到的稳定裕度，与乃奎斯特方法相比偏保守。

4. 频域连续阵风响应

考虑阵风干扰气动力，对式(7.17)进行拉氏变换，得到

$$s^2\boldsymbol{M}_s\boldsymbol{q}_s(s)+s\,\boldsymbol{C}_s\boldsymbol{q}_s(s)+\boldsymbol{K}_s\boldsymbol{q}_s(s)=-s^2\boldsymbol{M}_\delta\boldsymbol{\delta}(s)+\frac{1}{2}\rho V^2\left[\boldsymbol{A}_s\boldsymbol{q}_s(s)+\boldsymbol{A}_\delta\boldsymbol{\delta}(s)+\boldsymbol{A}_g\frac{w_g(s)}{V}\right] \tag{7.31}$$

由此得到结构广义坐标对舵偏输入和阵风输入的传递函数，与式(7.23)联立，得到

$$\boldsymbol{y}(s)=\boldsymbol{G}_s(s)\boldsymbol{\delta}(s)+\boldsymbol{G}_g(s)w_g(s) \tag{7.32}$$

式中，$\boldsymbol{G}_s(s)$的表达式与式(7.24)相同，$\boldsymbol{G}_g(s)$形式为

$$\boldsymbol{G}_g(s)=\frac{1}{2g}\rho Vs^2\boldsymbol{F}\left[s^2\boldsymbol{M}_s+s\,\boldsymbol{C}_s+\boldsymbol{K}_s-\frac{1}{2}\rho V^2\boldsymbol{A}_s\right]^{-1}\boldsymbol{A}_g \tag{7.33}$$

考虑有阵风干扰的气动伺服弹性闭环系统框图如图7.8所示。

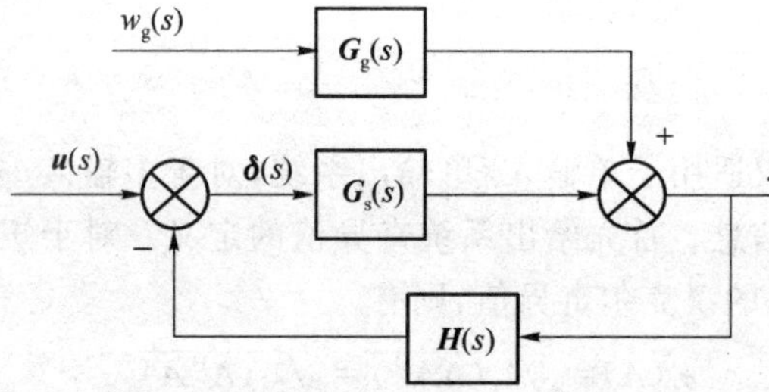

图7.8 有阵风干扰时的气动伺服弹性系统框图

根据图7.8，将反馈特性$\boldsymbol{\delta}(s)=-\boldsymbol{H}(s)\boldsymbol{y}(s)$代入式(7.32)中，可得到阵风下洗$w_g(s)$与飞行器运动信号输出之间的关系

$$\boldsymbol{y}(s)=[\boldsymbol{I}+\boldsymbol{G}_s(s)\boldsymbol{H}(s)]^{-1}\boldsymbol{G}_g(s)w_g(s) \tag{7.34}$$

将从$w_g(s)$到某一输出分量的传递函数记为R_w，根据随机理论，飞行器阵风响应的功率谱密度和均方根值可由以下公式求得，即

$$\Omega_y(\omega)=|R_w(\omega)|^2\Omega_g(\omega) \tag{7.35}$$

$$\sigma_y=\sqrt{\int_0^{\omega_c}\Omega_y(\omega)\mathrm{d}\omega} \tag{7.36}$$

式中，ω_c为截止频率，$\Omega_g(\omega)$为连续阵风功率谱密度，一般采用 von Kármán 连续阵风模型，其

功率谱密度函数为

$$\Omega_g(\omega)=\sigma_w^2\frac{L}{\pi V}\frac{1+\frac{8}{3}(1.339\omega L/V)^2}{[1+(1.339\omega L/V)^2]^{\frac{11}{6}}} \tag{7.37}$$

式中，σ_w 为连续阵风均方根值，L 为阵风尺度。

7.3.2　气动伺服弹性分析的时域方法

气动伺服弹性分析的时域方法是相对于频域方法而言的，首先需要将气动伺服弹性系统建立为状态空间方程的形式，因而离不开频域气动力的有理函数近似。

时域分析方法的求解过程，本质上是时域微分方程的数值求解过程。对于稳定性分析，可依靠闭环系统矩阵的速度根轨迹分析获得；也可给定系统的初始条件，采用数值仿真的方法，计算某速度状态的系统输出变量时间响应历程，从而观察给定速度状态点的稳定性。对于响应分析，则主要依靠数值计算的手段，直接求解系统的时域微分方程，得到系统的时域响应。经典的龙格-库塔法是时域求解的常用方法。

7.3.3　气动伺服弹性分析实例

1. 某飞机纵向通道的气动伺服弹性稳定性分析

以某战斗机为例，对其纵向通道进行气动伺服弹性稳定性分析。飞机结构有限元动力模型如图 7.9 所示，全机前 13 阶对称固有振动模态及频率如表 7.1 所列。飞机纵向输入为升降舵舵偏，输出为沉浮加速度过载 n_z 和俯仰角速度 ω_y。飞机纵向增稳系统的控制框图如图 7.10所示。该算例仅用于说明气动伺服弹性分析方法，并给出主要结果，而不对计算过程做过多叙述。

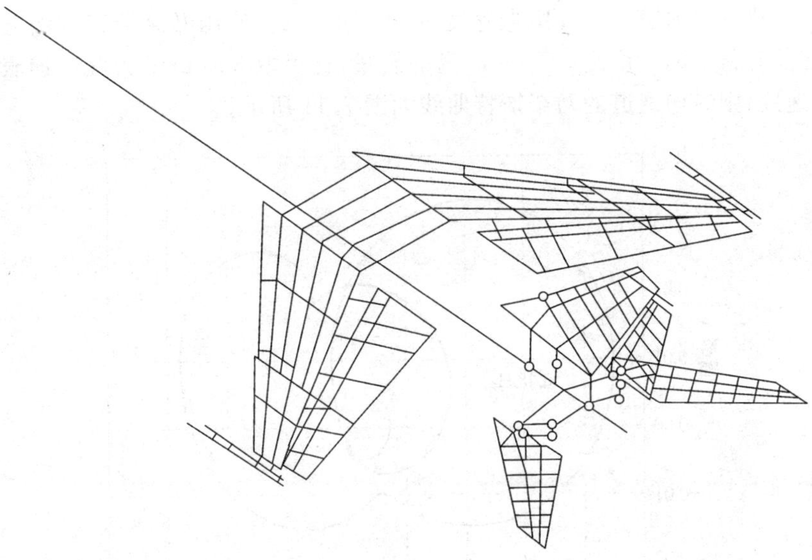

图 7.9　某飞机结构有限元动力模型

表 7.1 飞机全机前 13 阶对称模态频率

阶 次	频率/Hz	模态参考名称	阶 次	频率/Hz	模态参考名称
1	4.960	机翼对称一弯	8	30.056	机翼对称一扭
2	9.949	翼尖对称俯仰	9	33.440	副翼对称偏转
3	10.072	机身垂直一弯	10	37.675	襟翼对称偏转
4	11.772	平尾对称一弯	11	39.970	机身垂直三弯
5	16.284	机翼对称二弯	12	43.036	翼尖弹垂直弯曲
6	23.846	平尾对称偏转	13	51.364	平尾对称二弯
7	25.816	机身垂直二弯			

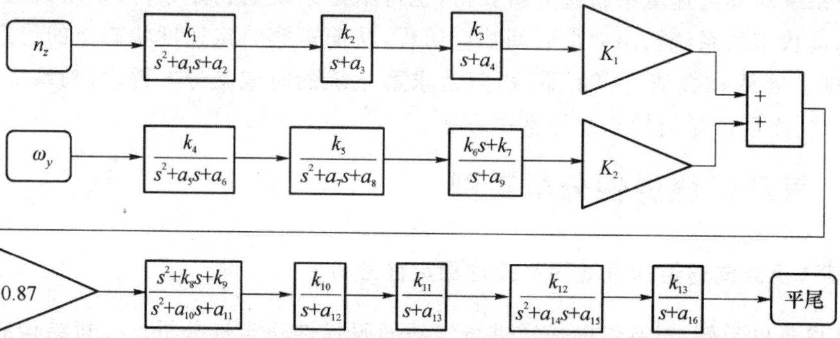

图 7.10 飞机纵向增稳控制系统示意图

尽管控制系统具有两个输入，但是飞机纵向通道是单输入的，且闭环系统的开环传递函数也是单输入/单输出的，因此，该飞机纵向气动伺服弹性系统仍然可使用乃奎斯特方法来分析稳定性。

经计算，飞机纵向通道的开环颤振速度约为 406 m/s。使用乃奎斯特方法分析闭环稳定性，开环系统须是稳定的。留出 15%～20%的余量，这里取 350 m/s 为气动伺服弹性稳定性分析的参考速度，则纵向通道的乃奎斯特曲线如图 7.11 所示。

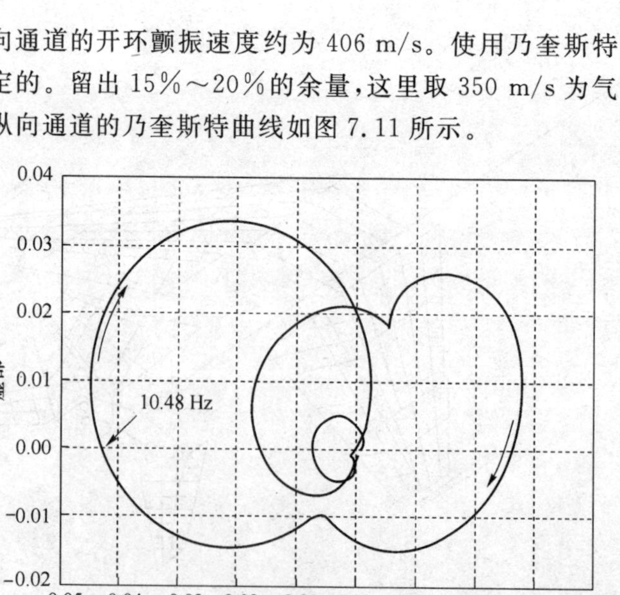

图 7.11 飞机纵向通道乃奎斯特曲线

从图 7.11 可见，系统乃奎斯特曲线顺时针不包围点(−1, 0)，因此闭环系统是稳定的。经计算，乃奎斯特曲线穿越 $-\pi$ 相位点时的频率值为 10.48 Hz。按式(7.25)计算该频率值处的开环传递函数值，可以得出系统的幅值裕度约 28 dB。由于乃奎斯特曲线与单位圆没有交点，所以由相位裕度的定义可知，相位裕度为 180°。

采用最小奇异值法同样可以分析系统的稳定性，计算系统回差矩阵的最小奇异值随频率变化的曲线如图 7.12 所示。

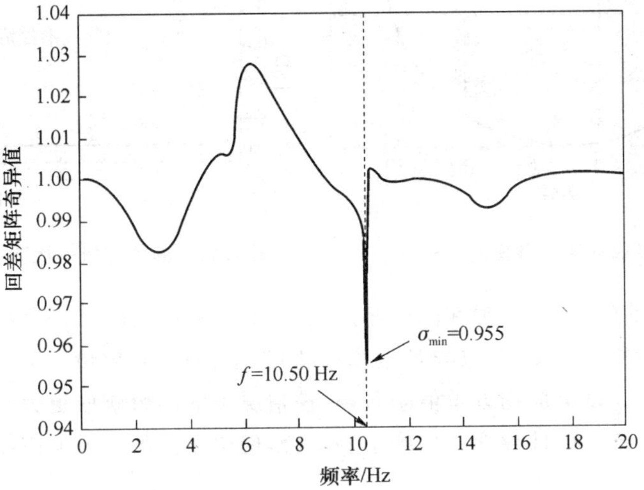

图 7.12　飞机纵向通道最小奇异值曲线

全频域最小奇异值约为 0.955，对应该奇异值的频率值为 10.5 Hz。全频域最小奇异值能够反映系统的稳定性，代入式(7.29)和式(7.30)计算可得类似于乃奎斯特方法的幅值裕度和相位裕度分别为 26.9 dB 和 57°。采用最小奇异值方法得到的稳定裕度是偏保守的。尽管以上分析是针对具体算例得出的结果，但该结论也具有一般性。

2. 导弹的连续与离散阵风响应分析

这里以一个带有小展弦比翼面的导弹为例。弹体动力学特性包含三阶模态，前两阶是弹体的刚体沉浮与俯仰模态，弹性模态为弹体的一阶弯曲模态，其频率为 35.0 Hz。导弹的广义气动力系数矩阵可由气动导数法求得。下面对在海平面高度、$Ma=0.85$ 状态的纵向通道进行气动伺服弹性稳定性分析以及连续和离散阵风响应分析，并提出飞行控制系统的改进设计。

(1) 稳定性分析

在所分析的状态下，计算得到的气动伺服弹性系统乃奎斯特曲线如图 7.13 所示。根据乃奎斯特判据可知，该系统是稳定的，且幅值裕度为 4.1 dB，相位裕度为 10.2°。

(2) 连续阵风响应分析

在海平面高度，取连续阵风尺度 $L=150$ m，阵风均方根值 $\sigma_w=1.0$ m/s，下面计算导弹在无控和有控情况下的连续阵风响应。两种情况的加速度响应均方根值分别为 0.737 m/s^2 和 0.788 m/s^2，加速度响应的功率谱密度曲线如图 7.14 所示。

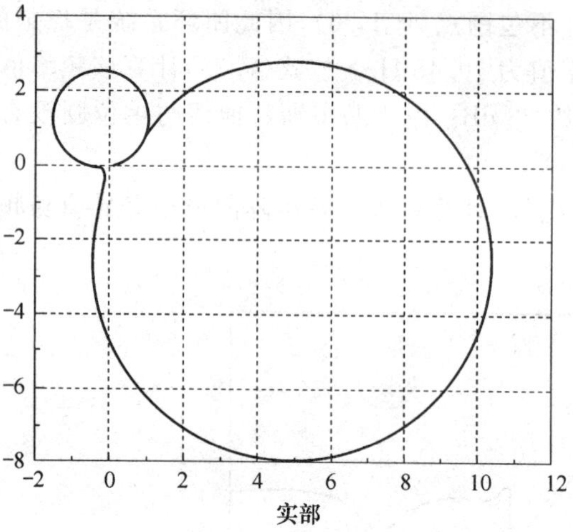

图 7.13 导弹纵向通道乃奎斯特曲线

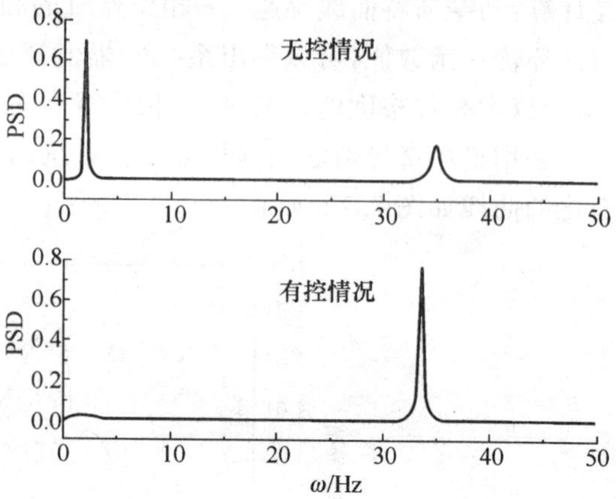

图 7.14 连续阵风干扰下的加速度响应功率谱

从响应功率谱曲线来看，导弹在刚体短周期运动频率和弹体一弯频率处均有响应峰值，在无控情况下，阵风响应以低频成分（导弹刚体运动）为主；而在有控情况下，则以高频成分（弹体一阶弯曲振动）为主。从响应均方根值来看，有控情况下的阵风响应更大一些。这些结果均表明，由于飞行控制系统与弹性导弹结构的不利耦合，使得导弹的阵风响应特性比无控情况下的更加恶化。

(3) 飞行控制系统的改进设计

基于以上稳定性与阵风响应的分析，认为该导弹的飞行控制系统设计存在不足。原飞行控制系统是针对导弹刚体飞行动力特性设计的，没有考虑弹体结构的弹性振动影响。已有的分析表明，导弹的弹性模态对系统的稳定性和阵风响应特性均有不利影响，为此需要对原飞行控制系统进行改进设计。这里考虑在加速度反馈回路中加装一个结构陷波器环节

$$\frac{s^2+26.4s+220^2}{s^2+264s+220^2}$$

下面对改进后的导弹气动伺服弹性系统重新进行稳定性和阵风响应分析。采用乃奎斯特方法得到的系统幅值裕度为 13.5 dB，相位裕度为 57.0°。图 7.15 显示了改进飞行控制系统后的导弹连续阵风响应的计算结果。与改进前的结果相比，此时的高频振动响应得到了较大抑制。

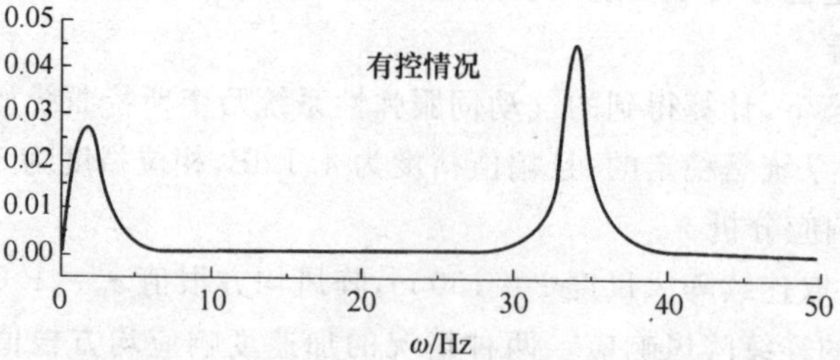

图 7.15 改进飞行控制系统后的连续阵风加速度响应功率谱

7.4　气动伺服弹性综合

气动伺服弹性综合是指，对于给定飞行器(一项或多项)的先进的气动弹性性能，以此为目标设计相应的控制律，作为闭环系统的反馈回路，从而实现预期的性能目标。随着该项技术的发展，目前已发展出多种针对具体问题的气动伺服弹性综合技术。例如，颤振主动抑制技术和阵风响应主动减缓技术等。特别值得一提的，20 世纪 80 年代中期美国提出的主动柔性机翼(AFW)概念和延续至 21 世纪初的主动气动弹性机翼(AAW)技术，更是将气动伺服弹性综合技术提升到更高的技术层面，成为一种全新的飞机设计理念。

目前，国内外有关这些技术的研究与报导不胜枚举，伴随着控制理论方法的发展，技术也在不断革新并日益向工程应用转化。本书仅从概念和思路上向读者进行介绍，感兴趣的读者可关注近年来的文献资料，也可参考其他专著。

7.4.1　颤振主动抑制技术

颤振主动抑制是 20 世纪 70 年代以来一项新兴的飞机设计技术，也是主动控制技术中难度大、可靠性要求高的项目。对于颤振主动抑制可以理解为：由于性能的要求，带来了刚度降低和质量减小，致使机翼的原设计变得不稳定，从而必须依靠主动控制的控制面产生所需要的运动，来改变整个机翼的非定常气动力分布，使机翼向外散逸能量，最后达到颤振抑制，并具有一定的稳定裕度。

在颤振主动抑制的基础上，控制律设计及实验验证是其研究的核心问题之一。所谓控制律是指气动弹性系统(翼面)与控制面之间的传递关系。它有三种主要设计方法：

① 基于气动能量概念的方法。该方法是利用控制面的偏转运动，使翼面向周围气流环境散逸能量，由此实现颤振抑制。

② 基于经典控制理论的方法。它适用于单输入/单输出系统，利用极点任意配置，实现预期的颤振抑制。

③ 基于现代控制理论的最优控制方法。该方法适用于多输入/多输出系统。国内外的颤振主动抑制研究普遍在此方法的基础上发展起来。

在控制律设计上普遍存在两个问题；首先是控制律的阶数太高，有时高达几十阶，以至于难以在计算机上实现数字控制。通常经过降阶处理后会影响控制律的性能，所以对于降阶的稳定控制律还要进一步优化，以提高性能和稳定性。

控制律的设计综合，不仅要以提高颤振速度为主要目标，而且还要注意到它的全面功能，例如，低速稳定性问题。应选择合理的颤振抑制的设计速度，避免高的设计速度而引起低速不稳定。控制律的工程评估也是确定其性能优劣的指标之一。最后，参数不灵敏性也是控制律设计中着重关心的问题。

颤振主动抑制是主动气动弹性机翼技术中若干方面的课题之一，是典型的气动伺服弹性的综合问题，它涉及的学科较广，诸如气动、结构及控制等。目前，要求发展的是一种低阶的、鲁棒的、多输入/多输出的以及线性二次高斯(LQG)法的数字控制律。

7.4.2 阵风减缓主动控制

飞机在大气紊流场中飞行时会发生紊流颠簸，紊流颠簸会干扰驾驶员的正常操作和乘坐舒适性，增加翼根弯矩，缩短结构的疲劳寿命，影响飞行任务的完成，危及飞行安全。随着航空科学技术的不断发展，人们对大型飞机的性能要求不断提高，这就使大型飞机向低结构质量、柔性大的趋势发展，由此导致阵风对大型飞机的影响更加复杂化。因此，阵风响应分析以及减缓技术对提高大型飞机的性能具有重要意义。

图 7.16 为某带有双后缘控制面的真实机翼风洞试验模型，用于阵风减缓主动控制律设计与试验验证。机翼来流前方为一组阵风发生器叶片，由电机驱动作恒定频率的周期运动，以产生连续的正弦阵风扰动。阵风频率随电机输入电压的变化可在一定范围内调节。试验监测系统如图 7.17 所示。在机翼表面布置有加速度传感器，用于感知机翼的运动信号。传感器信号经低通滤波器消去高频噪声，再由数据采集卡测得并传入测控计算机。设计出的阵风减缓控制律经数字离散化处理后，使用数据采集卡测得的实时数据来运算生成控制指令。最终，再经过数据采集卡输出给机翼舵面的舵机系统，驱动舵面偏转，实现主动抑制的目的。

图 7.16 放置在风洞中的大展弦比机翼模型

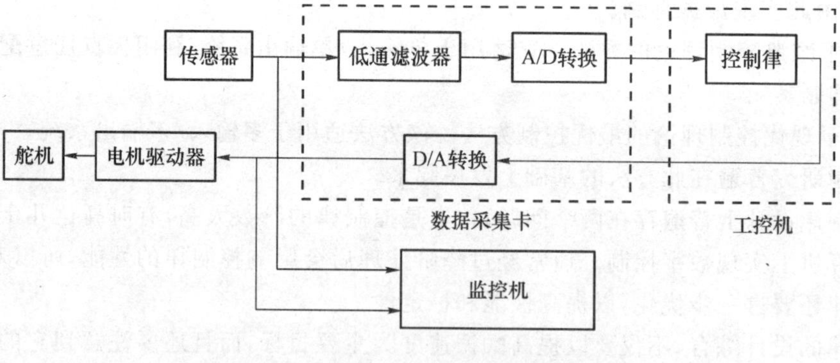

图 7.17 数据采集与试验监控系统示意图

针对该机翼模型的阵风减缓控制律设计及试验研究结果表明：

① 采用双控制面设计的控制律，其控制效果优于单控制面情况。

② 控制律的作用效果与风速状态及振风扰动频率有关，综合来看，阵风加速度响应减缓效果可达 10%～40%。

③ 阵风载荷减缓与阵风响应减缓有所不同，针对低频段的阵风响应进行主动抑制，可具有阵风载荷减缓的效果。

7.4.3 主动气动弹性机翼技术

20 世纪 80 年代中期，Rockwell 公司提出并发展了主动柔性机翼（AFW，Active Flexible Wing）的概念。此概念是利用而不是回避机翼的柔性，以使得先进构型战斗机的质量得以减小，并提高其气动力性能。

传统上的飞机设计遵循了由强度准则进步到刚度准则的途径，这本身即反映了对飞机设计在认识上的一大跨越。对刚度的足够重视，对于提高飞机性能是有利的。要想使飞机总体性能提高，那么一个永恒的目标就是使质量最小。从减小质量的角度看，又希望高性能飞机的柔性要大一些，这样一来气动弹性效应随之增加，一般来说，机翼（包括其他气动面）的气动弹性效应是一种负面影响。一个典型而又极具重要性的例子，就是后掠机翼滚转机动的控制面效率和反效。对于高动压的飞机，后掠机翼操纵效率会构成一个设计的临界条件，万不得已时还可能推翻原定的方案而重新布局。由静气动弹性已知，常规的后缘控制面（副翼）偏转，在气动弹性效应下产生的气动扭转正好与滚转机动所需的控制力反向，动压愈高，操纵效率愈低，甚至反效，此时，滚转机动能力荡然无存。为解决这一问题，传统方法是提高机翼的扭转刚度，以便加大后缘控制面的偏角，从而加大控制力。但这样做的后果是结构质量增大，而且，翼型弯度增加还使飞行阻力增加。类似的例子还有很多，例如飞行载荷、颤振和阵风响应等产生的气动弹性效应通常为不利影响，柔性愈大愈为严重。传统的解决办法都摆脱不了提高刚度这一条，以此来防止或减缓影响，而最直接的后果是增大飞机质量和降低飞机性能。在设计理念上，这种模式属于被动设计。

被动设计，对于飞机，特别是高性能战斗机，只能在刚度和性能之间取折中方案。这种设计理念认可设计缺陷。

传统上也采用优化方法。但多数只能在多学科独立完成之后，在多学科之间进行反复迭代直至最终结果。例如，气动力是通过气动设计变量（如扭转和弯度）来设计最小阻力；结构是通过结构设计变量（如厚度）来设计最小质量，同时通过约束来保持变形和稳定性等要求。这种优化是在各自约束下彼此串接式传递数据进行迭代，直至数据收敛。也就是说没有达到综合优化。

主动气动弹性机翼（AAW）技术在设计理念上有了全新的突破。对于 AAW，其最佳选择恰好是低的刚度并加上多个控制面。一般，在左、右机翼上分别安排四个控制面，如图 7.18 所示。图上标明了前、后缘外侧和前、后缘内侧控制面。黑点表示传感器的位置，通过它们接收气动弹性信号。AAW 的要点正是利用机翼在气动力作用（还可以有惯性力的共同作用）下产生的气动弹性变形或运动，由传感器接收信号，再通过主动控制系统按预定目的驱动并协调多个控制面的偏转或偏转运动，反馈至机翼，从而使整个机翼产生所希望的变形或运动，从本质上提高整个机翼控制气流能量的能力，包括吸收或者散逸能量。由此可见，主动控制起到了机翼刚度所起不到的作用。而主动控制律则是一个关键设计，如果设计合理，潜力是很大的。图 7.19是一个例子。图中显示了某架高性能战斗机，从低动压到高动压，为了保持高的滚转机动性（用滚转速率表征）和最小阻力，由 AAW 设计的控制面协调使用的例子。控制面偏角以下偏为正，上偏为负。注意到在所有动压下，每个控制面的偏角均小于 5°，说明所需的偏角是很小的；前缘外侧控制面起到比较重要的作用；后缘控制面在进入反效区时将改变偏角方向。这个例子说明，AAW 是利用控制面形成机翼的气动扭转，从而提供大的控制力并减小了气动阻力。显然,在这样的设计中,机翼的刚度可以降低,从而使飞机质量减小,总的机翼载荷也会相应减缓。由此例可以看出,在AAW的设计中,设计者不必为刚度所困扰,刚度的不足已经通过控制面的正确配置而得到弥补,而且还会更好。所以,这种设计模式是一种主动设计。

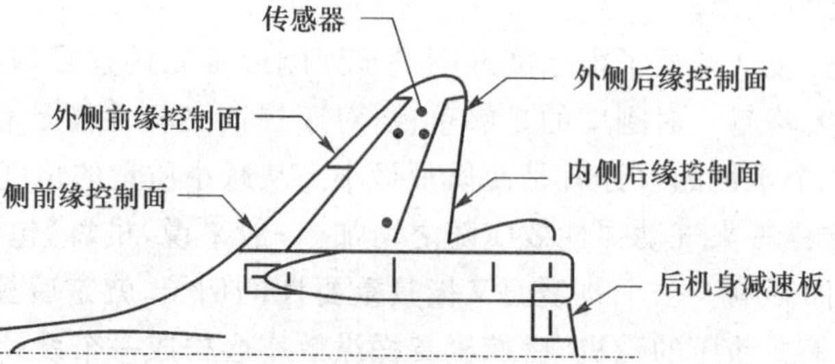

图7.18 AAW机翼模型的控制面与传感器

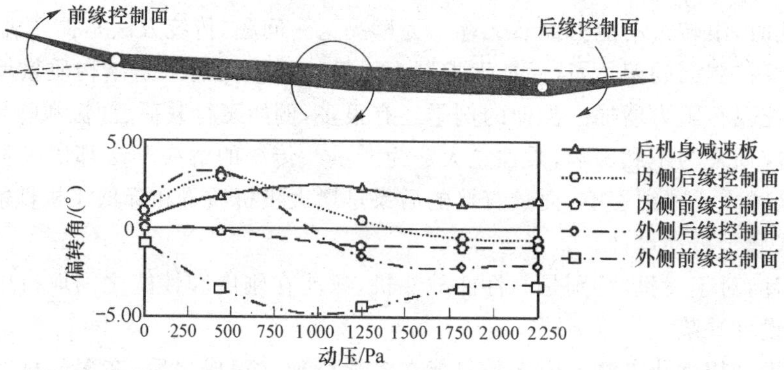

图7.19 利用控制面协调偏转达到高机动滚转下的阻力最小

由于AAW是借助多个控制面的主动控制来改变整个机翼的形态和气动力分布的,所以其效益是明显的,功能是多重的,可适应的飞行条件是多种的。经美国"AAW工程"及有关风洞模型试验和验证机试验得到的结论是,AAW技术能够获得如下收益:①显著增强控制能力,提高机动性能;②在所有飞行范围内减小气动阻力;③减小结构质量;④提高稳定性和主动抑制颤振;⑤机动载荷减缓;⑥提高设计裕度。而这些优点,根据不同飞机所执行的任务不同,都可折算为相应的起飞总质量的减小和生产成本的降低。

尽管AAW技术是把气动力、结构、外部载荷及主动控制率等设计要求合并在一起,以实现性能尽可能地提高而质量最小,但是在具体的实施方案中还是可以有各种的目的与侧重的。总的来说,有两种意义上的优化。第一种方法是针对已有的机翼来设计主动控制系统(控制律)。在这种设计中,仍保持飞机原有的结构限制,不做大的改动;主要是利用传感器接收的气动弹性信号来优化主动控制面的配置,即利用控制律达到机动性能、颤振稳定性能和载荷减缓等的最优。第二种方法是按AAW方法在标称机翼结构的基础上,耦合气动力、结构和控制系统,并在满足结构约束的条件下达到设计目标(通常是质量)的最优,由此设计一个全新的机翼。这种方法是更为完整意义上的AAW。当然它的基础还必须加上多学科的综合优化。对于一个大型的优化命题,解决的方法必须建立在多级优化的理论之上,采用分层和分解技术,完成结构控制一体化综合。

对比以上两种方法，第一种直接以 ASE 综合和 ACT 技术为基础，结合了传统的优化方法，是可望达到的；第二种方法的技术难度明显增加，但设计潜力会发挥更大。

7.5　气动伺服弹性不利因素的排除

为了减少发生气动伺服弹性失稳的可能性，可以采取如下方法去减弱甚至排除不利的耦合：

① 将传感器放在合适的位置，使它尽量减少感受到有关固有振型的弹性振动。例如，把垂直加速度传感器放在机身（或弹身）中心线上接近一阶弯曲模态的节线上。同理，可将俯仰角速度陀螺放在机身（或弹身）中心线接近机身一阶弯曲模态最大变形处，因为这一点的斜率是零。

② 飞行控制系统应选用带有低通滤波器的作动器。当频率落在零至某个截止频率范围时，作动器每接收偏转 1°的指令，将驱动控制面产生 1°偏转。如果高于截止频率，作动器就会产生低于 1°的偏转，并且随着频率的增加，偏转量将减小很多。

③ 飞行控制系统的控制律尽量选用低通滤波器，以衰减那些高于截止频率的反馈信号；或者选用陷波滤波器以减小在选定频率带中的反馈信号。

然而，尽管采取了以上这些预防措施，受结构固有振动模态激励的影响，飞行控制系统传感器中的一个或多个仍会产生一个幅值足够大、相位又相当的反馈信号，从而引起气动伺服弹性失稳。

有时很难确定发生在飞行中的不稳定是由颤振引起的，还是由气动伺服弹性引起的。区分包含哪种失稳类型很重要，因为对不同形式的失稳所需要的改进设计方法不同。一方面，如果这种不稳定是由颤振引起的，那么就可能需要对结构、质量分布或气动外形进行改进。另一方面，如果这种不稳定形式属于气动伺服弹性失稳，那么解决的方法通常是改变飞行控制系统或修正控制律。改变飞行控制系统或额外增加一个独立的控制系统，也可大幅度提高颤振边界，甚至于不再发生颤振。在这种情况下，这些控制系统可称为颤振抑制系统。

思考题及练习题

7.1　请简述气动伺服弹性问题的成因及其定义。

7.2　试分析气动伺服弹性不稳定性与颤振在本质上的相同点与不同点。

7.3　气动伺服弹性在飞行器设计中有何重要意义？

7.4　试总结气动伺服弹性稳定性分析的频域方法的计算步骤。

7.5　试评述用频域方法处理单回路和多回路气动伺服弹性稳定性的特点。

7.6　试推导飞机环节的传递函数。

7.7　试述气动伺服弹性的分析与综合二者的含义。

7.8　试举例说明气动伺服弹性综合在主动控制技术上的应用。

7.9　试分析气动伺服弹性不稳定因素并讨论其排除方法。

参 考 文 献

[1] 伏欣 H W. 气动弹性力学原理. 沈克扬，译. 上海：上海科学技术文献出版社，1982.

[2] 陈桂彬，杨超，邹丛青. 气动弹性设计基础. 2 版. 北京：北京航空航天大学出版社，2010.

[3] 邹丛青，陈桂彬. 飞机的伺服气动弹性稳定性. 航空学报，1987，8(3).

[4] 杨超，吴志刚. 导弹气动弹性稳定性分析. 飞行力学，2000，18(4).

[5] 管德. 飞机气动弹性力学手册. 北京：航空工业出版社，1994.

[6] Lotze A，Sensburg O，Kuhn M. Flutter Investigations on a Combat Aircraft with a Command and Stability Augmentation System. Journal of Aircraft，1977，14(4).

[7] Peloubet R P. YF-16 Active-Control-System/Structrual Dynamics Interaction Instability. AIAA Paper No. 75-823，1975.

[8] Arthurs T D，Gallagher J T. Interactions Between Control Augmentation System and Airtrame Dynamics on the YF-17. AIAA Paper No. 75-824，1975.

第 8 章　气动弹性试验

气动弹性试验是气动弹性分析与设计工作的重要组成部分，它在飞行器的研制过程中占有极为重要的地位。对于现代飞行器设计，需要提供更为全面而又精确的气动弹性特性。至今，在一些重要的气动弹性分析中，仍然需要依据试验进行验证，甚至是主要依据试验的结果。

气动弹性试验就其目的而言，大体上可分为两类：一类是为气动弹性分析取得原始数据的试验，如飞行器结构的刚度试验和结构的地面振动试验等；另一类是为取得气动弹性特性的试验，如颤振模型风洞试验和飞行颤振试验等。

本章按照试验的不同性质，分别对地面试验、模型风洞试验及飞行试验中的几个主要试验进行简要介绍。

气动弹性试验的重要性促使它在试验技术上发展较快。所以在本章所论及的试验中，更多叙述的是试验的任务和其基本原理，即便涉及一些先进的试验技术，也并不一定具有普遍意义，读者可关注有关的专业文献。

8.1　气动弹性的地面试验

8.1.1　地面振动试验

地面振动试验(GVT，Ground Vibration Test)早期称为地面共振试验，这是因为地面振动试验主要是依据共振原理进行的，其经典方法是相位共振方法。

1. 振动试验的目的

飞行器地面振动试验的任务是测定飞行器结构的振动特性，主要包括飞行器的固有频率、模态、阻尼和广义质量等。这些数据是飞行器结构动力特性的全面反映，可用来检验和修正振动计算的结果，是颤振分析计算和其他动气动弹性计算的基础，也是动力相似模型设计的基础。该试验通常在第一批制造出来的飞行器中进行。无论是新型或改型的飞行器，都要进行这项试验。

2. 试验系统的组成

飞行器地面振动试验系统的示意图如图 8.1 所示。不论用相位共振方法还是用参数识别方法，无论是正弦式激励还是随机式激励，飞机地面振动试验系统都应包括被试飞行器、支持系统、激励系统、测量系统和数据采集与处理系统。

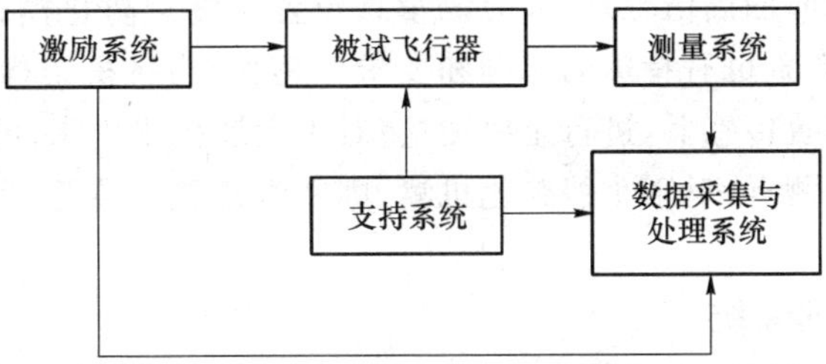

图 8.1　飞行器地面振动试验系统示意图

(1) 被试飞行器

为了保证试验结果的有效性和可靠性，振动试验对被试飞行器的结构特性和试验状态具有明确的要求，被试飞行器必须是结构完整并经检验合格的产品，且质量分布与刚度分布满足设计要求。对于型号的全机试验，质量分布应能如实反映飞行时的情况。若试验件为飞行器部件或全机的缩比模型，则其质量和结构尺寸需满足动力学缩比关系，其质量分布应能够表征飞行器原型的质量特性。对于探索性研究试验，模型的动力学特性应具有代表性，质量分布与刚度分布应合理。

此外，飞机地面振动试验的构型应包括无油构型，以及其他通过分析认为是有颤振危险性或动力学重要性的加有燃油的构型，此时可用合适的液体来模拟燃油。对于导弹和火箭类飞行器，与之对应的是空药构型和较为关键的载药构型，可由配重块质量来模拟固体火药质量。

(2) 支持系统

在地面振动试验中，要求模拟空中状态，即处于一种自由-自由状态。但是，飞行器在试验时必须放在支持系统上，此时要求支持系统的作用力仅用来平衡飞行器的质量。试件在振动时，支持系统会引起弹性力、惯性力及阻尼力，这些都应限制在一定水平之下。实际应用表明，当试验飞行器在弹性支持上的刚体运动频率小于最低一阶的弹性体运动频率的 1/3 时，就可认为由振动引起的支持系统所产生的弹性力、惯性力及阻尼力可以忽略不计，对被试飞行器的固有频率和振型的影响很小，并满足自由-自由支持状态。

具体的支持系统可有多种多样的方式，例如采用气囊支持、橡皮绳悬挂支持和空气弹簧支持等。至于选择何种支持系统，要根据被试飞行器的质量和其最低固有频率这两个主要因素来决定。

(3) 激振系统

为了激励出结构的纯模态，要求激振系统具有多点激振和调节力分布的能力。为了能够用有限数量的激振器激励出较理想的纯模态，就必须合理地布置激振器。通常，要把激振器布置到全机各主要部件上。在试验过程中，还要根据试验的实际情况，不断调整激振位置，以适应激励纯模态的需要。在确定激振器布置方案时，还要综合考虑节线位置、结构局部强度、结构对称情况及质量分布等因素。

(4) 测量系统

测量系统主要由测量传感器和相应的放大器组成。选择传感器时，除了频率范围、灵敏度等一般要求外，还要注意，对被测试件的附加质量的影响应小到可以忽略不计。

传感器的布置十分关键。布置传感器处的振动响应应能反映所关心的各阶弹性模态。测量点的选取应考虑与计算有限元模型的结点相对应，以便于有限元模型的振型检验或将试验模态直接用于颤振分析时的插值处理(此时测量点布置应注意防止模态外插)。此外，针对具体的试验对象，传感器布置也有特殊的原则和要求。例如，当飞机结构不是完全左右对称时，应在飞机左右对称处布置传感器，进行全机测量；对于大展弦比机翼，可以不考虑弦向变形，而只在前后梁处布置两排测点；对于小展弦比机翼，则需考虑弦向变形，每个弦向切面上都要布置三个以上的传感器。

(5) 数据采集与处理系统

数据采集与处理系统可分为硬件和软件两部分：硬件主要为数据采集卡和用于数据分析处理的数字计算机；软件为驱动硬件协调运转、实现数据采集和处理的程序集。目前，振动试验的数据采集与处理系统发展得较为成熟，硬件和软件部分均已开发成商业化产品，著名的如比利时 LMS 公司开发的 LMS 系统，经国际多家大型航空制造公司的多年使用，得到业界认可。

3. 试验测试原理

飞行器地面振动试验的关键技术在于分离高密集的固有模态，目前大体可分成两大流派：一种是基于相位共振原理的多点调力方法，激励形式为多点正弦式；另一种是基于参数识别技术的方法（主要是模态参数识别技术），激励形式可以是多点随机式，也可以是多点正弦式。对于比较“孤立”的模态，简单的单点正弦式激励也能满足要求。对于比较复杂的情况，需根据试验条件选择合理的方法。

(1) 基于相位共振原理的多点正弦式调力方法

将飞行器看成是小阻尼线性系统。对应于某一固有频率 ω_r，如果激励分布刚好与阻尼分布平衡，则所有点的振动位移响应彼此之间应同相或反相，且与激励力之间有 90°的相位差。理想情况下的结构一般运动方程等价于无阻尼单自由度运动方程

$$\left.\begin{aligned}\boldsymbol{M}\ddot{\boldsymbol{q}}+\boldsymbol{C}\dot{\boldsymbol{q}}+\boldsymbol{K}\boldsymbol{q}&=\boldsymbol{f}\\ \boldsymbol{C}\dot{\boldsymbol{q}}&=\boldsymbol{f}\end{aligned}\right\}\quad\Rightarrow\quad \boldsymbol{M}\ddot{\boldsymbol{q}}+\boldsymbol{K}\boldsymbol{q}=\boldsymbol{0}$$

由此可见，这时得到的模态就是固有频率为 ω_r 的无阻尼自由振动模态，称为主模态或固有模态，这种状态称为相位共振。但实际上激振点的位置不可能连续分布，且激励力输入的数量也是有限的，所以激励力与阻尼力平衡的要求只能采用试凑的方法近似地给予满足。在试凑过程中，经常需要检查各点的相位关系和广义质量对角化程度。通常针对具体问题来设计“指示函数”以判断模态的品质。

(2) 模态参数识别方法

模态参数识别是以模态参数模型为基础，以模态参数为目标的系统识别，可分为频域模态参数识别和时域模态参数识别。以频响函数（传递函数）为基础的参数识别称为频域参数识别；以时域信号（脉冲响应函数或自由振动响应）为基础的参数识别称为时域参数识别。目前频域方法已发展得较为成熟和实用。

模态参数识别的频域法的基础是频率响应函数（FRF），主要分为单模态识别方法和多模态识别方法。对于各模态耦合较小的系统，使用前者就可达到满意的识别精度。而对于模态耦合较大的系统，则必须使用多模态参数识别方法。常见的单模态识别方法主要有直接读数法、最小二乘圆拟合法和差分法。其中，直接读数法和差分法属于直接估计，最小二乘圆拟合法属于曲线拟合法。多模态识别有两类方法：一类以频响函数的模态展式为数学模型，包括非线性加权最小二乘法和直接偏导数法等；另一类以频响函数的有理分式为数学模型，包括 Levy 法（多项式拟合法）和正交多项式拟合法等。

与频域模态参数识别相比，时域模态参数识别主要用到与频率响应函数对应的脉冲响应函数（IRF），通常由频率响应函数经逆傅里叶变换求得。这种方法的主要优点是可以只使用实测响应信号，而无需快速傅里叶变换（FFT），可以进行在线分析，使用设备简单。但是当不使用脉冲响应信号时，缺点也很明显。由于不使用平均技术，因而分析信号中包含噪声干扰，所识别的模态中除系统模态外，还包括噪声模态。时域模态参数识别的典型方法主要是 Ibrahim时域（ITD）法、最小二乘复指数（LSCE）法、自回归滑动平均（ARMA）时序法、多参考

点复指数(PRCE)法和特征系统实现算法(ERA)。其中LSCE和ARMA属于单输入/单输出(SISO)参数识别法,ITD属于单输入/多输出(SIMO)参数识别法,PRCE和ERA属于多输入/多输出(MIMO)整体参数识别法。ITD和LSCE法直接使用自由响应或脉冲响应信号,ARMA时序法使用随机激励和响应信号,PRCE和ERA使用脉冲响应函数矩阵。另外,由于对结构阻尼系统无法得到适当的自由振动表达式,故对这些方法的讨论只限于粘性阻尼系数。

4. 试验数据的检验与使用

对于模态纯度的检验,一种方法是利用指示函数,即通过相位共振原理,将结构响应的实部和虚部编制成某种函数,并以此作为目标函数来指导调力。在采用指示函数法进行试验时,可在调力调频过程中随时计算并显示出指示函数,以便于对模态的纯度进行控制。另一种方法是利用模态的正交性,依据广义质量交叉项来判断模态之间的耦合程度,这种方法需要有对应测量点的离散物理质量数据。通常要求质量矩阵中的各项满足下式的要求,即

$$M_{ij}/\sqrt{M_{ii}M_{jj}}\leqslant 0.15 \tag{8.1}$$

并以广义质量项 M_{ij} 的大小来检验模态之间的耦合程度,以此判断模态的纯度。

在颤振、气动伺服弹性稳定性、阵风响应以及动态着陆等分析计算中,都要依据飞行器结构动力学数学模型。而计算的模态与试验得出的模态很难做到完全一致。这时,振动试验的结果就能为动力学有限元模型提供一个修正刚度和质量分布的数据基础。甚至当从振动试验得到的模态正交性(模态纯度)较好时,测得的振动模态数据可直接用于颤振计算的模态插值。

8.1.2 结构伺服弹性地面试验

结构伺服弹性地面试验也称为结构模态耦合试验。该试验是为了确定和验证在气动伺服弹性稳定性分析中所用到的参数,例如,测定伺服舵机、控制增稳环节以及伺服弹性系统开环传递函数,以便为气动伺服弹性模型修正提供试验数据。同时,也验证飞行器结构弹性与飞行控制系统形成的闭环系统的稳定性及稳定裕度,以确保在地面上不发生结构破坏性的或不衰减的运动,由此增加了飞行中不会发生这种破坏性或不衰减运动的可信度。如果飞行器带有飞行控制或增稳系统,就需要做该项试验,通常在其首飞之前进行,并安排在地面振动试验之后。通常的做法是用这些试验的结果去验证或修改在气动伺服弹性分析计算中所用的数学模型,以提高气动伺服弹性分析预测的可靠性。

气动伺服弹性的地面特性可通过飞行器在地面的开环频率响应及闭环脉冲响应试验来评估。

1. 开环频率响应试验

该项试验主要用来预计系统产生不稳定性的可能性。试验前需要把复杂的飞行控制系统转化成典型状态,以便于确定开环位置。例如在一个横滚与偏航耦合的飞行控制系统中,要在偏航回路闭合的条件下测量横滚回路的开环传递函数;然后,再在闭合横滚回路的条件下测量偏航回路的开环传递函数。

试验的内容应包括实际飞行状况下的不同装载、不同控制律和系统故障情况。对于每种控制律,取高增益状态作为典型试验状态。试验的频率范围应包括飞行器主要结构的一阶弯曲和扭转;以一定的频率间隔连续扫频,测量飞行器连同飞行控制系统组合回路的开环传递函

数,也可根据需要测量飞行控制系统某些环节的传递函数。

进行开环频率响应试验时,数据的生成与处理通常有两种方法:一种是快速扫频方法,另一种是步进正弦激励方法。对于快速扫频方法,需要对待测环节的输入端施加频率由低到高连续变化的激励信号,并测量其输出响应。典型的快速扫频激励信号及其对应的响应信号如图 8.2 所示。对于步进正弦激励方法,在选定的频率范围内,按步长由低到高递增,依次发出等幅值的正弦信号,并在每个频率点持续一定时间。典型的激励信号及其对应的响应信号如图 8.3 所示。

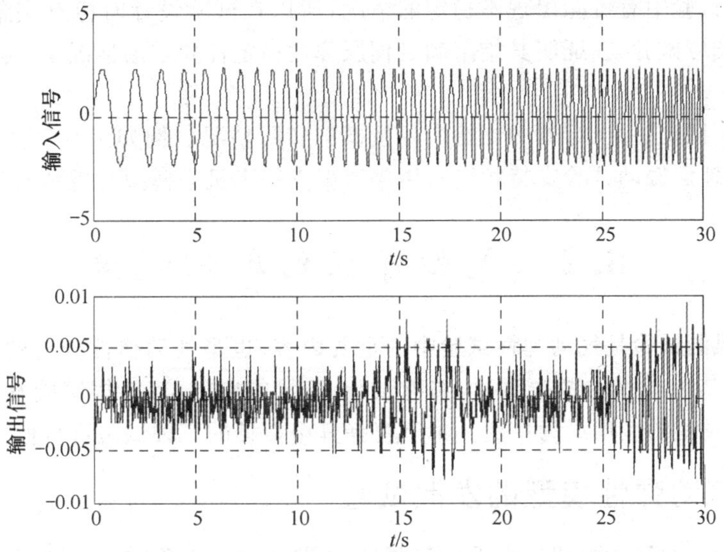

图 8.2　快速扫频激励信号及其响应示例

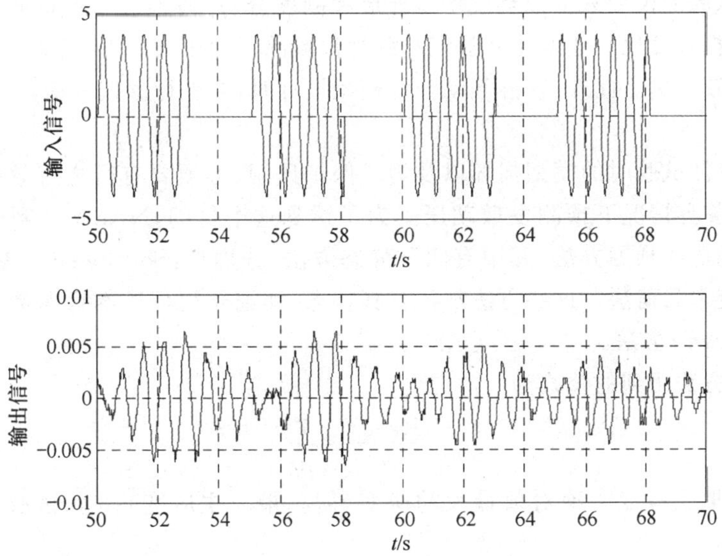

图 8.3　步进正弦激励信号及其响应示例

根据试验测得的闭环系统的开环传递函数,可在复平面绘制出乃奎斯特曲线,进而判断闭环系统的稳定性与稳定裕度。

2. 闭环脉冲响应试验

该项试验是在飞行器连同飞行控制系统组合回路闭环的条件下，通过增加系统增益，取得飞行器连同飞行控制系统组合回路的稳定裕度。例如，若为两倍系统增益，系统仍然保持稳定，则可知系统至少具备 6 dB 的幅值裕度。试验时，通常在飞行器输入端加入脉冲激励，并观察传感器信号动态响应是否稳定收敛。

应注意，在试验中有可能出现不稳定的情况，所以在试验设计时应有应急措施。通常，先进行开环频率响应试验，在证明其结果满足伺服弹性稳定性要求的情况下，再进行闭环脉冲响应试验。

在上述两项试验中，飞行器的支持应尽量模拟实际情况。例如用空气弹簧支持飞机来模拟飞行状态（与地面振动试验支持相同），用起落架支持飞机来模拟起飞和着陆状态等。

8.2 气动弹性的风洞试验

气动弹性风洞试验是气动弹性试验中的重要内容，也是气动弹性分析的重要手段。它包含的内容丰富，诸如模型的颤振试验、嗡鸣试验、阵风响应试验、抖振试验及静气动弹性试验等，其中以颤振试验的应用最为广泛。本节将择其中常见的三种试验进行概要介绍。

8.2.1 静气动弹性模型的发散试验

发散是气动弹性问题中的一个重要问题，属于静气动弹性稳定性问题，是一种具有强烈破坏性的现象。发散风洞试验对于验证发散数值计算方法具有重要意义。

发散风洞试验的模型只模拟空气动力外形和刚度分布，而不需要模拟质量分布。对于低速模型，则只模拟长度比和速度比。静气动弹性试验除了动压大之外，还要求有攻角变化。因此，强度问题比较突出。此外，在静气动弹性模型设计时，要进行颤振分析，以免在试验过程中发生颤振。

为了避免发散试验时的模型损坏以及为了保护风洞，必须要有行之有效的发散试验预测技术，并能在亚临界情况下预测发散动压。为了达到这个目的，NASA 兰利中心曾发展了多种亚临界发散动压的预测方法，其中有四种静态方法，分别是：Southwell 方法、DI 方法、应变变化曲线法和定常载荷法。这些方法都各有其特点，详细介绍可见本章参考文献[6]，这里只重点介绍 Southwell 方法。

Southwell 方法用到的公式为

$$\frac{\mathrm{d}(\varepsilon/q)}{\mathrm{d}\varepsilon}=\frac{1}{q_{\mathrm{D}}} \tag{8.2}$$

式中，ε 为应变，取主应变中绝对值最大的应变（简称最大主应变）；q 为试验动压；q_{D} 为发散动压。

在利用该方法进行发散风洞试验时，先固定翼面的攻角不变；接着不断改变动压，并测量该动压下的应变 ε；然后改变翼面的攻角，重复以上步骤。绘制各攻角状况下的(ε/q)-ε 曲线，并利用一阶最小二乘法进行处理，计算各攻角状况下由一阶最小二乘法处理后的直线的斜率，则它们的平均值的倒数即为发散动压。参见图 8.4，图中直线斜率的倒数即为发散动压 q_D。

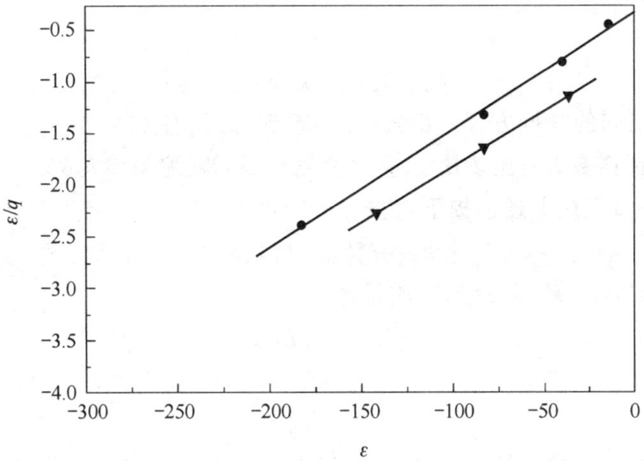

图 8.4　Southwell 方法预测曲线示意图

在一项探索性的发散风洞试验研究中，说明了利用 Southwell 方法进行发散动压预测，其预测结果与理论计算及临界试验结果有良好的一致性。该项研究还表明，利用最大主应变进行 Southwell 方法预测可以得到满意的试验结果。

需要说明的是，在进行试验时，各个测量点在不同动压和迎角下，其最大主应变的方向是在不断变化的，但一般其变化幅度较小，为了提高预测的准确性，在利用 Southwell 方法进行预测时，可把同一迎角下最大测试动压下的最大主应变方向作为基准方向，计算出其他各动压下对应该方向的应变值，并将其假定为该动压下的最大主应变，以此进行预测曲线的绘制。

8.2.2　颤振模型的风洞试验

颤振模型风洞试验是气动弹性试验的重要内容。颤振模型风洞试验的主要任务是：①在飞行器设计的初期，研究参数变化的影响，以供选择设计方案时参考。通常，这项试验要在足够的变量范围内完成。该范围要覆盖飞行包线，以及所要求的各种外挂装置及其状态。②校核颤振计算并验证理论计算方法。跨声速范围内的颤振线性分析技术的精度是不可靠的，因此，在颤振试飞前，跨声速模型风洞试验是验证飞机跨声速颤振特性的唯一途径。

在风洞颤振试验中，按照所使用的风洞性能，可将试验模型分为低速颤振模型和高速颤振模型；按照所研究的对象，可将试验模型分为机翼部件模型、组合尾段模型以及全机模型；按照模型构造形式，可将试验模型分为结构相似模型、梁架式模型和单梁式模型。其中，机翼部件低速梁架式模型的设计最为典型和常用。

气动弹性模型试验的基础是相似律。气动弹性模型的相似律可由运动方程的相似变换方法来建立。例如颤振的运动方程为

$$\left[-\omega^2\boldsymbol{M}+(1+\mathrm{i}g)\boldsymbol{K}-\frac{1}{2}\rho V^2 b\boldsymbol{A}\right]\boldsymbol{q}=\boldsymbol{0} \tag{8.3}$$

式中，符号的意义均同前。此处引用符号 k_x 表示模型的 x 参数 x_M 与实物的 x 参数 x_a 之比，即 $k_x=x_M/x_a$，则模型的运动方程可用实物参数写为

$$k_q\left[-k_\omega^2 k_M \omega_a^2 \boldsymbol{M}_a+(1+\mathrm{i}k_g g_a)k_K \boldsymbol{K}_a-\frac{1}{2}k_\rho k_V^2 k_b k_A \rho_a V_a^2 b_a \boldsymbol{A}_a\right]\boldsymbol{q}=\boldsymbol{0} \tag{8.4}$$

由式(8.4)可知,若

$$k_K=k_\omega^2 k_M=k_\rho k_V^2 k_b k_A \tag{8.5}$$

则模型与实物具有相同的颤振方程。由式(8.5)看到,必须有 $k_g=1$。同时若模型和实物具有相同的马赫数 Ma、雷诺数 Re、比热比 γ、重力参数 V/gb、减缩频率 $b\omega/V$、相似的空气动力外形和振动模态,则 $k_A=1$。在上述前提下,由式(8.5)可得

$$k_K=k_\omega^2 k_M=k_\rho k_V^2 k_b \tag{8.6}$$

考虑到减缩频率相同,$k_b \cdot k_\omega/k_V=1$,则质量比

$$k_M=k_\rho k_b^3 \tag{8.7}$$

刚度比

$$k_K=k_\rho k_V^2 k_b \tag{8.8}$$

对于低速风洞颤振试验模型,由于没有马赫数效应及低速风洞的可变风速,故密度不变。所以其基本比例尺可选择如下。

(1) 长度比

原则上是根据风洞尺寸尽量取大。但应注意重力效应,即当 k_V 太小、k_b 太大时,模型会因自重而导致过大变形。故长度比要与速度比协调。

(2) 速度比

按预计实物颤振速度和可用风洞速度来确定。通常取风洞速度范围的中间值。

(3) 密度比

按与要模拟的实物飞行高度所对应的大气密度和风洞工作密度确定。空气密度通常认为是不变的常数。值得注意的是,在开始预计模型颤振动压 q_F 时所用的密度 ρ 往往对应于某个飞行高度,它一般不会等于在风洞中达到 q_F 时的密度 ρ_F。当密度效应明显时,风洞试验中的颤振动压就严重偏离预计值。

对于高速风洞颤振试验模型,首选的 3 个基本比例尺是:长度、密度及动压。长度比按风洞实验段与实物尺寸来定。密度比按风洞中的空气密度及实物飞行状态下的空气密度来定。动压比根据风洞前驻点压力 p_0 可达到的极限与实物估算出的颤振动压来定。

高速风洞颤振试验比低速风洞颤振试验的难度要大得多,这是因为高速风洞试验段的尺度比低速的小得多,给予测试的时间短,且试验模型的强度要求比较突出。

风洞颤振试验的模型设计主要受风洞尺寸、性能和试验费用的限制。梁架模型具有设计方便、生产工艺简单和费用低等显著特点。对于常规以金属结构为主的飞行器而言,梁架模型对真实结构的动力学模拟精度也能够满足工程设计的需要。梁架模型设计是通过动力学相似原理,来建立能够有效模拟真实结构并适合风洞尺寸和性能的缩比简化的物理模型,在风洞吹风条件下,模型的动力学行为反映了真实飞行器在飞行状态的动力学特性。设计质量的优劣除了对生产质量和成本的控制要求之外,最重要的就是看它与真实结构的动力学相似程度。

传统的设计方式是根据真实结构进行刚度和质量惯性折算,并反复修改调整模型参数,使模型动力学性能与真实系统具有动力学相似性,也就是满足设计目标(通常是依据结构固有振动结果进行相似等效)。这种传统方式工作量很大,需要多轮反复才能达到设计目标,费时费

力，设计师需要在设计精度和工作量之间进行适当的权衡取舍，因此，对于现代飞机设计的效率和质量要求而言，需要引入现代的设计方法。而基于优化理论的系统辨识方法为提高模型设计效率和精度提供了有效的设计手段。

首先，基于敏度的优化方法需要对系统的解析描述得相当清楚，以推导出设计目标和约束对设计变量的灵敏度。其次，敏度优化是典型的局部寻优方法，它对设计变量初值和约束阈值比较敏感，这就需要在进行模型刚度和质量初步折算时做到相当准确，并且需要进行多轮次优化，不断改进变量初值和约束阈值。最后，往往真实系统在数学上并不是优化模型的最优解，这样从系统辨识的角度来看，模型设计的“最优性”具有一定的模糊性。

基于以上特点又可引入一些全局非敏度优化方法作为设计手段，例如可在机翼颤振风洞试验梁架模型设计任务中，采用通用动力学分析器和遗传算法进行全局寻优的设计模式，其设计流程如图8.5所示。遗传算法是一种全局模糊寻优的有效工具，它能在指定的变量范围内给出一系列具有全局意义的非劣解，再通过一定的指标判断或者人为模糊选择给出最适合设计目标的系统。这种算法不依赖于系统的内部信息，具有很强的灵活性和可移植性，这里分析工具只是作为一个从设计变量到设计目标和约束的响应函数，寻优方向仅通过对这些响应值进行评估来得到。同时，遗传算法不依赖于系统初值，能够得到全局最优解。另外，通过对变量范围的两到三轮调整，还能够在一定程度上有效提高设计精度。遗传算法的局限性就是计算量较大，但它的可并行化特点能够有效降低计算时耗。

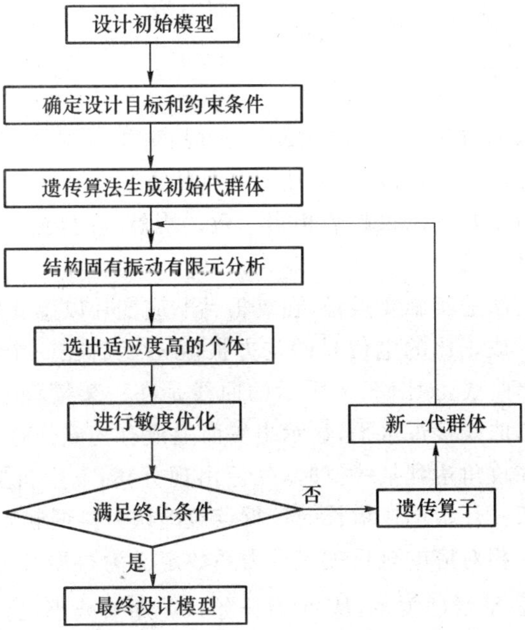

图8.5　基于遗传算法的结构动力模型优化设计流程图

近年来，在结构优化设计领域，综合敏度方法和遗传算法的各自优势取长补短，形成了具有高效全局搜索能力的敏度/遗传混合优化设计方法。在颤振模型的设计过程中，不仅能将该方法应用于结构最终修改，还能应用于整个设计过程的多个环节，其主要的设计流程如图8.6所示。

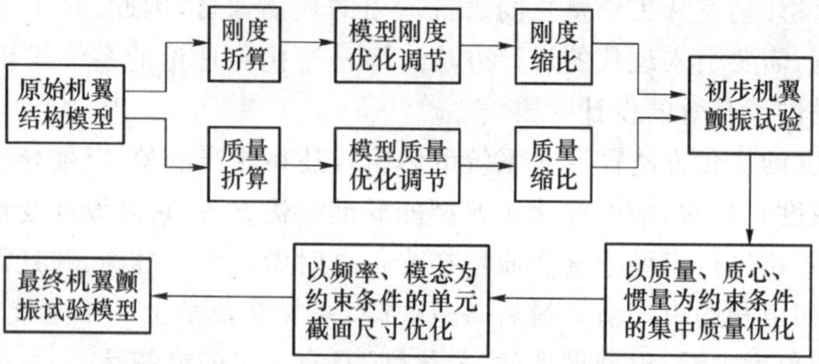

图 8.6　机翼颤振模型设计流程图

8.2.3　抖振模型的风洞试验

抖振是由于气流分离的激励而引起的结构强迫振动，它是一种随机振动。抖振可分为升力型和非升力型两种，相应地可把抖振试验分成两种：一种是确定升力型抖振边界的试验，另一种则是测量抖振响应的试验。

抖振试验所用的风洞模型不同于颤振风洞试验模型，当抖振风洞试验的目的是为了确定抖振边界时，原则上只要求模型与实物的空气动力外形相似，但通常也还要求与第一阶固有频率相似。为了有效提高雷诺数，多采用半模型。实践证明，采用半模型和全模型所得的抖振边界基本上是一致的。

1. 抖振边界的测量方法

抖振边界的测量有很多方法可行，诸如翼根均方根弯矩切交法、后缘压力发散法、加速度测量法以及升力线拐点法等，这些方法在使用时各具特点。通常认为，用翼根均方根弯矩切交法求得的抖振边界与飞行试验的结果趋势相当一致。当然，在抖振边界测量中同时采用几种方法，会得到更为可靠的结果。

翼根均方根弯矩切交法的实施要点是，在翼根粘贴应变片以感受机翼根部弯矩。首先，由测试系统测出与翼根弯矩成正比的电信号的均方根值 σ；然后在一个固定的马赫数下作出均方根值 σ 随攻角 α 的变化曲线，如图 8.7 所示的曲线是在一架模型上进行风洞试验的结果。由图可见，在小攻角区域，曲线接近水平，显示出翼面上没有气流分离，所测出的 σ 值与风洞本身压力脉动响应相关。在攻角达到某一值时，气流出现分离，发生抖振。此后，均方根值 σ 会随攻角的增长而迅速增长。开始迅速增长的转折点被确认为抖振起始攻角。转变点用切线交点来确定，记为 α_B。与 α_B 相对应的全机配平升力系数定义为抖振升力系统 C_{LB}。如图 8.8 所示，在攻角范围内，C_L 与 α 呈线性关系，从 A 点开始，C_L^α 逐渐减小，这是由于机翼局部气流分离所致，这时机翼仅出现轻微抖动。当攻角再增大时，气流分离范围扩大，抖动加剧。飞机开始抖振的 C_L 随马赫数变化的曲线叫做抖振边界。

尽管近年来用理论计算确定抖振边界的方法已得到很大发展，但目前抖振边界主要还是由风洞试验或飞行试验来确定。

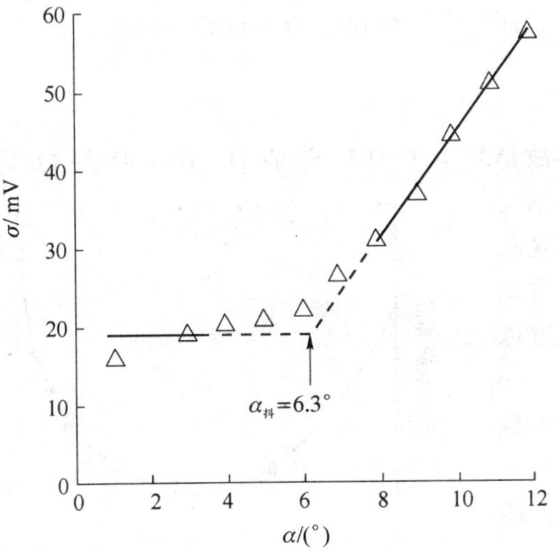

图 8.7　σ-α 曲线示意图

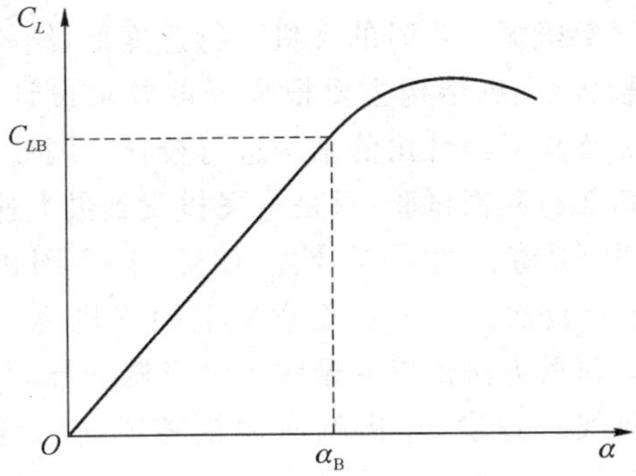

图 8.8　C_L-α 曲线

2. 抖振载荷的风洞试验方法

除了抖振边界的测量以外，抖振载荷的测量也很重要。进入抖振区，由于气流分离，飞机发生强烈振动。这种振动引起飞机承受额外载荷，称为抖振载荷。

抖振载荷的预估可由风洞试验直接测量。在模型根部贴上应变片（或其他类型传感器），直接测量抖振引起的弯矩，但需对均方根值进行标定，以便换算成翼根弯矩。在得到均方根值 σ 随攻角 α 的变化曲线之后，选取最大值 σ_{max} 及由风洞紊流度引起的模型振动载荷 σ_0，则抖振引起的最大均方根载荷为

$$\sigma_{max}=[(R^2-1)\sigma_0^2+\sigma_{max}^2]^{\frac{1}{2}}-R\sigma_{max} \tag{8.9}$$

式中，R 代表紊流振动载荷与抖振载荷之间的相关系数，其值在 -1 到 $+1$ 之间变化。当 R 近似等于零时，则近似认为

$$\sigma_{max(抖振)}=\sqrt{\sigma_{max}^2-\sigma_0^2} \tag{8.10}$$

为了得到飞机抖振载荷，仅仅知道均方根载荷的最大值是不够的，还必须知道抖振载荷的概率分布，例如，尾翼失速抖振的概率近似于高斯分布。

最后，要通过相似关系，把模型抖振载荷换算到真实飞机上去。当使用外形、刚度和惯性相似的模型时，这种换算可简单地按量纲关系进行。但当使用只保持外形及第一阶固有频率相似的模型时，就需要有专门的换算方法。目前已有多种近似方法可供工程应用选择。

8.3　气动弹性的飞行试验

8.3.1　飞行颤振试验

随着航空工业的日益发展，气动弹性要求在飞机设计中的地位也越来越重要。薄翼型、全动平尾、垂尾、T 形尾等设计构型的引入，增加了颤振发生的概率。为保证所设计的飞机具有气动弹性稳定性，在对飞机进行周密的气动弹性分析后，还必须进行气动弹性试验，通常先进

行地面振动试验和颤振风洞试验，最后是用于验证整个飞行包线的飞行颤振试验。

1. 飞行颤振试验技术的发展

航空工业发展早期，最早有记载的颤振事故是发生于 1916 年的 Handley Page O/400 轰炸机尾翼颤振。当时的飞机飞行速度低，结构刚度相对较大，飞机结构主要根据强度要求设计，气动弹性方面仅对设计出的结构进行校核。因此，最初的全机飞行颤振试验，只是将飞机飞到最大速度以验证其气动弹性稳定性。1935 年德国的 von Schlippe 首次开展了真正意义上的飞机飞行颤振试验。试验方法是以共振频率对飞机进行激振，不断增加飞行速度，作出响应振幅随风速的变化曲线，如图 8.9 所示。振幅的增加意味着阻尼的减小，颤振临界点处的理论振幅无穷大，即对应渐近线处的速度。该试验方法成功应用于当时德国的几架飞机上，直至 1938 年 Junkers JU90 运输机在试验中发生颤振导致飞机失事为止。

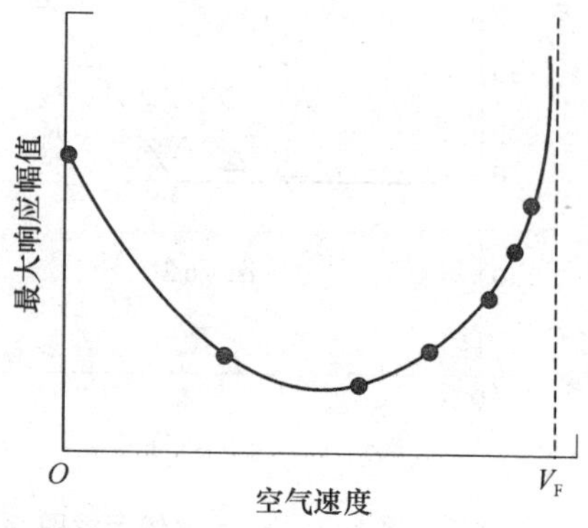

图 8.9　von Schlippe 的飞行颤振试验测试方法

在试验条件和技术不够成熟的时期，飞行颤振试验具有相当大的危险性，原因归纳为三方面：

① 只有当飞行速度接近真实颤振临界点时，才能监测出不稳定。

② 亚临界阻尼不能通过外推准确预测随后的临界速度点。

③ 风速的微小变化就可能使飞机从稳定状态变得不稳定。

试验技术发展至今，基本的做法是实时传输监测响应信号，同时将数据用于计算机的参数辨识以估计频率和阻尼。传统的阻尼外推法流程如图 8.10 所示。

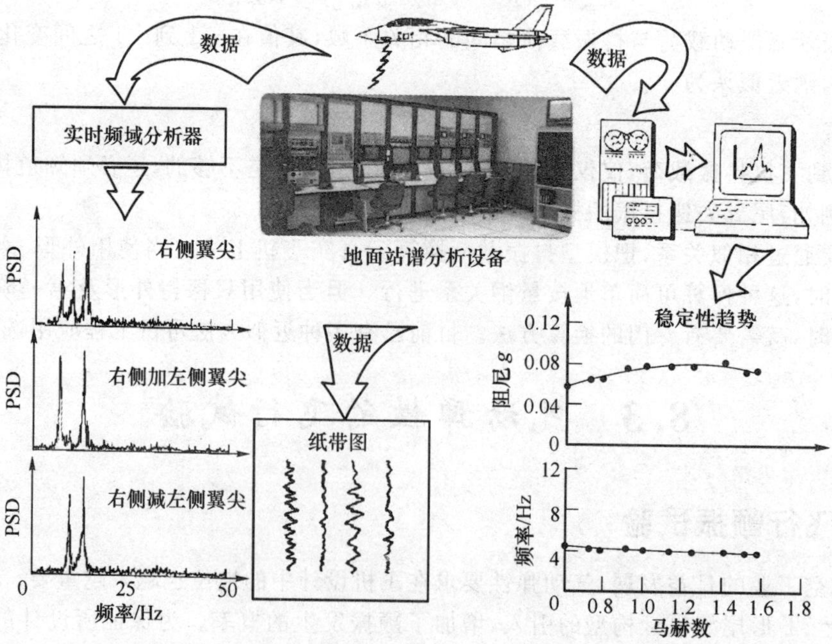

图 8.10　典型的阻尼外推法飞行颤振试验过程示意图

飞行颤振试验技术飞速发展的今天，其组成要素仍可划分为三个方面：结构激励、响应测量和对数据进行稳定性分析（余量估计）。

2. 激励方法

在 20 世纪 50 年代，试验者即认识到要想获得高信噪比的数据，达到充分的激振很重要。只有足够大能量的激励才能激起相应的振动模态，以便从响应数据中估计系统稳定性。对激励系统的要求是，不仅提供足够大的激振力，还必须是相关的频率范围。

目前在各种实用的飞行颤振试验方法中，常用的方法有以下几种。

（1）脉冲激励

通过飞行员人工激励操纵面，或者借助小火箭来产生作用时间很短的脉冲激励信号，对飞行中的飞机进行激励。脉冲激励是一种比较简便的方法，它所用的设备也不复杂，进行一次试验所需的时间较短。但要得到高信噪比的响应信号较困难，必须依靠复杂的数据处理方法才能得到模态频率和阻尼。

（2）简谐激励

简谐激励可通过电磁激励器来实现，常用的激励有稳态激励和衰减振荡两种。简谐激励的主要特点是：试验中激励频率可调，激励能量大；但试验的时间长，且试验设备也相对较复杂。

（3）扫描激励

利用专用的信号发生器产生一种特定信号，在一个选定的频率范围内，按照一定的规律连续改变激励信号的频率，从而对飞机结构进行扫描激励。这种激励方法可避免简谐激励费时太多的问题，但往往激励能量不能满足要求。

（4）随机激励

利用大气紊流或机械的、空气动力的方法产生随机信号，对飞机结构进行激励，且记录结构的响应信号。利用大气紊流激励，设备简单；但它在低频范围内能量较集中，所以易激出低频模态。此外，还需用较为复杂的参数识别技术来求得模态频率和阻尼。

3. 颤振预测方法

当前流行的颤振边界预测方法包括：模态阻尼外推法、颤振余量法（Zimmerman - Weissenburger 方法）、包线函数法、ARMA 模型时序分析法以及鲁棒 μ 分析方法等。下面简要介绍其中的几种方法。

（1）模态阻尼外推法

该方法是飞行颤振试验中广泛应用的传统方法，根据飞行试验数据辨识出颤振模态的阻尼比，并拟合各阶模态的阻尼比随各测试速度点的变化曲线，由此外推出阻尼比变为零时的速度点，即为颤振临界速度。

对于缓和型颤振，此方法拟合的精度通常随测试速度点的增加而增加，且越靠近临界点，预测精度越高，如图 8.11(a)所示。但实际上获得近临界点的多点试验数据阻碍很大，由于安全和试验条件的限制甚至难以进行。正常型颤振阻尼比随速度变化的曲线如图 8.11(b)所示。对于突发型颤振，如图 8.11(c)所示，显然这种拟合外推的方法已不适用。

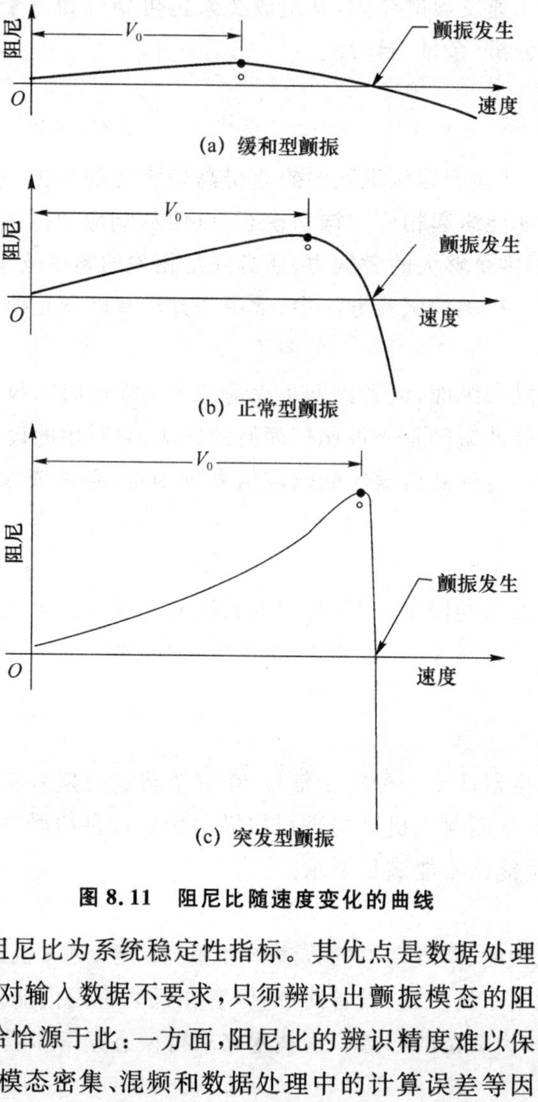

图 8.11 阻尼比随速度变化的曲线

本方法以颤振模态阻尼比为系统稳定性指标。其优点是数据处理方式简便，完全依赖于对飞行试验数据的分析，对输入数据不要求，只须辨识出颤振模态的阻尼比信息，即可进行曲线的拟合外推。而问题恰恰源于此：一方面，阻尼比的辨识精度难以保证，由于颤振试飞数据信噪比低，以及气动弹性模态密集、混频和数据处理中的计算误差等因素影响，阻尼比参数非常敏感，辨识结果可能出现较大偏差；另一方面，阻尼比随飞行速度呈非线性关系，外推段的阻尼比可能发生突变，此时通过曲线拟合外推无法模拟，因而不适用于突发性颤振。

(2) 颤振余量法(Z－W 方法)

Zimmerman－Weissenburger 方法(简称 Z－W 方法)是适用于两自由度耦合颤振的一种经典方法。该方法完全依赖于对试验数据的分析，并从中辨识出传递函数极点的信息。根据 Routh 稳定性判据，推导出两自由度系统的颤振裕度表达式为

$$F=\left[1-\left(\frac{\beta_2-\beta_1}{\beta_2+\beta_1}\right)^2\right]\left\{\left(\frac{\omega_2^2-\omega_1^2}{2}\right)+(\beta_1+\beta_2)^2\left[\left(\frac{\omega_2^2+\omega_1^2}{2}\right)+\left(\frac{\beta_2+\beta_1}{2}\right)^2\right]\right\} \tag{8.11}$$

式中，ω_1，ω_2，β_1 和 β_2 分别表示两阶主要颤振模态的频率和衰减率(即特征根的虚部和实部)。

另外，由工程经验得出的二次曲线关系

$$F=B_2q^2+B_1q+B_0 \tag{8.12}$$

拟合颤振裕度随动压的变化关系，从而外推出 $F=0$ 处的动压即为颤振临界动压，如

图 8.12所示。

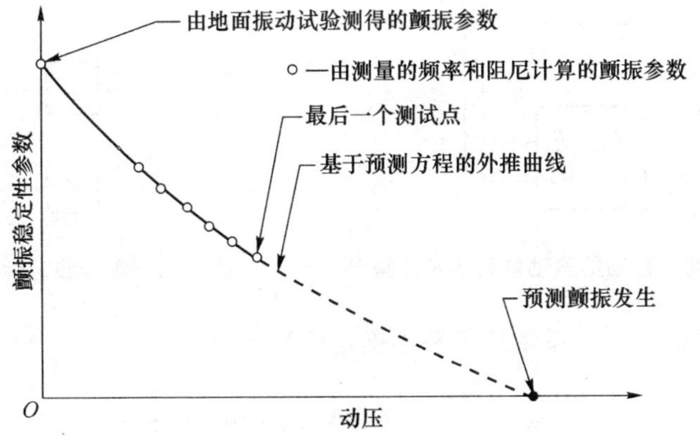

图 8.12　颤振余量参数随飞行动压的变化趋势

Z－W 方法以颤振裕度作为系统稳定性的指标。其突出特点在于，即使是突发型颤振，其拟合出的颤振裕度随动压的变化曲线仍是光滑连续的抛物线。颤振裕度公式的引入，成功克服了模态阻尼外推法无法分析突发型颤振的缺点。但颤振裕度的计算需要传递函数的极点信息，故该信息对关键模态频率和阻尼的辨识仍很重要。

目前经典两自由度的 Z－W 方法，经演变可扩展到单自由度、三自由度等耦合颤振的分析，但仍存在局限性。只有已知颤振形式是低阶耦合颤振，且选取适当的主要模态得到相应的频率和衰减率后，通过计算颤振裕度得出的颤振预测速度才有效。

(3) 基于理论模型的鲁棒 μ 分析方法

该方法综合利用了颤振理论模型和飞行试验数据，是结合结构奇异值理论（μ 理论）的鲁棒分析方法。它可以考虑气动弹性系统各种形式和来源的不确定性，通常给出的是颤振边界的保守估计。其大体思路如下：

① 结合飞机颤振理论模型的特征数据，建立不确定气动弹性系统的线性分式变换（LFT）模型，如图 8.13 所示。

② 根据飞行试验数据，辨识出关键模态的频率和阻尼比，并进行不确定度的估计，然后结合飞行试验数据进行模型的有效性检验。

③ 应用结构奇异值 μ 分析方法对系统进行鲁棒稳定性分析，计算出飞机在某状态点处的鲁棒颤振裕度。

结构奇异值理论是鲁棒控制理论的一个分支，鲁棒控制理论的基本思路是将含有不确定性的被控对象表示为一个系统集，使系统集中所有成员满足期望的性能指标，则系统集中特定成员也满足该性能指标。

鲁棒稳定性定理是：如图 8.14 所示的 μ 分析标准框图，$\boldsymbol{\psi}$ 为广义系统算子，$\boldsymbol{\Delta}$ 为不确定性算子，则对于所有满足 $\|\boldsymbol{\Delta}\|_\infty \leqslant 1$ 的 $\boldsymbol{\Delta}$，闭环系统是鲁棒稳定的充分必要条件是

$$\sup \mu_{\boldsymbol{\Delta}}(\boldsymbol{\psi}) < 1 \tag{8.13}$$

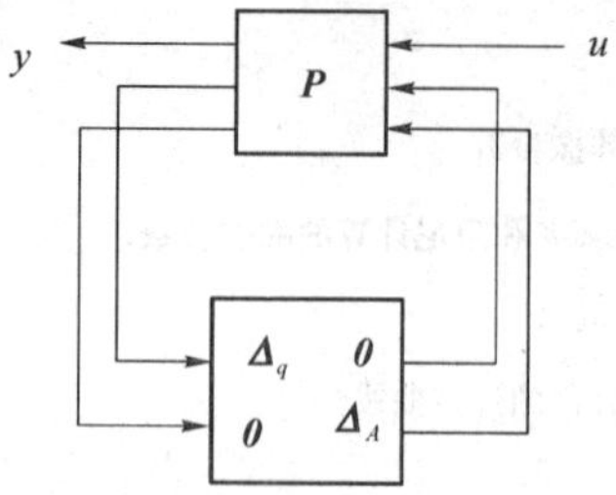

图 8.13 考虑摄动的气动弹性系统模型

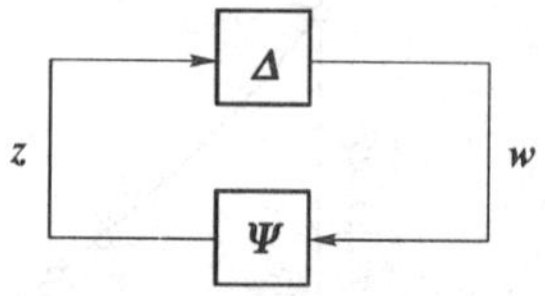

图 8.14 鲁棒稳定性分析框图

在飞行颤振试验中，广义系统算子和不确定性算子为

$$\boldsymbol{\psi}=\begin{bmatrix}\boldsymbol{H}_1\\ \boldsymbol{L}\end{bmatrix}[s\boldsymbol{I}-\boldsymbol{A}_1]^{-1}[\boldsymbol{E}_1 \quad \boldsymbol{U}] \tag{8.14}$$

$$\boldsymbol{\Delta}=\begin{bmatrix}\boldsymbol{\Delta}_q\boldsymbol{I} & \boldsymbol{0}\\ \boldsymbol{0} & \boldsymbol{\Delta}_A\end{bmatrix} \tag{8.15}$$

在某一飞行状态点，给定动压摄动加权的初值，计算系统的结构奇异值 $\sup \mu_{\boldsymbol{\Delta}}(\boldsymbol{\psi})$。若在临界稳定飞行范围内，则有 $\sup \mu_{\boldsymbol{\Delta}}(\boldsymbol{\psi})<1$。调整动压摄动加权值 W_q，直至 $\sup \mu_{\boldsymbol{\Delta}}(\boldsymbol{\psi})=1$，此时系统处于临界鲁棒稳定状态。此时的 W_q 表示飞机在此飞行试验点保持鲁棒稳定所能承受的最大动压摄动，即为此状态下的颤振裕度。鲁棒稳定意义下的临界动压为

$$q_F=q_0+W_q \tag{8.16}$$

基于理论模型的颤振预测 μ 分析方法，综合应用了颤振理论模型和飞行试验数据两方面的资源，而传统方法只能利用其中一个。没有经过飞行试验检验的系统模型是存在误差的，而飞行试验数据由于试验条件等的影响，信噪比低，也可能导致预测分析出现较大偏差。将这两方面结合起来分析的 μ 方法，通过引入不确定性算子改进分析模型，使用飞行试验数据估计并验证不确定度，弥补了纯理论模型计算颤振速度不能利用飞行试验数据，而飞行试验中采用的传统预测方法无法利用理论模型的不足。

8.3.2 飞行载荷测量试验

因研究需求、结构综合演示以及发展飞行试验的需要，有必要开展飞机在线飞行载荷的测量。尽管可以在风洞试验中通过在翼面上布置测压管的办法来测量翼面压力分布，从而测得结构的弯矩、扭矩和剪力。但是在飞行中布置如此多的测压管显得很不现实，且会带来巨大风险。因此，飞机在飞行时的飞行载荷的测量只能通过其他方法进行。

通常有两种方法测量飞机在飞行中的飞行载荷。一种是通过测量翼面若干位置处的应变，并根据事先标定的函数来计算翼面的载荷，简称应变法。应变法早在 20 世纪 40—50 年代就开始在飞机飞行载荷测量中使用，并沿用至今。另一种则是通过测量翼面若干位置处的变形，并根据事先标定的函数来计算翼面的载荷，简称位移法。该方法是近年来随着光学位移测量设备的进步而发展起来的。两种方法在计算方法上有较大相似性，计算公式的形式也基本一致，所不同的只是前者使用所测量的应变，而后者使用所测量的变形。在获得了作用在飞机上的弯矩、扭矩和剪力之后，通过减去已知的惯性载荷等就可得到作用在飞机上的气动载荷。

限于篇幅，本文仅重点介绍应变法。

1. 应变布置的原则

基于应变法测量飞行载荷与测量应力在很多方面是一致的。不过在飞行载荷的测量中，通常使用在主要结构部位布置全桥的方法，以获得高灵敏度的数据和消除温度效应的影响。

合理选择应变桥布置的位置是非常关键的。必须将应变片布置在应力水平较高的位置，以获得较好的灵敏度，并且应该避免应力集中的地方。根据结构受力和传力的特点，通常将测量剪力的全桥布置在翼梁的腹板处，将测量弯矩的全桥布置在凸缘和蒙皮处，将测量扭矩的全桥布置在承扭盒上。应变桥的数目需要根据待测载荷数目的多少而定，并尽可能保证这些全桥的线性相关性小。具体布置时可基于有限元分析结果进行位置和数目的选择，并进行相关性校核。值得注意的是，对于像机翼和尾翼这样的部件，在非对称机动载荷情况下，根部的应力不仅受到全桥站点以外载荷的影响，而且受到站点以内载荷甚至是另一侧翼面载荷的影响。因此，测量非对称载荷时需要使用机翼两侧的应变。

2. 载荷测量的机理

剪力、弯矩和扭矩是机翼载荷分析与测量中比较值得关注的三个内力。结构上某处的应变通常可用以下线性关系式表示成这三个内力的函数，即

$$\mu_i = \alpha_{i1} V + \alpha_{i2} M + \alpha_{i3} T \tag{8.17}$$

式中，μ_i 为第 i 个站位的应变；V 为剪力；M 为弯矩；T 为扭矩；α_{i1}，α_{i2} 和 α_{i3} 为应变方程式(8.17)中的影响系数。

方程式(8.17)也可通过变换写成以下形式，即将剪力、弯矩、扭矩表示成若干测量站点应变的线性组合，表示为

$$\begin{bmatrix} V \\ M \\ T \end{bmatrix} = \begin{bmatrix} \beta_{11} & \beta_{12} & \beta_{13} & \cdots & \beta_{1n} \\ \beta_{21} & \beta_{22} & \beta_{23} & \cdots & \beta_{2n} \\ \beta_{31} & \beta_{32} & \beta_{33} & \cdots & \beta_{3n} \end{bmatrix} \begin{bmatrix} \mu_1 \\ \mu_2 \\ \mu_3 \\ \vdots \\ \mu_n \end{bmatrix} \tag{8.18}$$

式中，β_{ij} 为载荷方程(8.18)中的影响系数。

影响系数 β_{ij} 可通过事先加载的若干载荷及相应的应变进行标定。以剪力为例，标定方程为

$$\begin{bmatrix} V'_1 \\ V'_2 \\ \vdots \\ V'_m \end{bmatrix} = \begin{bmatrix} \mu_{11} & \mu_{12} & \cdots & \mu_{1n} \\ \mu_{21} & \mu_{22} & \cdots & \mu_{2n} \\ \vdots & \vdots & & \vdots \\ \mu_{m1} & \mu_{m2} & \cdots & \mu_{mn} \end{bmatrix} \begin{bmatrix} \beta_{11} \\ \beta_{12} \\ \vdots \\ \beta_{1n} \end{bmatrix} \tag{8.19}$$

式中，V'_i 为用于标定的第 i 个力。

根据方程(8.19)可直接求出影响系数 β_{ij}。对于方程(8.19)，当 $m=n$ 时，可用下式求出 β_{ij}，即

$$\boldsymbol{\beta}=\boldsymbol{\mu}^{-1}\mathbf{V}' \tag{8.20}$$

而当 $m>n$ 时，则可根据下式使用最小二乘法求出 β_{ij}，即

$$\boldsymbol{\beta}=[\boldsymbol{\mu}^{\mathrm{T}}\boldsymbol{\mu}]^{-1}\boldsymbol{\mu}^{\mathrm{T}}\mathbf{V}' \tag{8.21}$$

同样，上述标定方法和步骤也可应用于弯矩和扭矩影响系数的确定。最小二乘方程求解的必要条件是

$$|[\boldsymbol{\mu}^{\mathrm{T}}\boldsymbol{\mu}]^{-1}|>0$$

即各站点的应变互不相关。

求得载荷方程影响系数 β_{ij} 之后，即可使用方程(8.18)根据实际飞行时的应变来计算飞机的飞行载荷了。当然，在实际使用中，也可根据实际情况对方程(8.18)进行一定的转换和简化。

思考题及练习题

8.1 试分别考虑本章中的各试验，哪些是为了分析计算而取得原始数据的试验，哪些是为了获取气动弹性特性的试验。

8.2 试分别考虑本章所列各项试验的任务和目的。

8.3 试概要分析本章各项试验的基本原理。

8.4 简述气动弹性试验在气动弹性学科研究和发展中的重要意义。

8.5 试对本章所涉及的试验技术分别给予评述和比较。

参考文献

[1] 管德. 飞机气动弹性力学手册. 北京：航空工业出版社，1994.

[2] 诸德超，陈桂彬，邹丛青. 气动弹性力学. 北京：航空工业部教材编审室，1986.

[3] 管德. 气动弹性试验. 北京：北京航空学院出版社，1986.

[4] 陈桂彬，杨超，邹丛青. 气动弹性设计基础. 2 版. 北京：北京航空航天大学出版社，2010.

[5] 吕斌，刘德广，谢长川，等. 机翼低速风洞试验颤振模型优化设计方法. 北京航空航天大学学报，2006，32(2).

[6] 万志强，唐长红，邹丛青. 平板前掠翼发散风洞试验预测技术. 复合材料学报. 2002，19(3).

[7] Brenner M J, Lind R C, Voracek D F. Overview of Recent Flight Flutter Testing Research at NASA Dryden,1997.

[8] Kehoe M W. A Historical Overview of Flight Flutter Testing. NASA-TM-4720, 1995.

[9] Kayran A. Flight Flutter Testing and Aeroelastic Stability of Aircraft. Aircraft Engineering and Aerospace Technology: An International Journal, 2007, 19(5): 494-506.

[10] Lind R. Flight-Testing Evaluation of Flutter Prediction Methods. Journal of Aircraft, 2003, 40(5): 964-970.